职业技能等级认定培训教材

电梯安装维修工

（基础知识　初级）

本书编审人员

主　编　朱　兵
副主编　童素平　支锡凤
编　者　王志平　刘　澈　王毅峻　蒋　颖
主　审　梁东明

中国劳动社会保障出版社

图书在版编目（CIP）数据

电梯安装维修工：基础知识. 初级 / 人力资源社会保障部教材办公室组织编写. -- 北京：中国劳动社会保障出版社，2021

职业技能等级认定培训教材

ISBN 978-7-5167-4946-3

Ⅰ.①电⋯ Ⅱ.①人⋯ Ⅲ.①电梯－安装－职业技能－鉴定－教材②电梯－维修－职业技能－鉴定－教材 Ⅳ.①TU857

中国版本图书馆 CIP 数据核字（2021）第 224205 号

中国劳动社会保障出版社出版发行

（北京市惠新东街 1 号　邮政编码：100029）

*

三河市华骏印务包装有限公司印刷装订　新华书店经销

787 毫米 × 1092 毫米　16 开本　16.25 印张　290 千字
2021 年 11 月第 1 版　2021 年 11 月第 1 次印刷
定价：**46.00 元**

读者服务部电话：（010）64929211/84209101/64921644

营销中心电话：（010）64962347

出版社网址：http://www.class.com.cn

版权专有　　侵权必究

如有印装差错，请与本社联系调换：（010）81211666

我社将与版权执法机关配合，大力打击盗印、销售和使用盗版图书活动，敬请广大读者协助举报，经查实将给予举报者奖励。

举报电话：（010）64954652

内容简介

为推进技能人才评价制度改革，全面推行职业技能等级制度，加快推进职业技能等级认定工作，人力资源社会保障部教材办公室组织有关专家编写了职业技能等级认定培训教材。本书根据《电梯安装维修工国家职业技能标准（2018年版）》要求编写，适用于职业技能等级认定培训和中短期职业技能培训。

本书介绍了各级别电梯安装维修工应掌握的基础知识，以及初级电梯安装维修工应掌握的理论知识和操作技能，涉及职业认知与职业道德，相关知识准备，法律、法规及技术规范与标准，安装调试，诊断修理，维护保养等内容。

本书可作为电梯安装维修工职业技能培训与等级认定教材，也可供全国中、高等职业院校相关专业师生及本职业从业人员培训使用。

前言
Preface

为贯彻中共中央、国务院《新时期产业工人队伍建设改革方案》《关于分类推进人才评价机制改革的指导意见》精神，落实人力资源社会保障部办公厅《关于开展职业技能等级认定试点工作的通知》要求，加快推进职业技能等级认定工作，进一步规范培训管理，提高培训质量，人力资源社会保障部教材办公室组织有关专家编写了电梯安装维修工职业技能等级认定培训教材（以下简称电梯安装维修工等级教材）。

电梯安装维修工等级教材紧贴《电梯安装维修工国家职业技能标准（2018年版）》要求，在结构上按照职业功能模块编写，不但有助于读者通过等级认定，而且有助于读者真正掌握本职业的核心技术与操作技能。

电梯安装维修工等级教材共包括《电梯安装维修

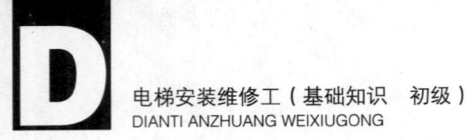

工（基础知识　初级）》《电梯安装维修工（中级）》《电梯安装维修工（高级）》3本。其中，《电梯安装维修工（基础知识　初级）》的基础知识部分是各级别电梯安装维修工均需掌握的。

　　电梯安装维修工等级教材在编写过程中得到了上海市电梯行业协会、上海市电梯培训中心的大力支持与协助，在此一并表示衷心的感谢。教材编写是一项探索性工作，由于时间紧迫，不足之处在所难免，欢迎各使用单位及个人对教材提出宝贵意见和建议，以便教材修订时补充更正。

人力资源社会保障部教材办公室

Contents 目录
电梯安装维修工（基础知识 初级）

第一部分　基础知识

职业认知与职业道德

模块 1
- 课程 1-1　职业认知　002
- 课程 1-2　职业道德基本知识　021
- 课程 1-3　职业守则　024

相关知识准备

模块 2
- 课程 2-1　土建图与机械制图知识　030
- 课程 2-2　电梯结构与原理　043
  - 学习单元 1　曳引驱动电梯结构与原理　043
  - 学习单元 2　自动扶梯结构与原理　056
- 课程 2-3　机械基础　086
- 课程 2-4　电气基础　095
- 课程 2-5　安全防护　112
  - 学习单元 1　现场文明生产要求　112
  - 学习单元 2　安全、环保与消防知识　113
- 课程 2-6　质量管理　134

法律、法规及技术规范与标准

模块 3

课程 相关法律、法规及技术规范与标准	138
学习单元 1 相关法律、法规	138
学习单元 2 相关技术规范与标准	139

第二部分　初级电梯安装维修工

安装调试

模块 4

课程 4-1 机房设备安装调试	144
学习单元 1 限速器的安装	144
学习单元 2 机房电气接线	146
课程 4-2 井道设备安装调试	154
学习单元 1 层站召唤、显示装置的安装	154
学习单元 2 井道接线盒的安装	155
学习单元 3 限速器张紧装置的安装调试	156
学习单元 4 层门部件的安装	159
课程 4-3 轿厢对重设备安装调试	168
学习单元 1 轿厢部件的安装调试	168
学习单元 2 轿厢导靴的安装	172
学习单元 3 轿顶电气部件接线	174
课程 4-4 自动扶梯设备安装调试	176
学习单元 1 塞尺、抛光机的使用	176
学习单元 2 护壁板的安装调试	178
学习单元 3 内、外侧盖板的安装调试	187
学习单元 4 扶手导轨的安装调试	190
学习单元 5 防护装置的安装	194

诊断修理

模块 5

课程 5-1　机房设备诊断修理　　198
　学习单元 1　困人救援　　198
　学习单元 2　主电源故障的诊断　　201

课程 5-2　井道设备诊断修理　　209
　学习单元 1　井道位置信息装置的更换　　209
　学习单元 2　层门、轿门导向装置故障的排除　　212

课程 5-3　轿厢对重设备诊断修理　　216
　学习单元 1　轿内按钮、显示装置的更换　　216
　学习单元 2　电梯轿厢照明设备、应急照明设备的更换　　218

课程 5-4　自动扶梯设备诊断修理　　221
　学习单元 1　自动扶梯方向显示装置的更换　　221
　学习单元 2　梳齿板异物卡阻故障的诊断修理　　222
　学习单元 3　扶手导轨异物卡阻故障的诊断修理　　224

维护保养

模块 6

课程 6-1　机房设备维护保养　　228
　学习单元 1　编码器的维护保养　　228
　学习单元 2　机房电气设备的维护保养　　229
　学习单元 3　限速器销轴的润滑　　230

课程 6-2　井道维护保养　　232
　学习单元 1　层门自动关闭装置的维护保养　　232
　学习单元 2　对重块的维护保养　　233
　学习单元 3　层门的维护保养　　234
　学习单元 4　层门锁紧装置的维护保养　　235

课程 6-3　轿厢对重设备维护保养　　236
　学习单元 1　关门防夹人保护装置的维护保养　　236

	学习单元 2　轿顶电气装置的维护保养	237
	学习单元 3　平层准确度的测量与判断	238
	学习单元 4　轿内操纵箱的检查	239
	学习单元 5　导轨润滑系统的维护保养	240
模块 6	**课程 6-4　自动扶梯设备维护保养**	**241**
	学习单元 1　自动扶梯盖板、防护罩的开启	241
	学习单元 2　自动扶梯防护装置的维护保养	243
	学习单元 3　自动扶梯主驱动链的检查	243
	学习单元 4　自动扶梯显示、操作装置的检查	244
	学习单元 5　自动润滑装置油位检查与维护	246
	学习单元 6　梯级与相关部件间隙的测量	247

第一部分　基础知识

模块 1　职业认知与职业道德

- 课程 1-1　职业认知
- 课程 1-2　职业道德基本知识
- 课程 1-3　职业守则

课程 1-1　职业认知

一、电梯安装维修行业简介

1. 电梯的基础知识（含自动扶梯、自动人行道）

（1）电梯的定义、分类、主要参数和功能

1）电梯的定义。电梯是指服务于建筑物内若干特定的楼层，其轿厢运行在至少两列垂直于水平面或与铅垂线倾斜角小于15°的刚性导轨上的永久运输设备。

2）电梯的分类（见表1-1-1）。

表 1-1-1　电梯的分类

分类原则	名称	说明
按用途分类	乘客电梯	乘客电梯（简称客梯）是指为运送乘客而设计的电梯，主要用于住宅楼、办公楼、宾馆、饭店、大型商场等客流量大的场所。这类电梯运行速度快、功能完善、自动化程度高、装饰讲究、安全设施齐全。为了便于乘客进出，轿厢的宽度一般大于深度
	载货电梯	载货电梯（简称货梯）是指主要运送货物的电梯，同时允许有人员伴随。这类电梯主要用于两层楼以上的车间、仓库等场所。这类电梯的轿厢装饰不太讲究，但为适应额定载重量变化范围大等具体情况，轿厢尺寸、轿厢出入口宽度的变化范围也较大。这类电梯对功能、自动化程度的要求不高，运行速度较低，但对平层准确度的要求较高
	病床电梯	病床电梯又称医用电梯，是指运送病床（包括病人）及相关医疗设备的电梯。这类电梯轿厢的深度远大于宽度，其功能要求和装饰要求与乘客电梯相似
	住宅电梯	住宅电梯是指服务于住宅楼供公众使用的电梯。这类电梯的功能要求与乘客电梯相似，但对轿厢的装饰要求一般略低于乘客电梯
	客货电梯	客货电梯是指以运送乘客为主，兼顾运送非集中载荷货物的电梯。这类电梯的功能要求与乘客电梯相似，但对轿厢的装饰要求相对较低

续表

分类原则	名称	说明
按用途分类	杂物电梯	杂物电梯是指服务于规定层站的固定式提升装置。由于结构和尺寸的关系，其轿厢内不允许人员进入。这类电梯的安全设施不太齐全，为了限制人员进入轿厢，轿厢的面积、深度、高度、额定载重量、额定速度等尺寸和参数在《杂物电梯制造与安装安全规范》（GB 25194—2010）中都有严格的限制性规定
	家用电梯	家用电梯是指安装在私人住宅中，仅供单一家庭成员使用的电梯，它也可以安装在非单一家庭使用的建筑物内，作为单一家庭成员进入其住所的工具，但是建筑物内的公众或其他居住者无法进入和使用
	特种电梯	除上述几类常用电梯外，还有为特殊环境、特殊条件、特殊要求而设计的特种电梯，如船用电梯、观光电梯、防爆电梯、防腐电梯、汽车电梯等
按速度分类	低速电梯	低速电梯是指额定速度小于等于 1 m/s 的电梯，常用在 10 层以下的建筑物，可作为载货电梯、部分低楼层住宅电梯、部分低楼层病床电梯、杂物电梯
	中速电梯	中速电梯是指额定速度大于 1 m/s 而小于等于 2 m/s 的电梯，常用于 10 层以上的建筑物，适用于小高层或高层住宅
	高速电梯	高速电梯是指额定速度大于 2 m/s 而小于等于 4 m/s 的电梯，常用于 16 层以上的建筑物（如高层商务办公楼）
	超高速电梯	超高速电梯是指额定速度大于 4 m/s 的电梯，常用于 100 m 以上的建筑物（如具有地标性的高层摩天商业大楼）
按驱动方式分类	曳引驱动电梯	曳引驱动电梯是指依靠摩擦力驱动的电梯。在曳引式提升机构中，钢丝绳悬挂在曳引轮绳槽中，一端与轿厢连接，另一端与对重连接，利用钢丝绳与曳引轮绳槽之间的摩擦力带动曳引绳驱动轿厢升降。曳引驱动方式具有安全可靠、提升高度基本不受限制等优点，是主流的电梯驱动方式
	强制驱动电梯	强制驱动电梯是指用链或钢丝绳悬吊的非摩擦力驱动的电梯
	液压电梯	液压电梯是指依靠液压驱动的电梯。这类电梯一般利用液压泵驱动液压缸内的液体流动，以顶起或降下液压缸柱塞，从而带动电梯上下行。其优点是不会出现冲顶和蹲底现象，有很强的提升力，下行时不需要消耗电力；其缺点是液压缸柱塞受高度限制，因此不适用于超过 10 层的建筑物
	齿条电梯	齿条电梯轿厢的升降依靠电动机带动齿轮旋转，齿轮与固定于井道内的直齿条啮合后提供轿厢上下行的驱动力。齿条电梯一般用于建筑工程升降机

续表

分类原则	名称	说明
按驱动方式分类	直线电动机驱动电梯	直线电动机驱动电梯以直线电动机作为动力源,是具有革命性驱动方式的电梯,其利用动、静两个磁性线圈通电后同性相斥的原理驱动轿厢运动,只需要轨道,不需要钢丝绳曳引。国外电梯厂商已经开始试制此类电梯
按拖动方式分类	交流电源供电的电梯	由交流双速电动机进行变极调速拖动的电梯称为交流双速电梯
		由交流双绕组双速电动机进行调压调速拖动的电梯称为交流调压调速电梯
		由交流单速电动机或永磁同步电动机进行变频变压调速拖动的电梯称为交流变压变频调速电梯,这类电梯目前使用广泛
	直流电源供电的电梯	采用直流电源供电的电梯简称直流电梯。这类电梯的曳引电动机为直流电动机,该直流电动机的电枢电源由直流发电机供电,但是直流电动机和直流发电机均有电刷维修麻烦、交–直流转换过程能耗高、噪声大等问题。在20世纪80年代中期之前,这类电梯在我国曾广泛用作整机性能要求较高的中高档乘客电梯,但目前已很少使用
按控制方式分类	信号控制电梯	信号控制电梯属于早期使用继电器控制的电梯之一(在20世纪80年代中后期之后不再生产,因为集选控制电梯也具有信号控制电梯的功能),这类电梯的运行取决于电梯司机的操纵。这类电梯除具有自动平层、自动开门的功能外,还具有轿内指令登记、层站召唤登记、自动停层、顺向截梯、自动换向等综合分析判断功能
	集选控制电梯	集选控制电梯是指在信号控制电梯基础上发展起来的全自动控制电梯,它能将轿内指令信号与各层站发出的召唤信号集合起来进行有选择的应答。集选控制电梯除具有信号控制电梯的所有功能外,还能实现无司机操纵(可通过转换开关实现有/无司机状态的转变)
	并联控制电梯	并联控制电梯是指将2~3台电梯的相关控制电路并联起来进行逻辑控制,且并联的各电梯共用层站召唤按钮,按照就近应答的基本原则实现统一调度的电梯。参与并联控制的电梯本身都具有集选功能,有效地提高了运行效率,减少了乘客的候梯时间
	群控电梯	群控电梯是指采用专用微机控制系统,实现多台电梯集中统一调度的电梯群组。参与群控的各电梯共用层站召唤按钮,根据实时采集到的各电梯位置、载荷、运行方向、各区域登记信号的数量等各种数据进行综合分析处理,实现科学、合理调度,缩减候梯时间,提高运行效率,实现群控功能
按有无机房分类	有机房电梯	当电梯曳引机布置在专用机房时,这类电梯称为有机房电梯
	无机房电梯	当电梯曳引机布置在井道内、无专用机房时,这类电梯称为无机房电梯

3）电梯的主要参数。电梯用户向电梯制造厂订购电梯时必须提供的参数称为主要参数，不准确掌握这些参数，电梯制造厂就无法设计、制造出满足电梯用户需求的电梯产品。

①额定载重量。额定载重量是指电梯设计所规定的轿厢载重量。电梯主要的额定载重量有 400 kg、630 kg、800 kg、1 000 kg、1 250 kg、1 600 kg、2 000 kg、2 500 kg 等。

②额定速度。额定速度是指电梯设计所规定的轿厢运行速度。电梯常见的额定速度有 0.63 m/s、1 m/s、1.6 m/s、2 m/s、2.5 m/s 等。

③轿厢尺寸。轿厢尺寸包括轿厢宽度、深度、高度的尺寸。

④轿厢出入口宽度。轿厢出入口宽度又称开门宽度、开门尺寸，它是指轿门（又称轿厢门）和层门（又称厅门）完全开启时测量的出入口净宽度。

⑤曳引绳曳引比。曳引绳曳引比是指悬吊轿厢的钢丝绳根数与曳引轮轿厢侧下垂的钢丝绳根数之比。常用的电梯曳引绳曳引方式有半绕 1∶1 吊索式、全绕 1∶1 吊索式、半绕 2∶1 吊索式等。其中，半绕 1∶1 吊索式、全绕 1∶1 吊索式轿厢的运行速度等于曳引绳的运行速度；半绕 2∶1 吊索式轿厢的运行速度等于曳引绳运行速度的一半。常用的电梯曳引绳绕法如图 1-1-1 所示。

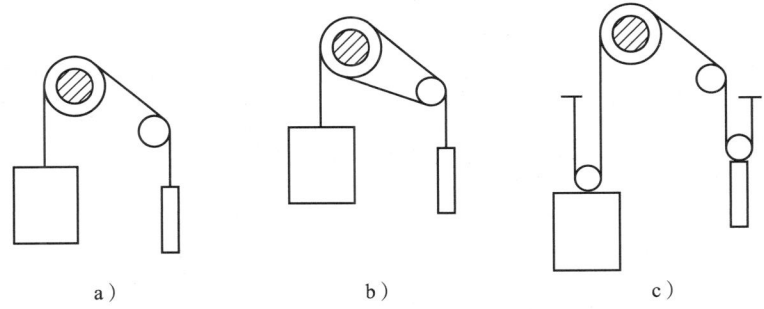

图 1-1-1　常用的电梯曳引绳绕法
a）半绕 1∶1 吊索法　b）全绕 1∶1 吊索法　c）半绕 2∶1 吊索法

⑥停层站数。电梯井道需要设置供乘客或货物出入轿厢的站，每台电梯设置的站的数量就是停层站数。

⑦顶层高度。顶层端站地坎上平面到井道天花板（不包括任何超过轿厢轮廓线的滑轮）之间的垂直距离称为顶层高度。顶层高度与电梯的额定速度有关，在一定范围内，额定速度越大，顶层高度越高。

⑧底坑深度。底层端站地坎上平面到井道底面之间的垂直距离称为底坑深度。底坑深度与电梯的额定速度有关，在一定范围内，额定速度越大，该距离越大。

⑨提升高度。从底层端站地坎上表面至顶层端站地坎上表面之间的垂直距离称为

电梯的提升高度。

⑩井道高度。井道底面与井道顶板下最突出构件之间的垂直距离称为井道高度。

⑪井道宽度。井道宽度是指在平行于轿厢宽度方向测量的两井道内壁之间的水平距离。

⑫井道深度。井道深度是指在垂直于井道宽度方向测量的井道内壁之间的水平距离。

在以上参数中，一旦额定载重量和额定速度发生级别性变化，其他参数和众多机电部件在结构、尺寸、参数等方面就会发生变化。

4）电梯的功能。电梯的功能（见表1-1-2）包括基本功能和特殊功能。电梯的基本功能是指电梯运行所具有的一般功能，或制造厂根据国家电梯相关标准为产品配置的必需功能。电梯的特殊功能是指在技术条件允许的情况下，电梯制造厂应客户要求而设计、提供的一些特殊附加功能。电梯的特殊功能是客户提出的，客户应能接受制造厂的相应报价，且具体事项应在合同上确定。电梯的各项功能都必须严格遵守相关标准，要在保证乘客安全及设备安全的基础上满足客户需求。

表1-1-2 电梯的功能

分类	功能	说明
电梯的基本功能	信号登记与应答功能	这里登记与应答的信号包括轿内指令信号和层站召唤信号两种。按压选层或召唤按钮，除电梯本层按钮灯不应点亮外，其余被按压的按钮灯都应点亮。电梯应按顺向截梯原则响应轿内选层信号和层站召唤信号，到达目的层站后，按钮灯熄灭。电梯只有在执行完同一方向的登记信号后，才能应答相反方向的信号。若正在关门过程中或门已关好，但电梯还未启动，按压本层厅外召唤按钮时，门应立即重新打开
	楼层显示功能	电梯轿厢内和所有楼层层站（除特殊要求外）均应装有楼层数字显示屏，当电梯正常运行时，轿厢内应与楼层层站同步显示。此外，层站还应显示运行方向
	轿内强迫开、关门功能	轿厢内操纵箱上的开、关门按钮是为了方便轿厢内电梯司机或乘客根据需要缩短或延长电梯在本层的停站时间而设置的。开、关门按钮的作用不受调试时设定的自动开、关门时间控制。若在门打开后按压关门按钮，则应立即提前关门；若在门关闭过程中按压开门按钮或本层层站召唤按钮，门应立刻停止关闭并重新开启
	轿厢内警铃、电话呼救功能	当乘客被困在电梯内需要向外界求援时，可以按压轿厢内易于识别的警铃按钮，此时位于轿厢外（轿顶、轿底、井道或其他地方）的警铃会发出报警音。此外，乘客还可以通过轿厢内的对讲装置与机房或值班室直接通话

续表

分类	功能	说明
电梯的基本功能	停电应急照明功能	轿厢内除了配备正常的照明灯外，还应设置停电应急照明设备。当正常供电的交流电源断电时，轿厢内应急照明灯应自动点亮。应急照明灯的供电电源应采用自动充电装置，其容量至少可供 1 W 的灯泡持续照明 1 h
	自动返基站功能	当电梯执行完已登记的所有信号后，在超过设定的停站时间仍未接到新的运行指令时，电梯便自动关门空载返回基站。基站不一定设在最底层，可以根据用户的需要设定在任意层站。一般只有一台电梯单独运行时，基站常设在最底层（无地下层）；而有多台电梯共同运行时，各电梯基站可分别设在最底层（无地下层）、最高层或中间层，以方便不同楼层乘客及时用梯
	门区保护功能	电梯门配置了安全触板或门光幕，电梯在关门过程中，当任意一扇门受到阻力推动安全触板或阻挡门光幕时，都应立即由关门状态转为开门状态，避免夹伤乘客
	超载保护功能	当轿厢内载重量超出额定载重量时，电梯保持开门状态，不允许关门功能启动，同时蜂鸣器发出声响、超载灯闪烁。当轿厢内载重量减至额定载重量以内时，警告信号才能自动消失，电梯随即关门，恢复正常运行
	关门力矩保护功能	电梯在关门过程中，由于门（包括轿厢门和层门）的运动与阻力导致门机输出力矩过大，超过 150 N·m 时，门机控制系统便自动发指令使门电动机反向运转，开门后再次关门。此功能不但能自动调节门机的阻力，也能防止门电动机因长时间通电"堵转"而损毁
	再平层功能（微动平层功能）	在电梯停靠开门期间，由于载重量变化，当电梯检测到轿厢地坎与层门地坎平层差距过大时，电梯自动运行使轿厢地坎与层门地坎再次平层，以保证乘客进出轿厢的安全
	满载直驶功能	当轿厢内载重量达到电梯额定载重量时，电梯自动转为直驶运行，此时只响应轿内指令，不响应层站召唤信号（但层站召唤信号仍允许登记）。当轿内载重量减少至非满载状态时，则自动重新响应层站召唤信号
	消防返基站功能	当按下基站的消防开关后，电梯原登记的轿内指令和层站召唤信号全部清除，就近平层后不开门，立即返回基站，开门救出乘客，之后停止运行，这一阶段通常称为"消防返回"。当电梯处于"消防返回"状态时，只能应答轿厢内的楼层指令信号，不响应层站召唤信号，同时电梯的自动开、关门功能被取消，通常由消防员按下相应的按钮来完成救援操作
	上、下行超速保护功能	当电梯轿厢上、下行速度超过电梯额定速度的 15% 时，上、下行超速保护装置动作，失速的轿厢被制停，以达到保护乘客和货物的目的。目前，上行超速保护装置有四种联动机构，即限速器+轿厢双向安全钳、限速器+对重安全钳、限速器+夹绳器、限速器+永磁电动机制动抱闸；下行超速保护装置有一种联动机构，即限速器+安全钳
	开、关门定时设置功能	电梯从开门至关门到位，其开、关门的速度，开门保持时间是可设定并可进行延时调节的

续表

分类	功能	说明
电梯的基本功能	紧急电动运行功能	当人工盘车所需力大于 400 N 时，必须设置移动轿厢的电动机构。对于配置永磁无齿轮曳引机的无机房电梯来说，普遍存在盘车力大于 400 N 且人不易接近，无法使用盘车工具的情况，因此，该类电梯基本都配置了紧急电动运行电气操作装置。在未失电状态下，电梯急停需要救援时，按压紧急电动运行电气操作装置，使轿厢能上下移动至附近层站，以救出乘客
	锁梯功能（泊梯功能）	电梯在自动运行状态下，当锁梯钥匙开关动作后，所有召唤登记消除，电梯返回锁梯基站，自动开门；此后电梯停止运行，门自动闭合，且轿厢内照明与风扇也自动关闭。当锁梯钥匙开关复原后，电梯重新进入正常服务状态
	失电后数据保持功能	电梯在使用过程中意外断电时，电梯急停，但系统仍能保持运行参数及程序数据不丢失，包括系统堆栈里储存的故障运行记录等
	提前开门功能	电梯在自动运行状态下，当"停车"过程中速度小于 0.1 m/s 且门区信号有效时，在层门地坎平面与轿厢地坎平面高差小于等于 0.1 m 时提前开门，从而使电梯运行效率达到最高。相关部门对此功能是有规定的，即必须进行型式试验（证明该功能可靠，避免意外移动风险），因为门开着但电梯还在运行是有一定风险的
	楼层位置自动校正功能	在上、下两个终端都可设置接触式或感应式开关，电梯每运行一遍都在确认基点及终点，随时修正经停层的时间、距离，达到正确平层的目的
电梯的特殊功能	防捣乱功能	防捣乱功能用于防止某些乘客恶作剧。如果轿厢内仅有一名乘客，却在轿厢内按下两个及以上指令，电梯会根据预先设定的载重量参数对轿内指令信号进行比较，只应答最近的一个楼层指令，到站后自动将原已登记的信号全部消除。这样可以防止电梯空耗，提高电梯的运行效率，节约能源
	并联（或群控）运行功能	为了节约能源，缩短乘客候梯时间，提高电梯运行效率，将安装在同一区域内两台以上的电梯利用群控装置统一管理起来，将电梯内、外指令进行合理调度，以达到高效、快捷、省时、节能的目的
	照明和风扇的节能功能	当打开此功能开关时，电梯关门 10 s 后将自动关断照明和风扇电源，但轿厢一旦接收使用指令，便立即恢复照明和风扇的使用功能
	语音报站功能	根据用户提供的各楼层功能特点，将预先录制好的语音存入芯片，在电梯运行过程中，及时用语音向乘客预报各楼层信息
	停电自动平层功能（应急运行功能）	该功能需要配置应急电源柜，当某些原因导致电梯突然失电时，应急控制系统在应急电源柜的驱动下自动使电梯以低速就近平层，开门救出乘客
	LED（light-emitting diode，发光二极管）时钟显示功能	轿厢内、层站均可选择安装 LED 时钟显示装置，而且可以与电梯的运行方向、楼层显示装置相结合，其显示内容可编辑

续表

分类	功能	说明
电梯的特殊功能	地震拒载功能	该功能要求系统必须配置地震检测仪,一旦系统感应到设定的地震强度,为了避免地震可能带来的人员伤亡和设备损失,系统会做出自动停运的响应
	残障人员操纵功能	该功能需要选配残障人员操纵箱,当乘客按下残障人员操纵箱的楼层指令按钮后,电梯到达目的层停靠,其开门保持时间会延长。如果乘客按下残障人员操纵箱上的强迫开门按钮,同样会将开门保持时间延长
	IC(integrated circuit,集成电路)卡用户管理功能	该功能必须配置IC卡读卡设备,乘客必须刷IC卡才能乘坐电梯到达授权可以进入的楼层
	电梯消防功能	具备该功能的电梯需要配置多种消防功能部件,如防火门、门锁防淋部件、底坑排水泵、电路防水接头、防水安全开关等
	高、低峰运行模式功能	专门设置的高、低峰运行模式功能主要针对并联、群控电梯,对高、低峰设定时段分别采取不同的运行方式,如低峰时站站停以及高峰时分别奇数层停、偶数层停或专门指定楼层停,过了高、低峰时段,电梯恢复正常运行
	故障远程监控功能	该功能要求电梯控制系统配置无线通信网卡,根据事先设定,当电梯发生故障时,电梯控制系统会以故障代码的形式向远程服务终端发送电梯故障信息,便于远程服务终端快速处置故障
	轿厢内视频监控功能	该功能要求在轿厢内另外配置摄像头,在随行电缆处配置视频线,在物业办公室配置视频监控终端,该功能可对轿厢内情况进行录像,并能随时调看
	轿厢内空气调节功能	特殊使用场合的客户会有此功能要求。该功能要求轿厢内配置电梯专用空调,随行电缆内要求含有电源线
	发电返网节能功能	在无齿轮永磁同步曳引机成为电梯标配的前提下可实现该功能,同时应配置能量回馈装置。能量回馈装置是将电梯处于能量再生状态时产生的电能转换成符合电网电能质量要求的交流电后回馈到电网的装置

(2)自动扶梯和自动人行道的定义、分类和主要参数

1)定义。自动扶梯是指带有循环运行梯级,用于向上或向下倾斜输送乘客的固定电力驱动设备。

自动人行道是指带有循环运行(板式或带式)走道,用于水平或倾斜角不大于12°输送乘客的固定电力驱动设备。

2）分类

①自动扶梯的分类（见表1-1-3）。

表1-1-3 自动扶梯的分类

分类原则	分类情况
按用途分类	商用型自动扶梯，这类自动扶梯主要用于商场、购物中心、会议中心、文化娱乐设施、宾馆、饭店等场所，其特点是扶手系统大多采用玻璃围栏且外围结构较轻巧 公共交通型自动扶梯，这类自动扶梯适用于乘客流量较大、设备持续载重、运行时间较长的公众聚集场所，如地铁、车站、码头、机场等人流量较密集或交通流量较大的公共环境，其特点是扶手系统大多采用金属围栏，且外围结构较结实 依照《自动扶梯和自动人行道的制造与安装安全规范》（GB 16899—2011）要求，公共交通型自动扶梯应满足以下条件：公共交通型自动扶梯应属于一个公共交通系统的组成部分，包括出口和入口；适应每周运行时间约140 h，且在任何3 h的间隔内，其载荷达到100%制动载荷的持续时间不少于0.5 h
按提升高度分类	小高度自动扶梯、中高度自动扶梯和大高度自动扶梯
按设置方式分类	单台型自动扶梯、单列型自动扶梯、单列重叠型自动扶梯、并列型自动扶梯和交叉型自动扶梯
按梯级运行轨迹分类	直线形自动扶梯、螺旋形自动扶梯、跑道形自动扶梯和回转螺旋形自动扶梯
按牵引方式分类	链式（端部驱动）自动扶梯和齿条式（中间驱动）自动扶梯
按梯级宽度分类	600 mm型自动扶梯、800 mm型自动扶梯和1 000 mm型自动扶梯
按运行速度分类	恒速自动扶梯和可调速自动扶梯
按机房位置分类	标准型自动扶梯（机房在自动扶梯上部）、分离型自动扶梯（动力装置与传动部分分开设置）、吊架型自动扶梯（动力装置设在桁架内）和地面安装型自动扶梯（动力装置设在自动扶梯下部，传动部分设在桁架内）
按启动方式分类	交流减压直接启动自动扶梯和交流变频启动自动扶梯
按安装场所分类	户内式自动扶梯和户外式自动扶梯
按扶手护壁板形式分类	全透明自动扶梯、半透明自动扶梯和不透明自动扶梯
按有无扶手照明分类	有扶手照明自动扶梯和无扶手照明自动扶梯

②自动人行道的分类(见表 1-1-4)。

表 1-1-4 自动人行道的分类

分类原则	分类情况
按用途分类	商用型自动人行道和公共交通型自动人行道
按规格分类	轻型自动人行道、中型自动人行道和重型自动人行道
按倾斜角分类	水平型自动人行道(倾斜角为 0°~6°)和倾斜型自动人行道(倾斜角为 6°~12°)
按结构形式分类	踏步式自动人行道、带式自动人行道和双线式自动人行道

3)主要参数(见图 1-1-2)

①提升高度 H。提升高度是指自动扶梯或自动人行道进出口楼层板之间的垂直距离。

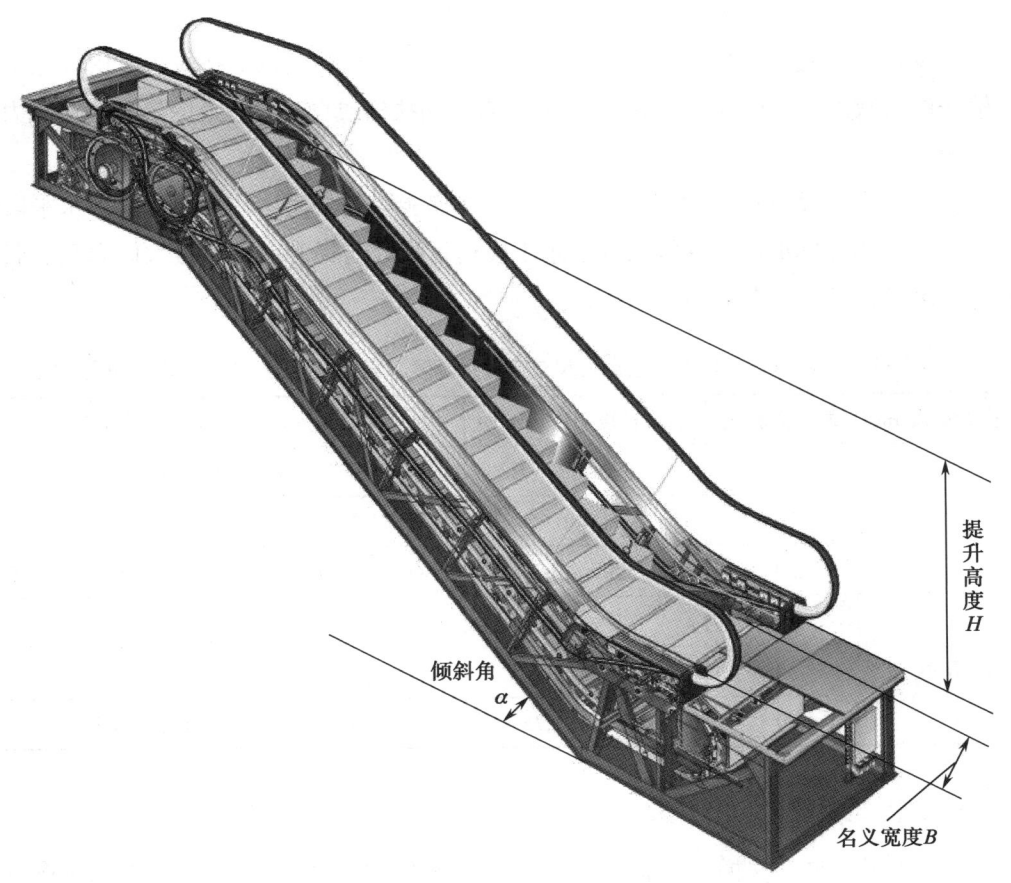

图 1-1-2 自动扶梯的主要参数示意图

②倾斜角 α。倾斜角是指梯级、踏板或胶带运行方向与水平面构成的最大角度。根据国家标准 GB 16899—2011 的规定：自动扶梯的倾斜角不应超过 30°，但当提升高度不超过 6 m，额定速度不超过 0.5 m/s 时，倾斜角允许增至 35°；自动人行道的倾斜角不应超过 12°。

③名义速度 v。名义速度是指自动扶梯的梯级、自动人行道的踏板（或胶带）在空载情况下的运行速度。自动扶梯的常用名义速度有 0.5 m/s、0.65 m/s 和 0.75 m/s，最常用的是 0.5 m/s（当倾斜角为 35° 时，其额定速度只能为 0.5 m/s）。自动人行道的常用名义速度有 0.5 m/s、0.65 m/s、0.75 m/s 和 0.9 m/s。

④名义宽度 B。名义宽度是指自动扶梯梯级或自动人行道踏板安装后横向测量的踏面长度。自动扶梯和自动人行道的名义宽度应不小于 0.58 m 且不大于 1.1 m。对于倾斜角不大于 6° 的自动人行道，名义宽度允许增至 1.65 m。

⑤名义长度。自动人行道头部与尾部基准点之间的距离称为名义长度，这是水平型自动人行道的重要参数。

⑥理论输送能力。理论输送能力是指自动扶梯或自动人行道在每小时内理论上能够输送的人数。国家标准 GB 16899—2011 对自动扶梯或自动人行道的最大输送能力进行了规定。

⑦梯级水平段运行尺寸。为了保证自动扶梯能够安全使用，梯级出入口水平段运行尺寸是有相应标准的。梯级出入口水平段运行尺寸与提升高度、最大倾斜角、名义速度相关联，具体见表 1-1-5。

表 1-1-5　梯级出入口水平段运行尺寸与提升高度、最大倾斜角、名义速度的关联表

提升高度 /m	最大倾斜角	名义速度 /($m \cdot s^{-1}$)	梯级出入口水平段运行尺寸 /mm
$H \leq 6$	35°	$v \leq 0.5$	800（相当于两个水平梯级，见图 1-1-3）
	30°	$0.5 < v \leq 0.65$	1 200（相当于三个水平梯级，见图 1-1-4）
	30°	$0.65 < v \leq 0.75$	1 600（相当于四个水平梯级，见图 1-1-5）
$H > 6$	30°	$v \leq 0.5$	1 200（相当于三个水平梯级）
	30°	$0.5 < v \leq 0.65$	
	30°	$0.65 < v \leq 0.75$	1 600（相当于四个水平梯级）

2. 电梯安装、维修定义（含自动扶梯）

（1）电梯（自动扶梯）安装定义。电梯（自动扶梯）安装是指在施工现场将电梯制造厂出厂产品装配成整机至交付使用的过程。

图 1-1-3　两个水平梯级实物图

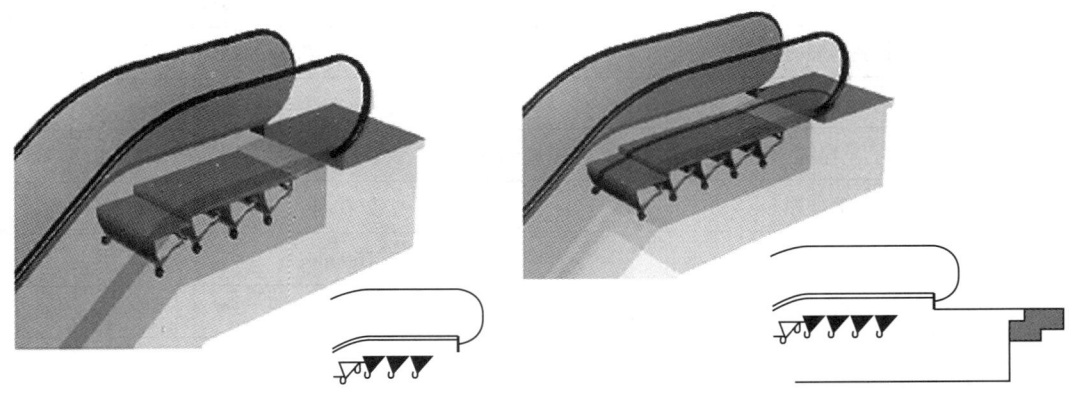

图 1-1-4　三个水平梯级透视图　　　　图 1-1-5　四个水平梯级透视图

（2）电梯（自动扶梯）维修定义。维修是维护和修理的统称。

电梯（自动扶梯）的维护又称日常保养，是指在电梯设备交付使用后，为保证其正常使用及安全运行，按计划进行的所有必要的操作，如润滑、清扫、检查、调整等，这些操作不改变电梯设备的特性。

电梯（自动扶梯）的修理是指为了保证电梯设备正常使用及安全运行，用相应的新零部件更换旧零部件或对旧零部件进行加工的操作，这些操作也不改变电梯设备的特性。

3. 常用的电梯安装维修工具、仪器、设备（见表 1-1-6）

表 1-1-6　常用的电梯安装维修工具、仪器、设备

序号	名称	规格
1	双头呆扳手	自选
2	梅花扳手	自选
3	活扳手	150 mm、250 mm
4	加长型锁定活头快速扳手	自选
5	预置式扭力扳手	20~100 N·m、68~340 N·m、280~760 N·m
6	套筒	自选
7	加长套筒	自选
8	电动扳手	自选
9	内六角扳手	自选
10	一字槽螺钉旋具	100 mm×5 mm、150 mm×6 mm、200 mm×8 mm
11	十字槽螺钉旋具	150 mm×3 mm、200 mm×3 mm
12	什锦锉	10 件套
13	扁锉	自选
14	钢丝钳	200 mm
15	尖嘴钳	160 mm
16	斜嘴钳	160 mm
17	剥线钳	180 mm
18	冷压接钳	自选
19	直嘴轴用挡圈钳	150 mm
20	弯嘴轴用挡圈钳	150 mm
21	直嘴孔用挡圈钳	150 mm
22	弯嘴孔用挡圈钳	150 mm
23	圆板牙架	自选
24	圆板牙	M6、M8、M10、M12
25	丝锥扳手	自选

续表

序号	名称	规格
26	细柄丝锥	M4、M5、M6、M8、M10
27	细牙断丝取出器组	5 件套
28	粗牙断丝取出器组	5 件套
29	圆头锤	自选
30	调节式钢锯架	300 mm
31	手用钢锯条	300 mm
32	电工刀	A 型 2 号
33	美工刀	8 节，18 mm × 100 mm
34	C 形木工夹	50 mm、75 mm、100 mm
35	小型手电钻（枪柄）	ϕ6 mm
36	麻花钻	自选
37	电动锤钻	13 mm
38	冲击钻	自选
39	冲击钻钻头	自选
40	角向磨光机	100 mm × 16 mm
41	角向磨光机砂轮片	ϕ100 mm
42	钢直尺	150 mm、300 mm
43	钢卷尺	3 m、5 m
44	宽座直角尺	200 mm × 125 mm
45	塞尺	17 件套，长度为 300 mm
46	间隙尺	1～15 mm
47	水平尺	500 mm
48	圆柱形线锤	0.5 kg
49	刀口形直尺	600 mm
50	试电笔	500 V
51	护目镜	自选
52	手电筒	自选

续表

序号	名称	规格
53	充电式照明灯	自选
54	万用表	自选
55	立式油压千斤顶	20 t
56	手拉葫芦	2 t、5 t
57	普通激光水平仪	自选
58	可移动型材切割机	自选
59	切割机砂轮片	与切割机配套
60	电焊机	自选
61	电焊钳	自选
62	焊接面罩	自选
63	起重吊索	3 t
64	D形索具卸扣	T（8），2.5 t
65	弹簧秤	0～1 kg、0～20 kg
66	秒表	自选
67	转速表	自选
68	绝缘电阻表	500 V
69	钳形电流表	5～150 A
70	电梯加速度测试仪	自选
71	对讲机	自选
72	熔缸	自选
73	喷灯	自选
74	油枪	200 mm^3
75	油壶	0.5～0.75 kg
76	手灯	36 V
77	头灯	自选
78	钢丝刷	直柄直丝
79	细钢丝	ϕ 0.4 mm、ϕ 1 mm

二、电梯安装维修工的工作内容

1. 曳引驱动电梯安装作业工艺

（1）有脚手架电梯安装作业工艺（见图 1-1-6）。

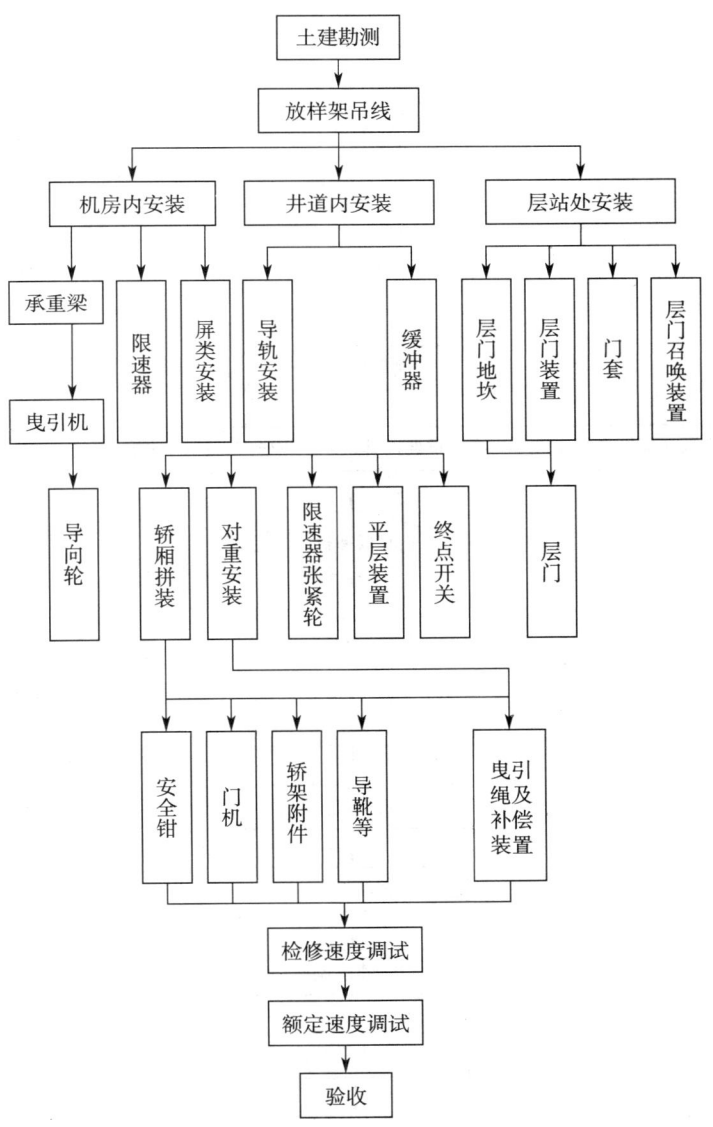

图 1-1-6　有脚手架电梯安装作业工艺

（2）无脚手架电梯安装作业工艺（见图1-1-7）。

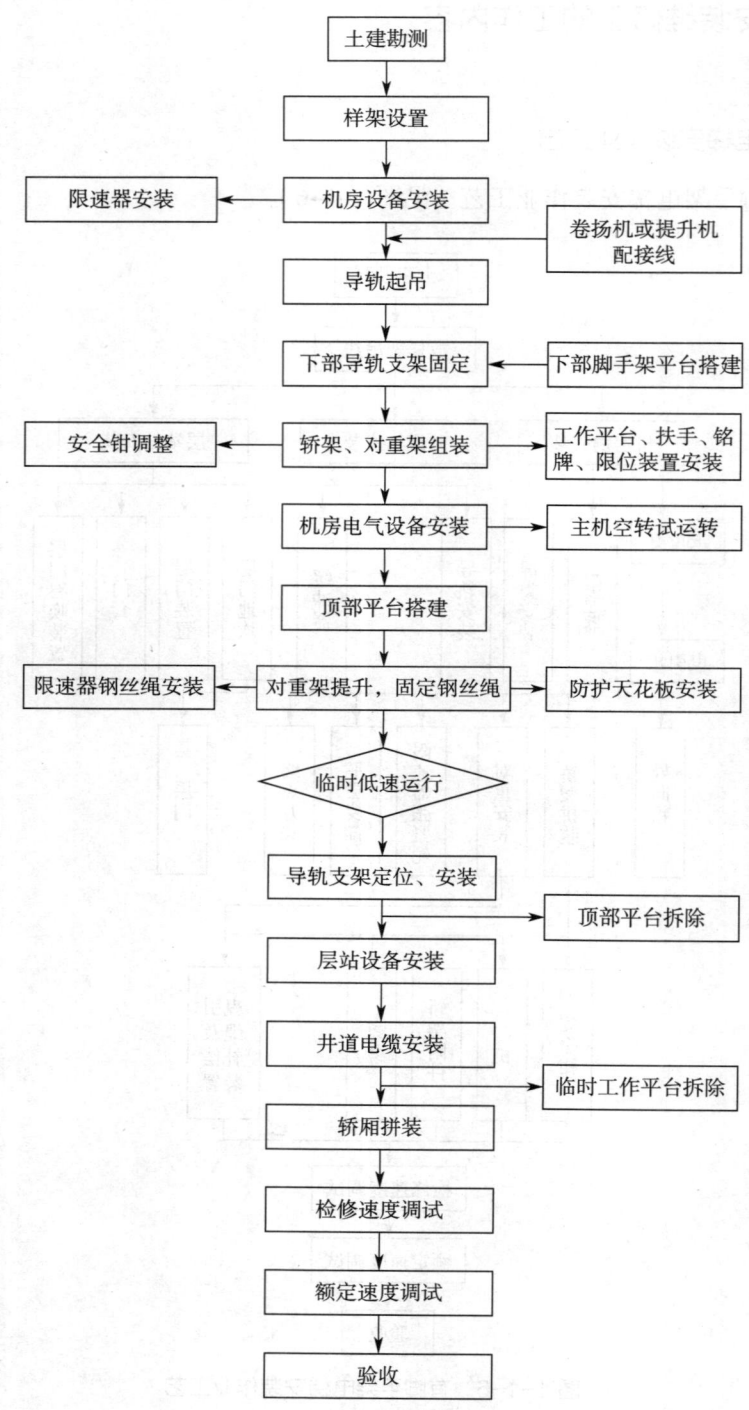

图 1-1-7　无脚手架电梯安装作业工艺

2. 曳引驱动电梯维修作业工艺

（1）清洁。确保电梯能正常运行的最基本要求是各部件清洁。积尘易造成电气元件触点接触不良或误动作、机械部件动作不流畅等，从而引发运行故障。以层门为例，门锁触点的积尘会造成层门关闭后因接触不良而使电梯不能正常启动，同时也容易产生电火花，从而加快门锁触点的磨损与损坏，导致故障频发；层门门导轨的积尘易使开关门动作不流畅、振动与噪声加大，同时使层门关闭后接触不良而导致电梯不能正常启动；轿门上的光幕表面太脏会造成无法进行关门动作等。一般情况下，潜在的故障点和磨损的零件可以通过日常的清洁工作来及时发现与处理，以防患于未然。

（2）润滑。正确的系统性润滑可以保证各机械部件运动自如，起到减小摩擦力、减少能量损耗、降低噪声、减缓磨损、减少振动的作用，并确保各机械装置运行在最佳状态，使电梯运行正常，有效延长设备的使用寿命。

（3）检查。检查是维护保养工作中最重要的任务之一，通过规范的检查工作能及时地发现、解决问题，并提出预防措施。通过仔细检查、测试能提前发现问题，及时排除故障或隐患，并能对问题部件进行及时更换，进而最大限度地降低电梯故障率，确保电梯设备各部件持续、安全、可靠运行。

（4）调整。调整是保证电梯各部位处于最佳工作状态的重要措施之一。通过调整，使电梯设备中机械部件间的连接与运动、电气部件间的连接与释放、一体化部件间的配合等都达到最合理的工作状态，确保电梯安全、可靠、正常、舒适运行。

（5）修理、更换。对于性能已经降低的机器或零件等，由于需要在引发事故前进行修理或更换，因此应以技术员的经验或维修保养"病历卡"为依据，预测机器或零件的老化情况，进行有计划的修理、更换。类似沿着导轨移动的导靴这样的易磨耗零件，如果检查后认为已达到使用寿命极限，则应立即进行更换。

3. 自动扶梯安装作业工艺（见图 1-1-8）

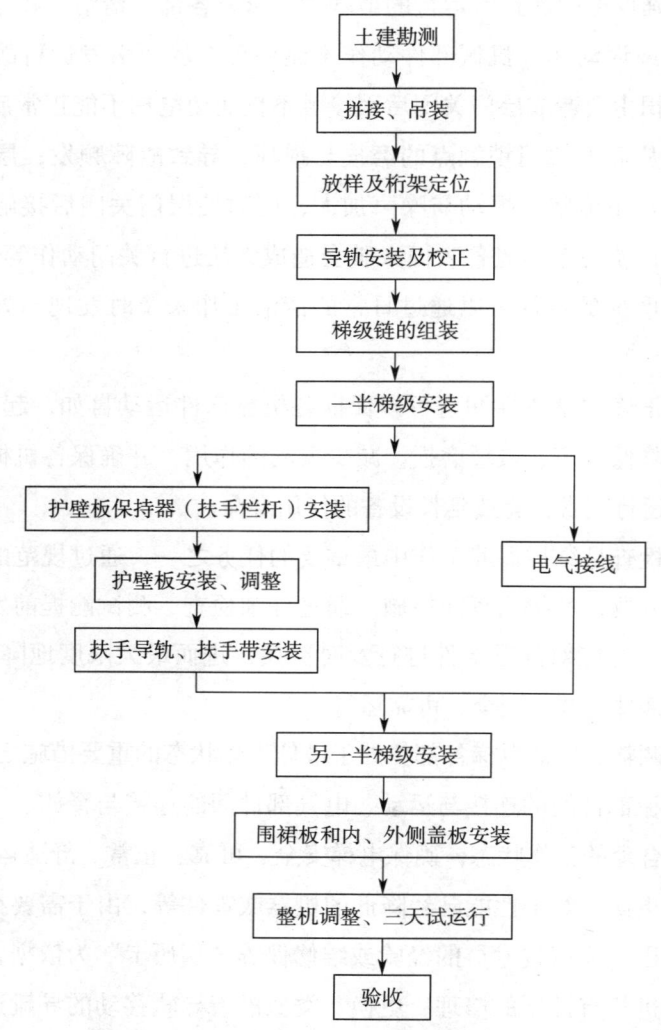

图 1-1-8　自动扶梯安装作业工艺

4. 自动扶梯维修作业工艺（见图 1-1-9）

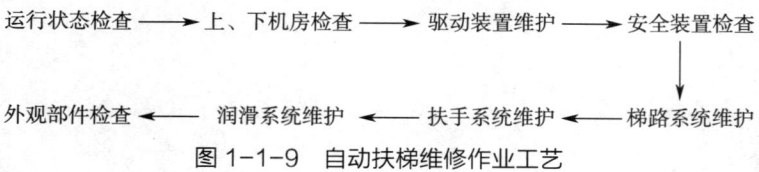

图 1-1-9　自动扶梯维修作业工艺

课程 1-2　职业道德基本知识

一、道德概念

道德是人类社会特有的，由社会经济关系决定的，依靠内心信念、社会舆论、风俗习惯等方式来调整的人与人之间、人与社会之间以及人与自然之间关系的特殊行为规范的总和。它包含了三层含义。

第一层是社会道德的性质、内容，是由社会生产方式、经济关系（即物质利益关系）决定的，也就是说，有什么样的生产方式、经济关系，就有什么样的道德体系。

第二层是道德是以善与恶、好与坏、偏私与公正等作为标准来调整人们之间行为的。一方面，道德作为标准，影响人们的价值取向和行为模式；另一方面，道德也是人们对行为选择、关系调整做出善恶判断的评价标准。

第三层是道德不是由专门的机构来制定和强制执行的，而是依靠社会舆论和人们的内心信念、传统思想和教育的力量来调节的。根据马克思主义理论，道德属于社会上层建筑，是一种特殊的社会现象。

二、职业道德

1. 职业道德概念

职业道德是指从事一定职业的人们在职业活动中应该遵循的，依靠社会舆论、传统习惯和内心信念来维持的行为规范的总和。它调节从业人员与服务对象之间、从业人员之间、从业人员与职业之间的关系。它是职业或行业范围内的特殊要求，是社会道德在职业领域的具体体现。

2. 职业道德内容

（1）职业理想。职业理想是指人们对职业活动目标的追求和向往，是人们的世界观、人生观、价值观在职业活动中的集中体现。它是形成职业态度的基础，是实现职业目标的精神动力。

（2）职业态度。职业态度是指人们在一定社会环境的影响下，通过职业活动和自身体验所形成的、对待工作岗位的一种相对稳定的劳动态度和心理倾向。它是从业人员精神境界、职业道德素质和劳动态度的重要体现。

（3）职业义务。职业义务是指人们在职业活动中应自觉地履行对他人、社会应尽的职业责任。每一位从业人员都有维护国家、集体利益，为人民服务的职业义务。

（4）职业纪律。职业纪律是指从业人员在工作岗位中必须遵守的规章、制度、条例等职业行为规范。例如，国家公务员必须廉洁奉公、甘当公仆，公安、司法人员必须秉公执法、铁面无私等。这些职业行为规范都是从业人员做好本职工作的必要条件。

（5）职业良心。职业良心是指从业人员在履行职业义务过程中所形成的对职业责任的自觉意识和自我评价活动。人们所从事的职业和岗位不同，其职业良心的表现形式也往往不同。例如，商业人员的职业良心是"诚实无欺"，医生的职业良心是"治病救人"。从业人员能做到这些，内心就会得到安宁；反之，内心就会不安和产生愧疚感。

（6）职业荣誉。职业荣誉是指社会对从业人员职业道德活动的价值所做出的褒奖和肯定评价，以及从业人员在主观认识上对自己职业道德活动的一种自尊、自爱的荣辱意向。当一位从业人员职业行为的社会价值赢得社会公认时，就会产生荣誉感；反之，就会产生耻辱感。

（7）职业作风。职业作风是指从业人员在职业活动中表现出来的相对稳定的工作态度和职业风范。从业人员在职业岗位中表现出来的尽职尽责、诚实守信、奋力拼搏、艰苦奋斗等作风，都属于职业作风。职业作风是一种无形的精神力量，对从业人员事业的成功具有重要作用。

3. 职业态度、安装维修质量、职业道德三者的关系

职业态度是职业道德内容的一部分。安装维修质量是最终衡量电梯安装维修工工作质量的一个重要指标。职业态度的好坏影响从业人员与服务对象的关系；影响从业人员的情绪，影响其工作水平的发挥。因此，职业态度是职业道德规范的基础，而安

装维修质量是安装维修工作的结果。

4. 加强职业道德修养

坚持学习道德、社会主义道德和职业道德的科学观点，是加强职业道德修养的有效途径，有利于电梯安装维修工树立科学的世界观、人生观和价值观。

发挥榜样的激励作用，学习先进模范人物的高尚品德和崇高精神，是社会主义精神文明建设的重要内容，也是电梯安装维修工加强职业道德修养、提高自身职业道德水平的必由之路。学习先进模范人物还要密切联系自己职业活动和职业道德的实际，注重实效，自觉抵制拜金主义、享乐主义、极端个人主义等腐朽思想的侵蚀，大力弘扬新时期的创业精神，提高职业道德水平，立志在本岗位多做贡献。

三、电梯安装维修工职业道德

1. 电梯安装维修工职业道德的含义

电梯安装维修工职业道德是指电梯安装维修工在从事电梯安装维修职业活动中，从思想到工作行为所必须遵守的道德规范和行业行为规范。电梯安装维修行业职业道德关系到电梯设备的安全性，关系到电梯安装维修工的生命安全，同时也关系到乘用电梯的人民群众的生命安全。

2. 电梯安装维修工职业道德的特点

（1）作业安全的责任性。电梯安装维修作业直接关系到人的生命安全，责任重大。电梯安装维修工必须加强职业道德修养，落实岗位职责，不断提高自身的职业技能和安全作业风险意识。否则，可能导致作业人员在作业过程中出现伤亡事故以及被作业电梯在工作时发生严重的安全事故。

（2）工作标准的原则性。电梯安装维修工服务于电梯企业，使用工具、夹具、量具、检测仪器及设备，安装、调试、维修、改造电梯。电梯安装维修行业职业道德的内容与电梯安装维修工的职业活动紧密相连。作为一线作业人员，工作中必须坚持安全、合法、高效的原则，遵守国家特种设备相关法律，严格按照国家标准执业，遵从相关安全技术规范和标准。

（3）职业行为的指导性。电梯安装维修行业职业道德对电梯安装维修工的职业行为具有重要的指导作用，有利于从业人员树立高度的社会责任感、使命感，树立正确的人生观、从业观，转变服务理念，讲究服务质量，注重特种设备的设备安全、作业人员和使用人员的人身安全。

（4）职业要求的约束性。电梯安装维修行业职业道德是从电梯安装维修工长期的职业经历中提炼形成的，作为具体实践的职业要求，明确了"什么是电梯作业安全，如何在作业过程中保障电梯安全、保障自身安全、保障他人安全"的约束内容，被行业普遍认可，也易于被电梯安装维修工接受进而在职业活动中自觉约束自己的言行和规范操作。

课程 1-3　职业守则

一、遵纪守法，爱岗敬业

1. 遵纪守法

遵纪就是在职业行为中遵守纪律。纪律包括劳动纪律、规章制度、准则、工作职责（岗位职责）、公约、守则以及特种行业的安全生产操作规定、规程等。守法就是遵守国家颁布的各种法律、法规和管理条例。

2. 爱岗敬业

爱岗敬业就是要热爱本职工作，在工作中兢兢业业、忠于职守、持之以恒，认真负责地履行全部岗位职责。在社会主义市场经济中，无论在哪个工作岗位，都是通过自己的工作创造物质和精神财富的，因此，做好本职工作就成为对每个人职业道德行为的基本要求。一个人如果不爱自己的工作，在工作中敷衍塞责，甚至玩忽职守，就谈不上爱岗敬业，更谈不上为社会做贡献。

二、工作认真，团结协作

1. 工作认真

在工作中必须严格遵守相关安全操作规程和制度，绝不允许任何随心所欲的行为存在，必须克服松懈、麻痹的思想，弘扬工匠精神，保持一丝不苟的工作态度，将各种安全隐患及时消灭在萌芽状态。

2. 团结协作

在具体工作中，从业人员应处理好团结协作与竞争、分工和坚持原则的关系。

三、爱护设备，安全操作

1. 爱护设备

（1）合理安排设备的工作负荷。电梯安装维修工应根据各种设备的性能、结构和技术经济特点，合理安排设备的工作负荷，使各种设备物尽其用，避免"大机小用""精机粗用"等现象。

（2）规范使用设备。为了充分发挥设备的性能，使设备在最佳状态下被使用，电梯安装维修工应熟悉并掌握设备的性能、结构、工艺加工范围和维护保养技术。一定要对新员工进行技术考核，合格后方可允许其独立操作。对于精密、复杂、稀有以及对安装维修具有关键性作用的设备，应由专业技术人员去操作，实行定人定机，凭操作证操作。

（3）创造良好的工作环境。在一般情况下，设备所处的工作环境应清洁、通风良好；对于精密的机器设备，应对工作环境的温度、湿度、防尘、防震等有更严格的要求。

2. 安全操作

进入 21 世纪以来，我国职业安全卫生工作形势十分严峻。交通、建筑、煤矿等行业频频发生的生产事故，造成了人民群众生命财产的严重损失。这些生产事故绝大多数属于责任事故，主要是违章作业、疏于管理、监督不力造成的。因此，电梯安装维修工必须积极接受安全教育，树立"安全第一，预防为主"的安全意识，从而形成一种注重职业安全的职业道德品质。

四、遵守规程，执行工艺

1. 遵守规程

遵守规程是指严格按照国家的法律、条例、标准、规程、有关制度等进行操作。电梯安装维修安全操作规程是对客观规律的总结。经验表明，在生产活动中不遵守安全操作规程，是事故发生和扩大的主要原因。电梯安装维修工在实际工作中的一举一动都关乎自身和他人的安全，因此应自觉遵守各种规章制度，防止事故的发生。

2. 执行工艺

执行工艺的意义主要体现在以下几个方面：一是可以提高工作效率；二是可以确保工作质量；三是可以明确岗位职责，做到各司其职；四是可以减少或防止安全事故发生；五是可以保证整个生产服务过程顺利进行。每一位从业人员都应该以执行工艺为荣，以违章违规为耻。

五、保护环境，文明生产

1. 保护环境

作为一名企业员工，必须主动承担推动生态文明建设、保护环境的义务和责任。要注重学习，提高认识，在施工时要注意控制现场的扬尘、固体废弃物、噪声和强光对环境的污染与危害。倡导绿色施工，在保证质量、安全等基本要求的前提下，通过科学管理和技术进步，最大限度地节约资源，从节约一张纸、一度电、一个螺钉，少用或不用塑料袋，到不乱扔安装和维护保养所产生的垃圾。同时，在生产和维修中防止"跑冒滴漏"，不用易造成环境污染的化工产品等，减少对环境的负面影响。

2. 文明生产

文明生产是所有企业在生产过程中追求的重要目标，它直接关系到企业的信誉。对企业来说，维护和提高信誉靠的就是提高产品（服务）质量和文明安全制度的落实。

文明生产的目标需要全体从业人员共同努力，认真遵纪守法，严格按照安全操作规程进行作业。从业人员应积极接受文明生产教育，其作用表现在以下几点：一是可以提高从业人员文明生产和服务的自律意识，二是可以提高从业人员保护人民生命财产安全的意识，三是可以提高从业人员的自我保护意识，四是可以提高管理者文明生产的管理意识。

模块 2　相关知识准备

- 课程 2-1　土建图与机械制图知识
- 课程 2-2　电梯结构与原理
- 课程 2-3　机械基础
- 课程 2-4　电气基础
- 课程 2-5　安全防护
- 课程 2-6　质量管理

课程 2-1　土建图与机械制图知识

一、电梯土建图基本知识

电梯土建图又称电梯土建布置图,是电梯安装的重要技术文件。电梯土建图有五方面要素:电梯技术规格表、电梯井道平面图、电梯井道立面图、电梯机房平面图和电梯层门预留孔洞图。电梯规格与土建结构基本参数均体现在这些图中。电梯土建图是土建勘测、样架设置、设备安装布置的重要依据。

1. 电梯技术规格表

电梯技术规格表主要标明订购单位、合同号、电梯机号、用途、控制系统、载重量、速度、服务层站、开门方式、动力电源要求、照明电源要求、电动机参数等。此外,对电梯土建、机房、电源开关位置等提出特别注意事项。

2. 电梯井道平面图

电梯井道平面图主要标明电梯井道深度、井道宽度、轿厢导轨距、对重导轨距、轿厢出入口宽度、轿厢内净宽、轿厢内净深、轿厢外形宽度、轿厢外形深度、轿厢中心至对重中心纵向距离、轿厢中心至轿厢地坎前端面距离等,如图 2-1-1 和图 2-1-2 所示。

如图 2-1-3 和图 2-1-4 所示为货梯或病床电梯对重侧置的平面布置形式,它们大多采用旁开双折门,井道对重侧的空间正好是旁开双折门藏门扇的空间。由于对重侧置,轿厢导轨支架形成了"大小支架",大支架包含了对重支架,满足对重的运行空间。小支架既与平常支架相同,也需要满足轿厢有效的运行空间。

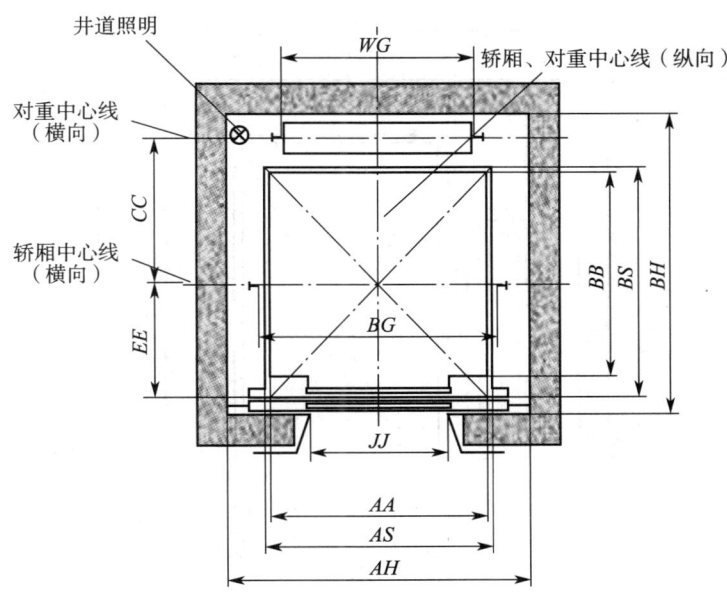

图 2-1-1　电梯对重后置中分开门

AH—井道宽度　AA—轿厢内净宽　AS—轿厢外形宽度　BG—轿厢导轨距　BH—井道深度
BB—轿厢内净深　BS—轿厢外形深度　WG—对重导轨距　CC—轿厢中心至对重中心纵向距离
EE—轿厢中心至轿厢地坎前端面距离　JJ—轿厢出入口宽度

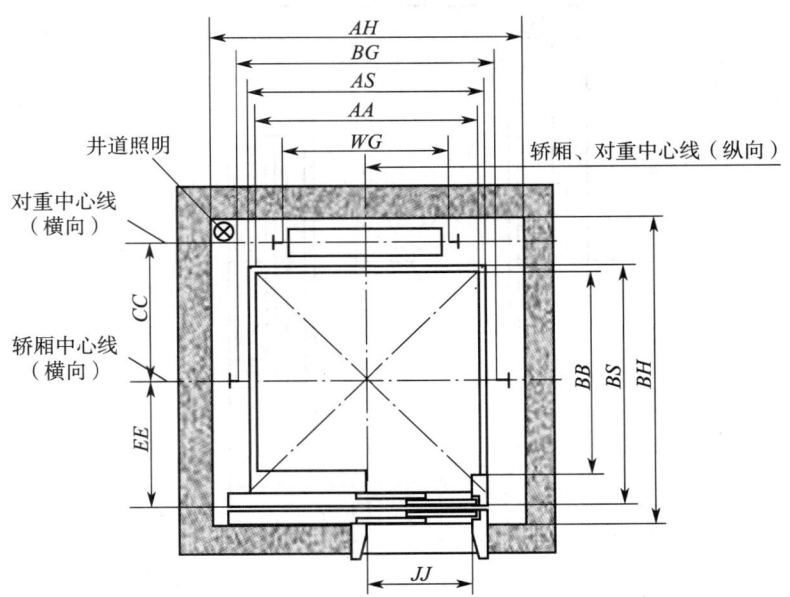

图 2-1-2　电梯对重后置双折左开门

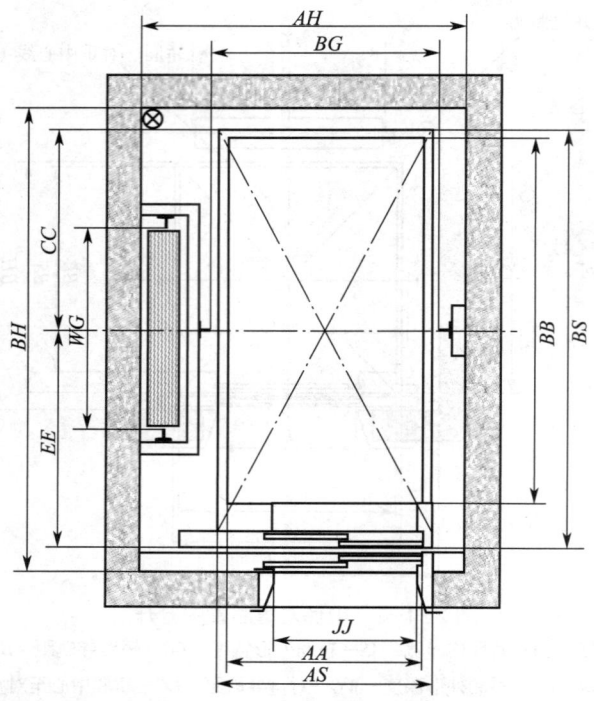

图 2-1-3 电梯对重侧置、左开门

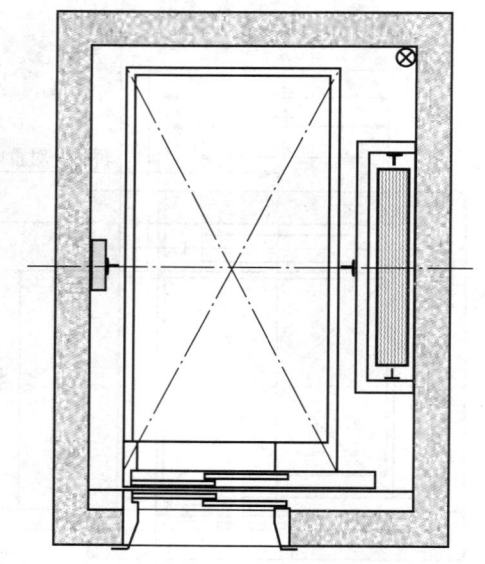

图 2-1-4 电梯对重侧置、右开门（尺寸标志略）

3. 电梯井道立面图

电梯井道立面图主要标明吊钩的位置及负荷、机房高度、井道高度、顶层高度、提升高度、底坑深度、支架布置相关尺寸、导轨布置相关尺寸、缓冲器的位置和冲击负荷、曳引轮与导向轮的位置和尺寸等,如图 2-1-5 和图 2-1-6 所示。

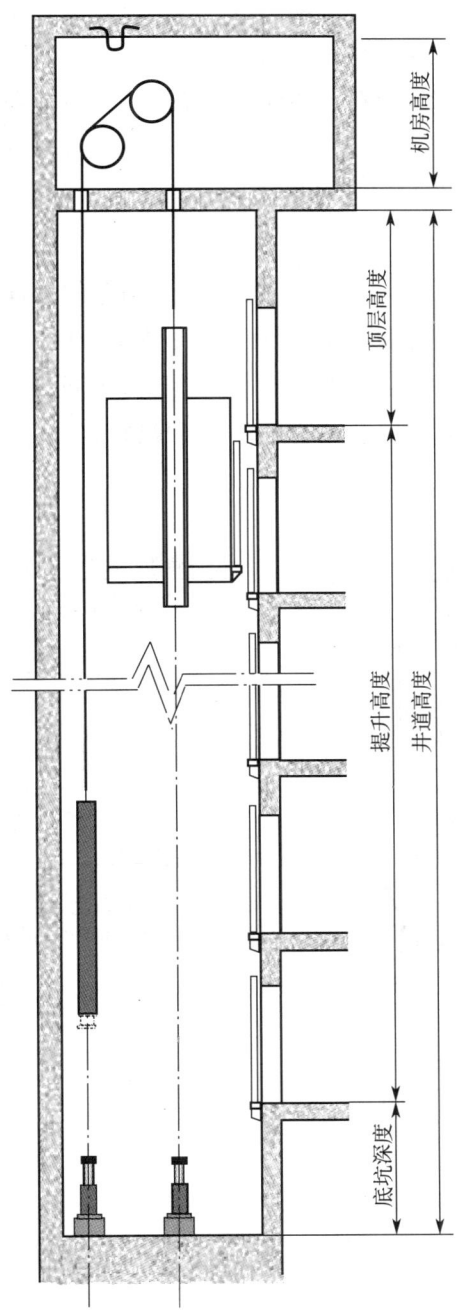
图 2-1-5　客梯井道立面示意图

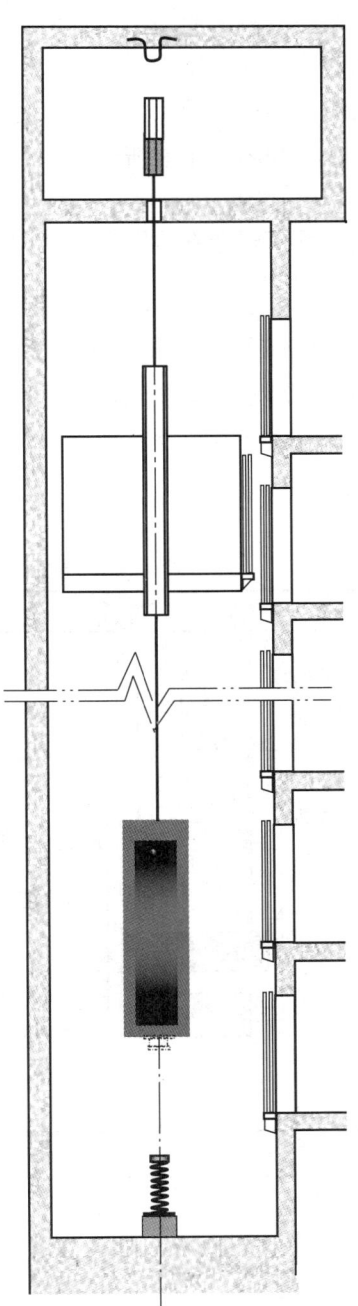
图 2-1-6　货梯井道立面示意图

4. 电梯机房平面图

电梯机房平面图主要标明承重梁的位置、曳引机（即主机）的位置、曳引绳预留绳孔的位置及尺寸、限速器安装位置及预留绳孔的位置和尺寸、控制柜安装位置、预留电缆孔的位置及尺寸、主机上方吊钩的位置及负荷、各受力点所承受的负荷等，如图 2-1-7 和图 2-1-8 所示。

5. 电梯层门预留孔洞图及其他预设要求

电梯层门预留孔洞图标明预留门洞的高度和宽度、召唤按钮盒预留孔的位置及尺寸、消防按钮盒预留孔的位置及尺寸、预埋钢筋的位置及规格、牛腿的尺寸。如图 2-1-9 所示，本图仅标注了尺寸名称，考虑到各企业的技术设计要求不同，具体尺寸应参照各企业标准（简称企标）确定，如其他安装孔洞是否需要预留及门框是否需要预埋钢筋等。

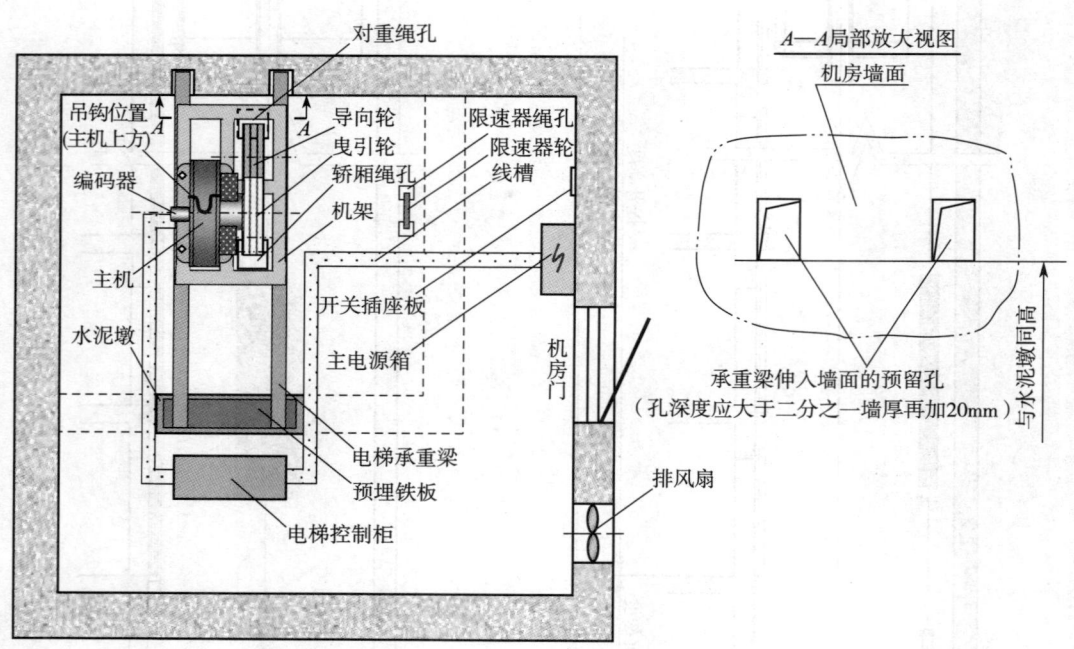

图 2-1-7　1:1 对重后置机房布置示意图

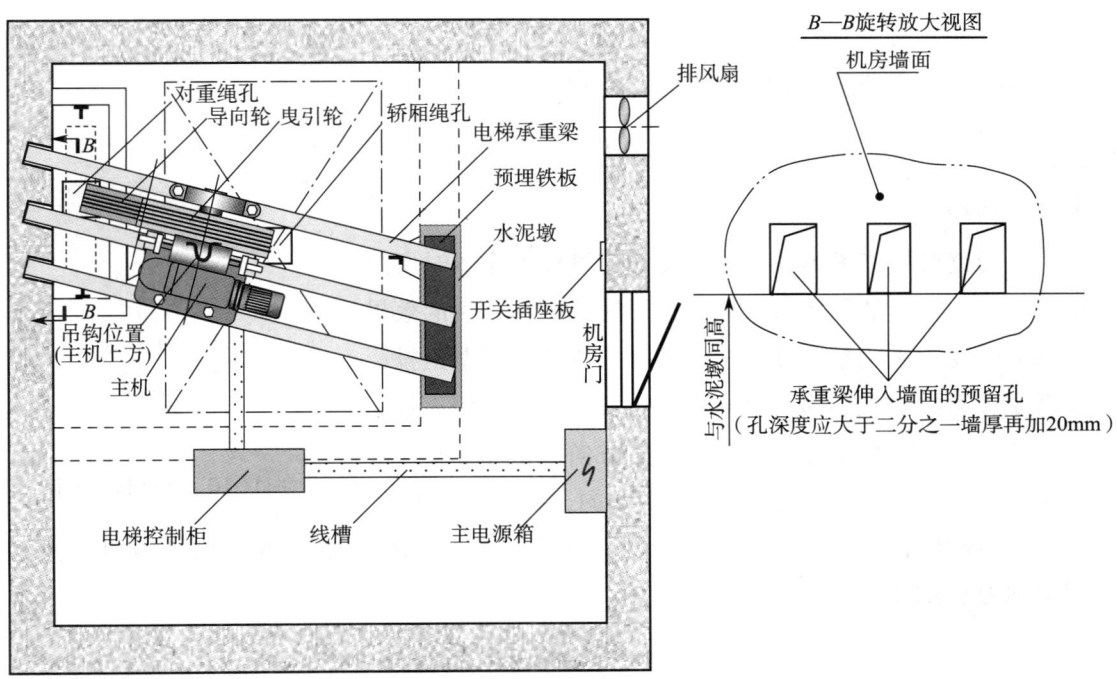

图 2-1-8　1∶1 对重左置机房布置示意图

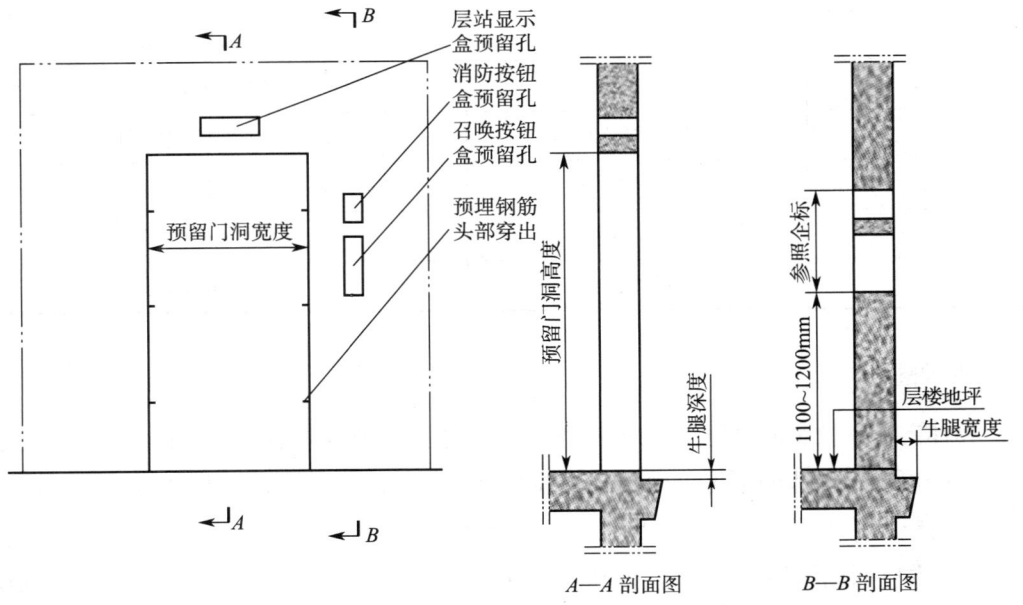

图 2-1-9　电梯层门预留孔洞图

二、零件图与装配图识图基本知识

1. 正投影法

要阅读机械工程图样,首先要知道设计者作图时所用的投影法。一般的图样都采用正投影法,还有个别的效果图和局部视图采用轴测投影法或透视投影法。所谓正投影法就是投射线与投影面相垂直的平行投影法。按照正投影法的要求,一个物体有六个基本投射方向,相应地有六个基本的投影平面分别垂直于六个投射方向,如图 2-1-10 所示,其名称见表 2-1-1。一般情况下,从前方投射的视图反映了物体的主要特征,该视图称为主视图。

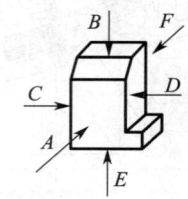

图 2-1-10 物体投射方向

表 2-1-1 六个基本投射方向名称

投射方向		视图名称
代号	方向	
A	自前方投射	主视图或正立面图
B	自上方投射	俯视图或平面图
C	自左方投射	左视图或左侧立面图
D	自右方投射	右视图或右侧立面图
E	自下方投射	仰视图或底面图
F	自后方投射	后视图或背立面图

2. 基本视图

物体向基本投影面投射所得的视图称为基本视图。在基本视图中,物体的可见轮廓用粗实线画出,物体的不可见轮廓用虚线画出。基本投影面的展开方法如图 2-1-11 所示,正投影面(主视图)不动,其余各基本投影面按箭头所示方向展开,使它们与正投影面处在同一个平面内,这样就得到六个基本视图的位置关系。如果按照上述方式配置基本视图,则不用标注名称,如图 2-1-12 所示;否则,应对基本视图进行标注,如"×"("×"代表大写拉丁字母),在相应的视图附近用箭头指明投射方向,并注上相同的字母,如图 2-1-13 所示。

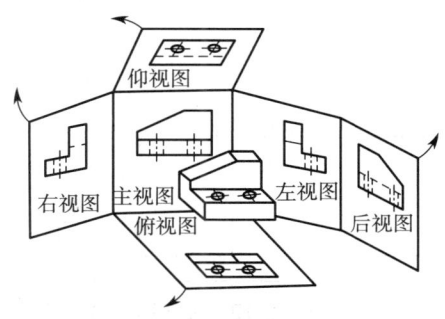

图 2-1-11　基本投影面的展开方法

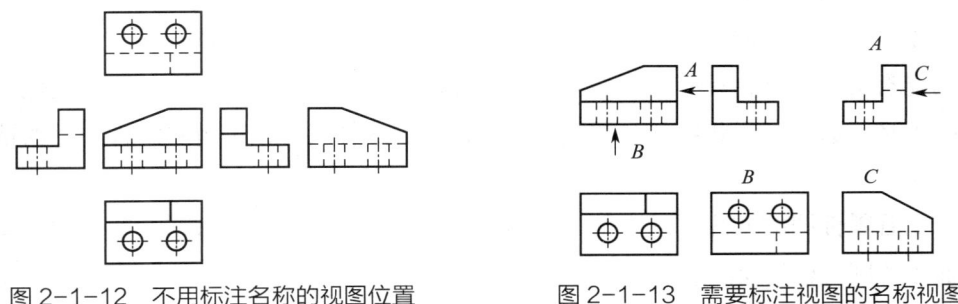

图 2-1-12　不用标注名称的视图位置　　　　图 2-1-13　需要标注视图的名称视图

六个基本视图之间保持"长对正、高平齐、宽相等"的投影规律,即主视图、俯视图、仰视图、后视图长度相等,主视图、左视图、右视图、后视图高度相等,俯视图、左视图、仰视图、右视图宽度相等。

在看图的时候,首先要弄清楚各个视图是从零件的哪个面投射的,然后重点分析主视图,因为零件形状的主要特征都能在主视图中表达出来,所以要搞清楚其余视图与主视图在投射方向上的关系,以正确地分析零件结构。大部分零件图样都采用向视图的方式,所以在看图的时候就要注意搞清楚视图是从哪个方向投射的。如果没有标注视图方向的话,图样就默认采用主视图、俯视图、左视图的表达方式;有时候如果能表达清楚,就只采用主视图和其他两个视图中的一个来表达,各视图位置如图 2-1-14 所示。

3. 看机械图的方法与技巧

一台电梯是由若干部件和零件组成的,装配时一般先把零件装配成部件,然后把有关的部件和零件装配成整台电梯。表达单个零件的图样称为零件图,表达部件的图样则称为装配图。零件图和装配图都是生产中的基本技术文件,既反映设计者的意图,也是制造和检验成品的依据。

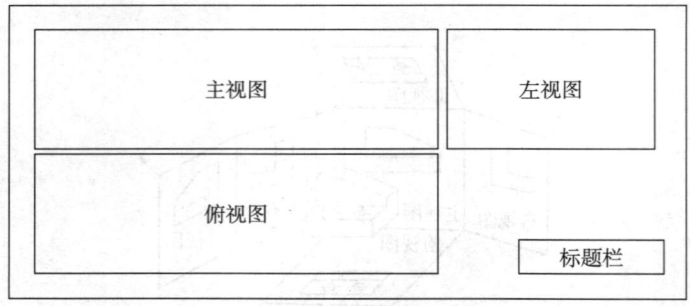

图 2-1-14　各视图在图样上的位置

零件图上明确而清晰地表达了零件的结构形状、尺寸和技术要求。这些要求主要取决于零件在部件中的作用。而部件采用什么结构、需要哪些零件，又与它本身要实现的功能有关。因此，只有认真研究部件的装配图，才能明白每个零件要和其他什么零件装配在一起，其形状特征和功能是什么样的，这样就可以理解对零件尺寸的精度要求。

（1）看零件图的方法。图形是工程师的语言，画图是用视图来描述物体的空间形状，而看图则是根据视图想象出物体的空间形状。

看零件图的方法是以形体分析为主，对于视图中比较复杂、不易看懂的部分，还要结合线、面的投影分析来帮助想象这些局部形状。所以，看零件图的基本方法有形体分析法和线面分析法两种。在识读一些比较复杂的图样时，往往将两种方法结合起来交替使用，以提高识图效率。下面分别介绍形体分析法和线面分析法。

1）形体分析法。所谓形体分析法，通常是从主视图入手，按封闭线框划块，将视图分割成若干部分，然后逐步想象出各部分的形状和彼此之间的相对位置关系及组合方式，最后根据各部分的相对位置和组合方式，综合起来想象出组合体整体的空间形状。

形体分析法是画、读组合体视图及尺寸标注的最基本的方法。

采用形体分析法读图一般分为以下四个步骤。

第一步，看视图，明确各视图之间的关系。了解组合体用几个视图表达，以及视图之间的大致投影关系；了解物体大致由几个部分组成，以及各部分大致的形状。

第二步，将组合体分解成几个基本体。在三视图中，一般具有投影关系的两个或三个封闭线框通常都表示一个基本体的投影。主视图是最能反映物体形状特征的视图，因此，读图都从主视图开始入手，将其分成若干个大的粗实线线框，找出它们在其他视图上相应的投影。这一步一般称为分线框、找投影。

第三步，根据投影关系，识别各部分的形状，这一步一般称为按投影想形状。

第四步,综合起来想象整体形状。根据每一部分的结构形状以及它们之间的组合关系、连接方式,综合起来想象物体的整体形状。

例1:读图 2-1-15 所示的支架三视图。

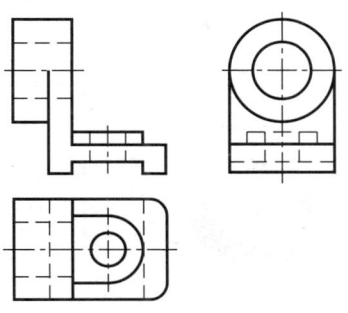

图 2-1-15　支架三视图

第一步,初步分析各视图,从主视图可以看出支架的整体特点。它是叠加类组合体,从俯视图、左视图可以看出支架的前后是对称的。

第二步,分线框、找投影。根据主视图的图形特点及其与俯视图、左视图的投影关系,可分出如图 2-1-16 所示的四个部分。

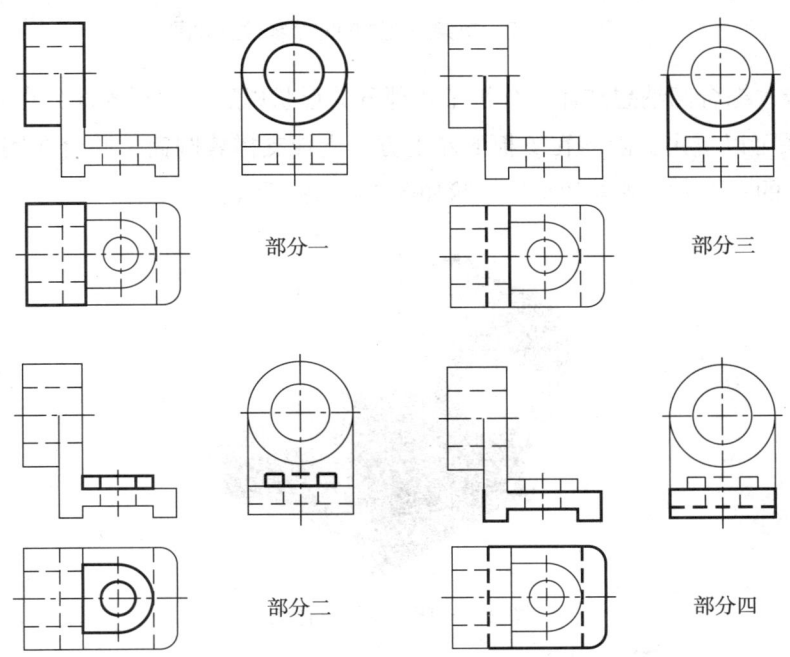

图 2-1-16　支架三视图的四部分视图

第三步,按投影想形状,根据线框的投影关系想象各部分的形状,如图 2-1-17 所示。

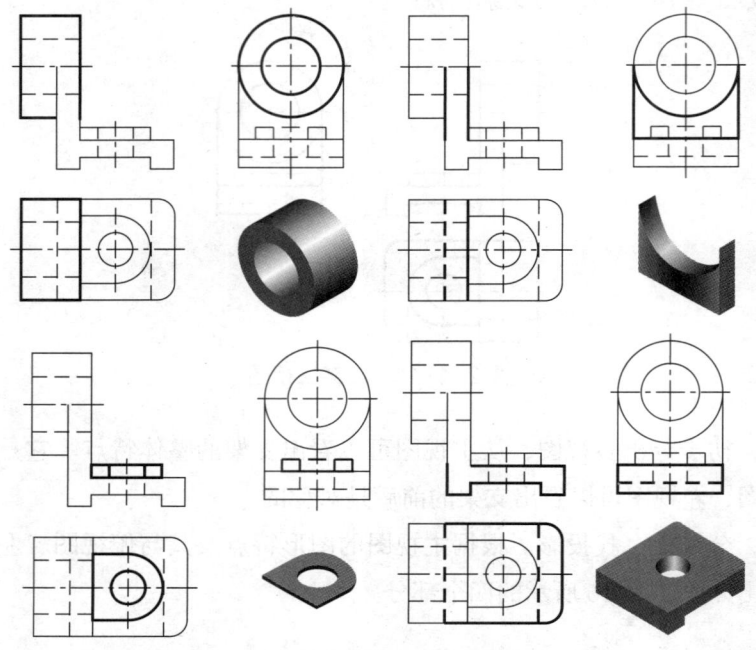

图 2-1-17 支架三视图的四个零件立体图

第四步,综合归纳想整体。分析了各部分的形状以后,根据各部分在视图中的相互位置关系可以看出:圆筒在支板的左上方,支板支撑着圆筒,凸台在底板的上面,底板在支板的右下方,支架的整体形状如图 2-1-18 所示。

图 2-1-18 支架立体图

2)线面分析法。对于组合体比较复杂的部分,如形体被多次切割,或多个形体相交、相切等,常会发生有的线框同时对应其他视图中几个线框的情况,对此需要从线和面的角度出发，分析组合体中复杂部分表面的形状。这种从线和面的角度出发，分析组合体视图的读图方法称为线面分析法。线面分析法就是运用投影规律分析组合体表面及线的形状和相对位置，然后将这些表面和线综合起来想象出它们的形状和相对位置，从而得出组合体的整体形状。

用线面分析法读图，一般都是在形体分析的基础上进行的。读图时，先在视图中确定要分析的线或线框，按视图间的投影关系找出它们在各视图中的投影，然后再根据线、面的投影特性逐一想象并判定其位置和形状，最后想出该物体的结构形状和线、面的构成。

例2：读图 2-1-19 所示的零件视图与立体图。

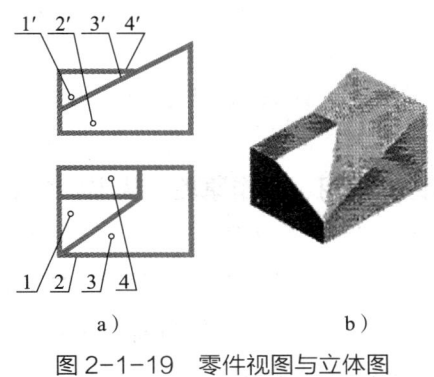

图 2-1-19　零件视图与立体图
a）视图　b）立体图

如图 2-1-19a 所示的物体，它的基本形体是长方体。主视图中有两个线框 1′、2′，俯视图中与线框 1′ 长对正的投影一个是三角形 1，另一个是矩形 4。显然，矩形与三角形不是类似形，所以线框 1′ 应对应俯视图上的三角形 1，为一侧垂面。根据物体上平面多边形的投影要么是一个边数相同的多边形，要么积聚为一段直线，即"若无类似形，必定积聚成线"，俯视图中的矩形 4 对应主视图中的一条水平直线段 4′，为一水平面。另外，俯视图中的线框 3 对应主视图中的斜线 3′，为一正垂面。零件的形状应如图 2-1-19b 所示。

需要注意的是：看图要从表达物体形状特征最明显的那个视图入手，联系其他视图一起分析，切忌只从某一视图上找答案，因为一个视图是不能唯一确定物体的形状的。

（2）看装配图的方法。看装配图是生产一线技术工人必备的基本技能之一。不仅在设计、编制工艺的过程中要看装配图，在现场进行装配操作和首检产品时，也常常要参阅装配图来了解设计者的意图和部件的结构特点，同时获得合理的装配顺序。看装配图应达到以下基本要求：了解部件的名称、功用、结构和工作原理，弄清零件的作用、相互位置、装配连接关系以及装拆顺序等，看懂零件的结构。

看装配图的基本方法仍然是投影分析，但围绕零部件的功能，从结构、装配等方面进行分析，也有助于加深对零部件的理解。看装配图的一般步骤具体如下。

1）概括了解。从标题栏了解部件的名称，从明细栏了解零件名称和数量，并在视图中找出所表示的相应零件及其所在位置；大致浏览一下所有视图、尺寸和技术要求等。对于用 Pro/E 设计的图样，还可以查看有关的三维 Pro/E 模型，了解零件形状及装配关系。

2）分析视图。首先确定视图名称，明确视图间的投影关系，如果是剖视图还要找到剖切位置和投射方向；然后分析各视图所要表达的重点内容是什么，以便研究有关内容时以它为主，结合其他视图进行分析。

3）分析零件和零件间的装配连接关系。这是进一步深入看装配图的阶段，一般可采用以下方法。

①分析零件可围绕部件的功用、工作原理，从主要装配干线上的主要零件开始，逐步分析其他零件，再扩大到其他装配干线。

②分析零件可先看标准件、加强肋、封头等简单的零件，后看一般零件，先易后难地进行。因为，标准件、加强肋、封头等零件都是有固定特点的，而且结构也比较简单，较易看懂。先把这些零件看懂并分离出去，就为分析较复杂的一般零件提供了方便。

③分析一般零件的结构形状时，最好从表达该零件最清楚的视图入手，利用零件的序号和剖面线的方向及疏密度，在投影分析的基础上，分离出它在各视图中的投影轮廓。结合零件的功用及其与相邻零件的装配关系，即可想象出零件的结构形状。

4）归纳总结，全面认识。看图经过上述由浅入深的过程，最后再围绕部件的结构、工作原理和装配连接关系等，把各部分结构有机地联系起来一并研究，就能对部件的完整结构有一个全面的认识。必要时还可进一步分析装拆是否方便，在装配线上的分工是否合理，在装配线上的哪个地方应该设置质量控制点，等等。

课程 2-2　电梯结构与原理

■ 学习单元 1　曳引驱动电梯结构与原理

一、曳引驱动电梯的基本结构

电梯是大型复杂的机电一体化产品。机械部分相当于人的躯体,电气部分相当于人的神经。机械与电气两方面的高度结合,形成了现代科学技术的综合产品——电梯。不同类型的电梯,其部件结构、电气控制情况不尽相同。本单元以曳引驱动电梯为例介绍其基本结构,如图 2-2-1 所示。

曳引驱动电梯的基本结构可以分为以下几个部分:曳引驱动系统、导向系统、轿厢和轿架(又称轿厢架)、门系统、重量平衡系统、电力拖动系统、电气控制系统、安全保护系统。

1. 曳引驱动系统

曳引驱动系统一般由曳引机、导向轮、反绳轮和曳引绳组成,其功能是输出与传递动力。

曳引机通常由电动机、制动器、减速器和曳引轮组成,是曳引驱动电梯运行时所需动力的直接来源。曳引轮与导向轮一起,对曳引绳起导向作用,曳引机的动力便通过曳引绳传递给轿厢和对重。反绳轮是指某些型号电梯中,设置在轿厢和对重上的动滑轮及设置在机房或井道上的定滑轮。

2. 导向系统

导向系统主要由导轨、导靴和固定导轨的导轨支架组成。其功能是提供轿厢和对

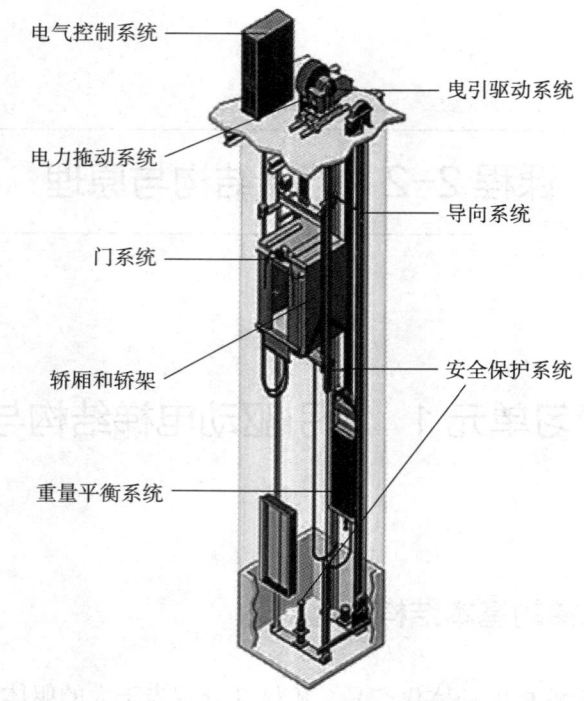

图 2-2-1　曳引驱动电梯基本结构

重的运行轨迹，限制轿厢和对重的运动自由度，使轿厢和对重只能沿着导轨做定向运动。

导轨是在井道中确定轿厢与对重的相对位置，并对它们的运动起导向作用的组件。通常对导轨的制造要求比较严格，它在井道中需要通过导轨支架固定在井道壁上，而轿厢和对重则通过导靴在导轨上定向滑动。

3. 轿厢和轿架

这一部分主要包括轿底、轿厢壁、轿顶、上梁、立柱、下梁及安全钳。

轿底、轿厢壁、轿顶构成轿厢。轿厢用于容纳乘客或货物，需要具备一定的空间和承载能力。

轿架是固定轿厢体的承重构架。曳引机的动力一般直接通过钢丝绳传递给轿架，而轿架则承载着整个轿厢。

4. 门系统

曳引驱动电梯的门系统主要包括轿门、门机、层门和轿门的地坎、层门及其门套、层门悬挂装置、门锁等部件。其作用是提供乘客进入轿厢的通道，并在曳引驱动电梯运行中封闭层站入口及轿厢入口。

轿门是设置在轿厢入口的门，它随轿厢一起运动。层门是设置在层站入口的门，层门悬挂装置用于安装层门，并由外力驱动层门开启或关闭。轿门、层门的开启或关闭由门机来实现，当轿门、层门开启或关闭时，机械锁开、闭，并将电信号传递给控制电路，使轿厢实现机电联锁。

5. 重量平衡系统

重量平衡系统的主要作用是平衡轿厢重量，在曳引驱动电梯工作中能使轿厢与对重的重量差保持在某一限定范围之内，保证曳引传动功能正常，节省能源。

平衡轿厢及其载重量的主要装置是对重。对重由对重架和对重块组成，其重量与轿厢满载时的重量成一定比例，与轿厢重量的差值具有一个恒定的最大值。

在轿厢运动过程中，轿厢与对重两边的曳引绳长度会出现变化，为了补偿这一变化对曳引驱动电梯平衡的影响，有时可借助重量补偿装置，常见的有补偿链、补偿缆、补偿绳。

6. 电力拖动系统

电力拖动系统主要为曳引驱动电梯提供动力，并实现对速度的控制。其中，供电系统为曳引驱动电梯的曳引电动机提供电源，曳引电动机则是动力源。电力拖动系统不仅需要为曳引驱动电梯的运行提供动力，还具有监测曳引驱动电梯的运行速度，并对曳引电动机速度进行调节的功能。

7. 电气控制系统

电气控制系统相当于曳引驱动电梯的神经网络，对曳引驱动电梯的运行进行控制。乘客进入轿厢之前需要通过呼梯盒（又称召唤盒）唤梯，进入轿厢之后需要通过轿内操纵箱选层；在曳引驱动电梯运行过程中，位置显示器可以显示其当前位置；在曳引驱动电梯停止运行之前，位置检测器可以获取位置信号。曳引驱动电梯的主要电气信号通常经控制电缆传递给控制柜（屏）中的各种电子元器件并进行运算处理。控制柜（屏）安装在机房或井道的适当位置。

8. 安全保护系统

电梯是特种设备中的一种，为了保证电梯的安全使用，防止一切危及人身安全的事故发生，所有电梯都会配置由一系列安全保护装置组成的安全保护系统。曳引驱动电梯的安全保护装置主要有限速器、安全钳、缓冲器、门锁装置和极限开关。

（1）限速器。限速器安装在井道或机房中，通过张紧装置绷紧一条封闭的贯通整个井道的限速器钢丝绳。限速器钢丝绳能反映曳引驱动电梯的运行速度，当曳引驱动电梯的运行速度超过允许值时，能发出电信号及产生机械动作，切断控制电路或迫使安全钳动作。

（2）安全钳。安全钳安装在轿厢（或对重）的两侧，它必须和限速器一起配合才能产生作用。当安全钳接受限速器操纵后，它会借助机械动作，依靠摩擦力将轿厢强行制停在导轨上。

（3）缓冲器。缓冲器安装在井道底坑中，即轿厢和对重的下方，当轿厢或对重撞击底坑时，缓冲器能吸收能量，减缓冲击，是轿厢和对重的最后一道保护屏障。

（4）门锁装置。门锁有轿门门锁和层门门锁，分别安装在轿门和层门上。门锁装置是机电联锁安全装置，在轿门与层门关闭后锁紧，同时接通控制回路，此后轿厢方可继续运行。

（5）极限开关。极限开关又称端站保护装置，是一组防止曳引驱动电梯超越上、下端站的开关。若轿厢运行至超越端站停止开关后仍未停止，在轿厢或对重装置未接触缓冲器之前，极限开关就可以将检测到的电信号传递给控制系统，强迫切断主电源和控制电源。

二、曳引驱动电梯主要部件的工作原理

1. 主要机械部件的工作原理

（1）曳引机。曳引机是曳引驱动电梯的主要动力来源。它利用曳引绳与曳引轮之间所产生的摩擦力来驱动轿厢和对重的相对运动。

1）有齿轮曳引机。有齿轮曳引机主要由曳引电动机、减速器、电磁制动器、曳引轮等构成。

①曳引电动机。曳引电动机是将电能转换为机械能的电气设备，是驱动轿厢上下运行的动力机构。它分为交流电动机和直流电动机两种。交流电动机又分为异步电动机和同步电动机两种，其中异步电动机有单速、双速、调速三种。异步单速、双速电动机一般用于货梯；异步调速电动机一般用于客梯、住宅电梯和病床电梯。交流异步电动机在调速方面的主要发展方向是使用变压变频调速技术。

②减速器。减速器一般采用齿轮传动或蜗杆传动形式，其主要作用是将电动机的

高输出转速转化为大输出转矩，并靠输出的大转矩带动轿厢在井道内上下运行。近几年由于斜齿轮低噪声化技术的发展，高效率的斜齿轮减速器也经常被使用。

③电磁制动器。电磁制动器安装在曳引电动机与蜗杆轴的连接处，靠制动闸瓦对制动轮产生的摩擦力将曳引驱动电梯制停。电磁制动器一般由制动电磁铁、制动臂、制动闸瓦、制动弹簧组成。

电磁制动器的基本要求具体如下：在曳引驱动电梯断电或制动时，能按要求产生足够大的制动力矩，安全地制停电动机轴或减速器输出轴；在曳引驱动电梯安全运行时，制动闸瓦与被制动轮应完全松开，两边间隙（具体尺寸要求根据随机资料确定）均匀，制动闸瓦与被制动轮不能接触，否则会产生附加转矩损失，加快闸瓦的磨损，影响曳引驱动电梯的舒适度和平层准确度。

电磁制动器的电磁铁与曳引电动机并联，当曳引电动机停止时，电磁铁线圈无电流，电磁铁无张力作用，制动闸瓦在压缩弹簧的压力下抱紧制动轮，所产生的摩擦力使曳引驱动电梯减速、停止。当曳引驱动电梯启动、曳引电动机通电时，电磁铁线圈同时通电，使铁芯迅速磁化产生张力，克服压缩弹簧的压力推开制动臂，带动制动闸瓦张开，摩擦制动力消失，曳引驱动电梯得以运行；当曳引驱动电梯停站、曳引电动机失电时，电磁铁线圈同时失电，电磁张力迅速消失，压缩弹簧靠压力压紧制动臂，带动制动闸瓦抱紧制动轮，产生摩擦制动力，使曳引驱动电梯停止运行。

④曳引轮。曳引机通过曳引轮与嵌挂在其上的曳引绳之间的摩擦力将能量传给轿厢，实现曳引驱动电梯的上下运行。为了获得较大的曳引力，即提高曳引轮与曳引绳之间的摩擦力，曳引绳与曳引轮之间不能涂润滑油。

增大曳引轮直径可以增大曳引轮与曳引绳的接触长度，减小曳引绳的弯曲程度，并增大摩擦力，减小曳引绳的弯曲应力，提高曳引绳的使用寿命，但这会增加整个主机部分的体积，故曳引轮的直径不能任意选取。根据《电梯制造与安装安全规范》（GB 7588—2003）规定，D/d 应不小于 40（D 为曳引轮节圆直径，d 为曳引绳的公称直径）。

2）无齿轮曳引机。无齿轮曳引机主要由永磁同步电动机、电磁制动器、曳引轮等构成。无齿轮曳引机与有齿轮曳引机的主要区别是，无齿轮曳引机没有减速器。

采用永磁同步曳引机的优点是节能环保、降噪。现在电梯的曳引机都朝永磁无齿轮曳引机方向发展。

（2）轿架。由于轿厢吊挂方式不同，因此不同型号电梯之间的轿架结构会有一定的差异。轿架主要由上梁、立柱及下梁、安装架及支柱、安全钳联动装置等部件组成。轿架的主要作用是固定和悬吊轿厢，是轿厢的主要承载构件。为了增强轿架的刚度，并防止轿厢偏载造成轿厢倾斜，一般在轿底架与立柱的两侧设置拉杆。拉杆的一端安装在轿底架上，另一端安装在立柱上。拉杆的预紧力必须合适（具体根据各产品的要求设定）。

1）上梁。上梁一般由符合设计要求的钢板折弯或焊接而成，钢丝绳通过上梁吊起整个轿厢，所以上梁需要有足够的强度。

2）立柱及下梁。立柱位于轿厢两侧，上端与上梁连接，下端与下梁或轿底架连接，并与之构成轿架的主体。立柱由两条强度符合要求的角钢与若干钣金件焊接而成。

3）安装架及支柱。安装架与支柱连接，安装架安装在立柱上，支柱安装在轿底架上。支柱主要用于安装门机，并作为电缆的走线通道。安装架上主要安装门机底座及位置检测器、极限开关打板等部件。

4）安全钳联动装置。安全钳联动装置的主要作用是使上行、下行安全钳在曳引驱动电梯超速时动作。当曳引驱动电梯超速时，限速器动作并卡紧限速器钢丝绳，此时由于轿厢与限速器钢丝绳之间存在相对运动，限速器钢丝绳便拉动提拉杆，提拉杆带动轴杆转动，从而提拉安全钳楔块运行，使其夹紧在导轨上，从而实现曳引驱动电梯的制动。

安全钳联动装置生产厂家不同，其安装位置也不同，一般安装在下梁上，也可安装在立柱上、上梁上或轿底架上。

（3）轿厢。轿厢是运送乘客和货物的工作空间，也是乘客能直接接触到的部位。轿厢一般由轿底、轿厢壁（包括前壁、侧壁、后壁）、轿顶、轿厢装饰顶以及扶手等装饰件装配而成。根据国家标准 GB 7588—2003 中 8.1.1 要求，轿厢内部净高度应不小于 2 m。

1）轿底。轿底有整体轿底和分体轿底之分，下面主要介绍分体轿底。分体轿底主要由上轿底、称重装置、轿底架及护脚板组成。

上轿底直接与乘客或货物接触，需要承受一定的载重量，通常由型钢或弯折钢板构成框架，然后在框架上敷设薄钢板。上轿底的主要承重部件是拼板。拼板之间通过螺栓连接，铺满整个上轿底，各拼板再通过螺栓与上轿底边框安装在一起。拼板之上用木螺钉固定胶合板，起到均布载重量，防止拼板因应力集中而变形的作用，同时也便于安装轿厢地板。轿厢地板常用黏合剂敷设聚氯乙烯（PVC）地板或橡胶地板，也可选配大理石。

上轿底与轿底架连接，轿底架与立柱连接，轿底与轿底架之间还有防振橡胶垫等配件，主要起减振作用。

2）轿厢壁。轿厢壁是指与轿底、轿顶和轿门围成一个封闭空间的板形构件。轿厢侧壁和后壁在结构上非常接近，它们下端与轿底上边框连接，上端与轿顶连接并支撑着轿顶。目前常用的轿厢壁材质有喷涂钢板和发纹不锈钢板。壁板背后通常设计加强肋以便增加强度，上下两端通常有封头以便保持形状并用于连接。

轿厢前壁（左或右）一般用来设置操纵箱。为了尽量满足客户的需求，还可在轿厢壁内部加装挂镜、扶手、残疾人操纵箱等。

3）轿顶。轿顶是轿厢的上部，可以防止异物或灰尘进入轿厢，并在曳引驱动电梯运行时起到防风和保护作用。轿顶是检修人员在必要时可以站立的位置，也是轿厢内部重要的装饰部件。

轿顶要求能承受两个维修人员的体重，故轿顶需要具有足够的强度。轿顶的照明灯具需要为轿厢内部提供不小于 50 lx 的照度，在紧急情况下，应急灯需要至少工作 1 h。轿顶风扇配合轿厢的通风孔对轿厢进行通风换气，主要有两类——圆形风扇（吸顶风扇）和贯流风扇（横流风扇）。随着人们对乘坐电梯的舒适度要求不断提高，目前对轿厢加装空调的需求也日益增多。

（4）轿顶护栏。轿顶护栏一般由支撑架、扶手、中间栏杆、护脚板组成，通过支撑架安装在上横梁上。根据国家标准 GB 7588—2003 中 8.13.3 要求，离轿顶外侧边缘有水平方向超过 0.3 m 的自由距离时，轿顶应装设护栏。轿顶护栏是在安装现场完成装配的，主要防止轿顶检修人员坠入井道或与其他相对运动部件发生擦碰。

（5）门系统

1）门套。为了美化层门入口，在层门入口处一般安装装饰性的门套。门套安装在曳引驱动电梯出入口的墙壁上，保护墙壁侧面的同时还与周围的环境相协调，具有提高层站外观效果的作用。门套一般由弯折钢板制成，表面一般采用喷漆技术加工，也有使用发纹不锈钢板及镜面不锈钢板的。根据装饰效果的不同，门套分为小门套和大门套。

①小门套。小门套是"冂"形横截面的框架，将层门预留孔洞侧面墙的一部分覆盖，由立柱（旁套）、横梁（门额）、地坎安装座、层门装置悬挂件、封板组成。其中，地坎安装座现场固定在地坎的连接件上。封板焊接在门洞的预埋件上。门套安装时通过层门装置悬挂件上的螺栓与层门悬挂装置连接，作为层门悬挂装置的安装定位支承点。

②大门套。大门套是一个将层门预留孔洞侧面墙整体覆盖的框架。大门套根据框架的横截面形状可分为不同的类型。其中，最常见的为直角状的大门套和倾斜状的大门套。

2）层门和层门悬挂装置

①层门。层门一般由门扇、门滑块、三角锁等组成。层门安装在层门悬挂装置的

门挂板下端，主要作用是防止乘客坠入井道。为了防止层门未闭合时轿厢启动对乘客造成伤害，层门悬挂装置上设置了门锁装置。为了实施检修或紧急救援，层门上还设置了三角锁。

门锁装置的作用是关门后将门锁住。当曳引驱动电梯运行但未停站或不在服务层站时，各层站层门均被锁住，从而防止乘客跌入井道。当层门关闭后，锁钩钩住门锁开关，锁钩上的电气触点触及门锁开关簧片，接通此层站的供电回路。当曳引驱动电梯在某层站准备开门时，轿门上的门刀套住门锁滚轮，轿门在门机的带动下开门，门刀触及门锁滚轮，门锁滚轮带动锁钩发生偏转，实现开锁，此时门锁电气触点离开门锁开关簧片，此层站的供电回路断开，在门锁开关未闭合前，曳引驱动电梯不能运行。

三角锁是层门上用于从门外紧急开锁的装置，一般安装在层门门板上，安装后三角锁钥匙轴的三角杆凹进钥匙体，从门外将三角锁钥匙插入钥匙体转动钥匙轴，从而转动拨叉，拨叉带动开门锁杆转动，使门锁打开，此时即可拉开层门。

②层门悬挂装置。层门悬挂装置固定在土建结构上，主要由层门挂板、层门导轨组成。层门导轨固定在层门悬挂装置框架上，层门挂板安装在层门悬挂装置上，用于安装层门。此外，层门装置上还设置了门锁装置、从动门检测开关及强迫关门装置。

3）轿门。轿门是乘客出入轿厢的通道口，一般由轿门板、门保护装置、门刀等组成。为了防止在开关门过程中夹伤乘客，轿门上安装有门保护装置。常见的门保护装置有安全触板、光电开关+安全触板、纯光幕、光幕+安全触板等。门刀是保证层门与轿门同时开、关门的连接装置。

4）门机。门机主要由轿门门机架、门导轨、门挂板、门电动机、主动轮、从动轮、开门力保持装置、传动带及电气开关等组成。门机通过轿门安装架安装在轿架的支柱上。

门机动作原理如下：门电动机通电转动，将动能通过传动带传给主动轮，主动轮与从动轮张紧传动带，并带动其运动；传动带上挂有主、从动门门挂板，门挂板通过连接件同时与传动带上、下连接，使传动带通过滚轮沿着门导轨平移，实现门挂板左、右同步运动；轿门门扇安装在门挂板上与其一起运动，从而实现轿门开、关。

5）门刀。层门开、关门的动作由门刀与门锁装置配合完成。

门刀安装在轿门上，门锁装置安装在层门悬挂装置上。当曳引驱动电梯在某一层平层后，门刀套住门锁装置。当轿门开门时，门刀同步运动，带动门锁装置转动至开锁高度。在此后的开门过程中，门刀通过带动门锁装置克服自动关门装置的力而实现层门的开门。当电梯关门时，在正常情况下，轿门由门机提供动力关门，而层门则由自动关门装置的弹簧力关门。

（6）对重装置。对重装置又称对重。对重装置通过曳引绳经曳引轮与轿厢相连，其作用为平衡轿厢的重量，减少曳引轿厢时曳引电动机的输出功率。曳引绳与曳引轮之间的摩擦力即通常所说的曳引力。对重和轿厢一样装有导靴，沿对重导轨运行。对重一般配置在轿厢的后侧（根据井道的特殊情况，也可配置在轿厢的左、右侧），与轿厢运行方向相反，两者沿着各自的导轨上、下运行。对重下方也有缓冲器保护。

对重一般由对重架、对重块、导靴、缓冲座、绳头锥套等组成。对于曳引比为2∶1的曳引驱动电梯，对重还必须安装对重反绳轮。

对重的框架常由槽钢制成，对重块堆积在该框架内。对重块一般由铸铁制成，也有用钢板或混凝土等制成的。为了便于搬运及安装，对重块每块重 20~40 kg。安装对重块后的对重总重量应满足的公式为：

对重总重量 = 轿厢自重 + 额定载重量 × 电梯平衡系数

注：电梯平衡系数一般为 0.4~0.5。

（7）安全部件

1）限速器和安全钳。限速器是控制速度并操纵安全钳的装置，安全钳是靠机械动作将曳引驱动电梯强行制停在导轨上的装置。

限速器一般安装在机房内或井道顶，通过限速器钢丝绳与轿架的安全钳提拉杆相连，曳引驱动电梯的运行速度通过限速器钢丝绳反映到限速器上。当曳引驱动电梯的速度超过限速器电气设定速度时，限速器电气开关动作，切断曳引驱动电梯的供电回路，曳引机抱闸器动作，制停轿厢；若曳引驱动电梯继续超速，速度超过限速器机械设定速度时，限速器机械部件动作卡紧限速器钢丝绳，限速器钢丝绳提拉安全钳的提拉杆，提拉杆使安全钳动作，安全钳利用金属滚轮或楔块与导轨之间的摩擦力将轿厢制动，从而实现曳引驱动电梯的超速保护。为了保证限速器准确地反映曳引驱动电梯的运行速度，限速器钢丝绳与限速器轮之间应有足够的摩擦力，所以在井道底坑设有限速器张紧装置。

所有曳引驱动电梯的轿厢上都必须设置安全钳。安全钳可分为瞬时式安全钳和渐进式安全钳。瞬时式安全钳是靠金属滚轮或楔块卡进导轨而使急速运行的轿厢停止的，它适用于运行速度为 45 m/min 以下的曳引驱动电梯。渐进式安全钳是靠楔块卡进导轨而使急速运行的轿厢停止的，它适用于运行速度为 60 m/min 以上的曳引驱动电梯。

2）缓冲器。缓冲器安装在井道底坑，它是曳引驱动电梯的最后一道安全装置。当曳引驱动电梯失控，轿厢或对重超越极限位置而蹲底时，可以由缓冲器吸收轿厢或对重的动能，减少对乘客或货物的伤害。

缓冲器根据工作原理不同可分为弹簧缓冲器、聚氨酯缓冲器和液压缓冲器。弹簧缓冲器、聚氨酯缓冲器属于蓄能式，而液压缓冲器属于耗能式。

弹簧缓冲器与聚氨酯缓冲器的结构及工作原理相对简单，主要由缓冲弹簧、缓冲器座及缓冲带组成。当轿厢或对重撞击并压缩缓冲弹簧时，将曳引驱动电梯的动能转换为弹簧的弹性应变能，起到缓冲轿厢或对重的作用。当弹簧被轿厢或对重压缩时，曳引驱动电梯的动能转换为弹性应变能；当缓冲结束后，弹簧的弹性应变能释放，使轿厢或对重回弹，如此数次，直到能量耗尽，曳引驱动电梯才能完全静止。弹簧缓冲器一般仅用在低速电梯上。

相对于弹簧缓冲器，液压缓冲器的结构及工作原理较复杂。当轿厢或对重撞击液压缓冲器时，柱塞向下运动压缩缸内油液，此过程将曳引驱动电梯的动能转换为油液的压力能；压缩的油液通过柱塞与杆间的空隙节流而喷向柱塞腔，此过程将油液的压力能转换为热能；油液的热能最终慢慢地转移到外界，从而消耗了曳引驱动电梯的动能，实现缓冲的作用。同时，开关打板向下运动，断开缓冲器开关，断开曳引驱动电梯的安全回路。当轿厢或对重离开缓冲器后，柱塞在压缩弹簧的张力作用下慢慢复位，油液重新流回到缸内，开关打板触及开关，开关闭合。由于在缓冲过程中缓冲器消耗了曳引驱动电梯的动能，因此，液压缓冲器属于耗能式。液压缓冲器可通过调整柱塞与杆间的空隙来改变缓冲过程中的速度，它的性能优于弹簧缓冲器，既可用在低速电梯上，又可用在高速电梯上。液压缓冲器的制造成本一般高于弹簧缓冲器。

3）极限保护装置。极限保护装置是为了防止曳引驱动电梯超越上、下端站停止开关后仍然继续运行而设置的，实际上它是轿厢或对重撞击缓冲器之前的安全保护行程开关。通常设置有强迫减速开关、限位开关和终端极限开关，其动作由撞弓触及开关实现。

当撞弓触及强迫减速开关时，该开关发出指令使曳引驱动电梯减速。如果曳引驱动电梯继续运行，则撞弓触及限位开关，该开关发出指令使曳引驱动电梯停止运行，曳引驱动电梯停止运行之后还能响应反向召唤。如果此时曳引驱动电梯继续运行，则撞弓触及终端极限开关，该开关发出指令使曳引驱动电梯停止运行。此时，曳引驱动电梯不能响应任何召唤，需要在机房里人工复位电气开关之后才能继续运行。

（8）平层感应器。平层感应器分为以下两种。

一种是由U形永磁式干簧管传感器和隔磁板组成的感应器，如图2-2-2所示。其工作原理如下：当隔磁板插入干簧管传感器的凹口时，隔磁板隔断永磁铁产生的磁场，干簧管的常闭触点接通，以此来控制相关线路使曳引驱动电梯自动平层停靠。

另一种是由光电开关传感器和遮光板组成的感应器，如图2-2-3所示。其工作原理如下：当遮光板插入光电开关传感器的凹口时，阻断光路，令继电器开路（或接通），使曳引驱动电梯进入自动平层过程。

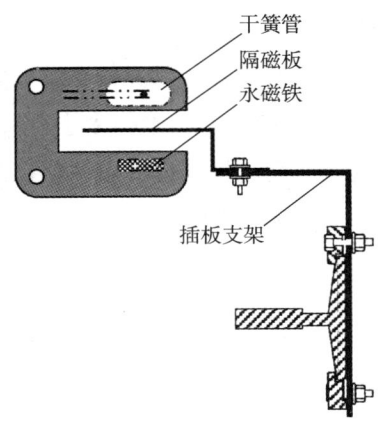
图 2-2-2　由 U 形永磁式干簧管
传感器和隔磁板组成的感应器

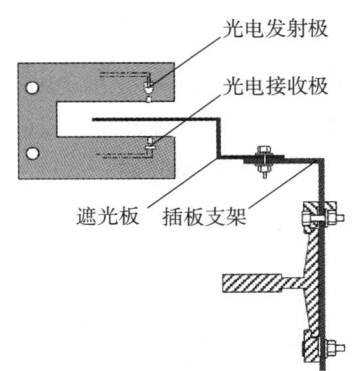
图 2-2-3　由光电开关传感器和
遮光板组成的感应器

（9）随行电缆。对于低层电梯来说，随行电缆的一端从控制柜进入井道后固定在井道顶部，另一端安装在轿架的底部；对于高层电梯来说，随行电缆的一端固定在井道壁的中间部分，另一端安装在轿架的底部。它的主要作用有以下几点：向轿厢照明设备及开关门装置提供电源；传输开关门装置、安全开关的信号；传输轿内操纵箱的信号，传输应答指示灯的显示信号；传输轿厢位置指示灯的显示信号。

（10）补偿链、补偿绳或补偿缆。当轿厢位于井道中间位置时，轿厢侧与对重侧的钢丝绳重量处于平衡状态，但是当轿厢接近终端层时，主钢丝绳的重量就会偏向轿厢侧或对重侧，从而产生较大的重量偏移。所以，对于升降行程较长的曳引驱动电梯，当其从下部楼层满载上升或者从上部楼层空载下降时，曳引机会付出更多的无用功，甚至会出现曳引能力不足的现象。为了消除这种现象，在轿厢的下部与对重的下部之间设置了几乎与主钢丝绳重量相近的补偿链、补偿绳或补偿缆。

一般补偿链适用于额定速度为 105 m/min 以下的曳引驱动电梯，当其额定速度达到 120 m/min 以上时，补偿链所产生的噪声增大，所以多使用补偿绳或补偿缆。

2. 主要电气部件工作原理

（1）变频器。变频器是使交流电动机实现变频调速的变频电源装置，其功能是将电网提供的恒压恒频交流电变换为变压变频交流电，变频伴随变压，使交流电动机实现无级调速。

变频器将整流、波形调整、逆变、保护等集于一体，其中最重要的大功率电子器件是金属-氧化物-半导体场效应晶体管和绝缘栅双极晶体管。

（2）控制柜（见图 2-2-4）。曳引驱动电梯的"大脑"是主控板，主控板和变频器是控制柜的主要组成部分。主控板可实现电动机的速度控制，并实现曳引驱动电梯的运行控制。控制柜中装配了晶体管、微机控制系统、电磁接触器以及各类继电器。

（3）群控柜（见图2-2-5）。曳引驱动电梯的群控系统能对召唤指令进行实时的分析，通过预测和演算候梯时间并根据实际运行情况，自动选择合适的个性化控制方式，对楼层指令做出合理的分配，从而对进入群控系统中的梯群进行集中调度和控制，使其达到最佳的运输效率。

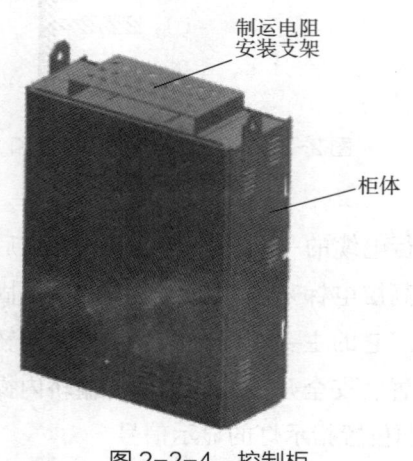

图2-2-4 控制柜

图2-2-5 群控柜

（4）应急电源柜。在曳引驱动电梯正常运行过程中，当外电网突然停电、断相时，应急电源柜能在3 s内做出应急响应，自动切换控制回路，进入应急工作状态。由微机控制系统根据载荷等判别方向，使轿厢运行到最近楼层平层、停靠，并自动打开轿门、层门，安全救出被困乘客。

（5）轿顶电器箱。轿顶电器箱主要负责收集轿厢指令，控制门机运行。

（6）开关指示器。开关指示器是曳引驱动电梯电气系统中重要的人机界面，包括轿内操纵箱、轿内指示器、层站呼梯盒等。

1）轿内操纵箱（见图2-2-6）。轿内操纵箱通常安装在轿厢前壁上（右侧居多），是乘客用来按下目的层按钮，操纵曳引驱动电梯的装置。除目的层按钮之外，轿内操纵箱上还设有当发生异常现象时，与外界进行联系的对讲装置、轿门操作按钮以及装备有各种开关的开关切换装置。在开关切换装置中，涉及特殊运行或者检修作业等功能的各种开关一般是上锁的，以防止乘客误操作。

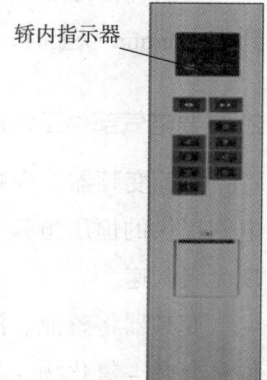

图2-2-6 轿内操纵箱

2）轿内指示器。轿内指示器位于轿内操纵箱上，如图 2-2-6 所示，它主要用于指示轿厢的到达楼层和运行方向，又称轿内显示装置。

3）层站呼梯盒（见图 2-2-7）。层站呼梯盒是装有轿厢召唤按钮的装置，通常设置在层站或其附近的墙壁上。有的层站呼梯盒内置层站显层器。

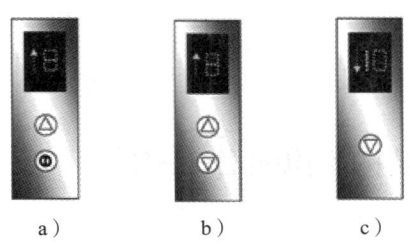

图 2-2-7　层站呼梯盒

a）底层端站呼梯盒　b）中间层站呼梯盒　c）顶层端站呼梯盒

（7）井道电缆系统与串行通信

1）随行电缆。随行电缆用于控制柜与轿厢的连接，负责两者之间的信号传递，主要有 40 芯和 60 芯两种，芯数的多少与层站数有关。此外，相同芯数的随行电缆还分钢芯和棉芯，其分类与提升高度有关。根据各制造商产品要求，小于某提升高度值时为棉芯电缆，大于等于某提升高度值时为钢芯电缆。

2）分支电缆。分支电缆用于井道各设备与控制柜的连接。

3）串行通信。曳引驱动电梯需要传递的信号多，为了提高信号传递的稳定性，减少电缆芯数，一般采用串行通信。典型的串行通信标准是 RS485 和 RS232，它们定义了电压、阻抗等，但不对软件协议进行定义。下面主要介绍 RS485 的相关内容。

①RS485 电气特性。逻辑"1"表示两线缆间的电压差为 2～6 V，逻辑"0"表示两线缆间的电压差为 –6～–2 V。其接口信号电平比 RS232 降低了，就不易损坏接口电路的芯片，且该电平与 TTL（transistor-transistor logic，晶体管 - 晶体管逻辑）电平兼容，可方便与 TTL 电路连接。

②RS485 数据传输速率。RS485 最高的数据传输速率为 10 Mbit/s。

③RS485 接口。RS485 接口是采用平衡驱动器和差分接收器的组合，抗共模干扰能力增强，即抗噪声干扰性好。RS485 接口在总线上允许连接的收发器多达 128 个，即具有多站能力，这样用户可以利用单一的 RS485 接口方便地建立设备网络。因为由 RS485 接口组成的半双工网络一般只需要两根连线，所以 RS485 接口均采用屏蔽双绞线传输。

学习单元 2　自动扶梯结构与原理

一、自动扶梯的基本结构（见图 2-2-8）

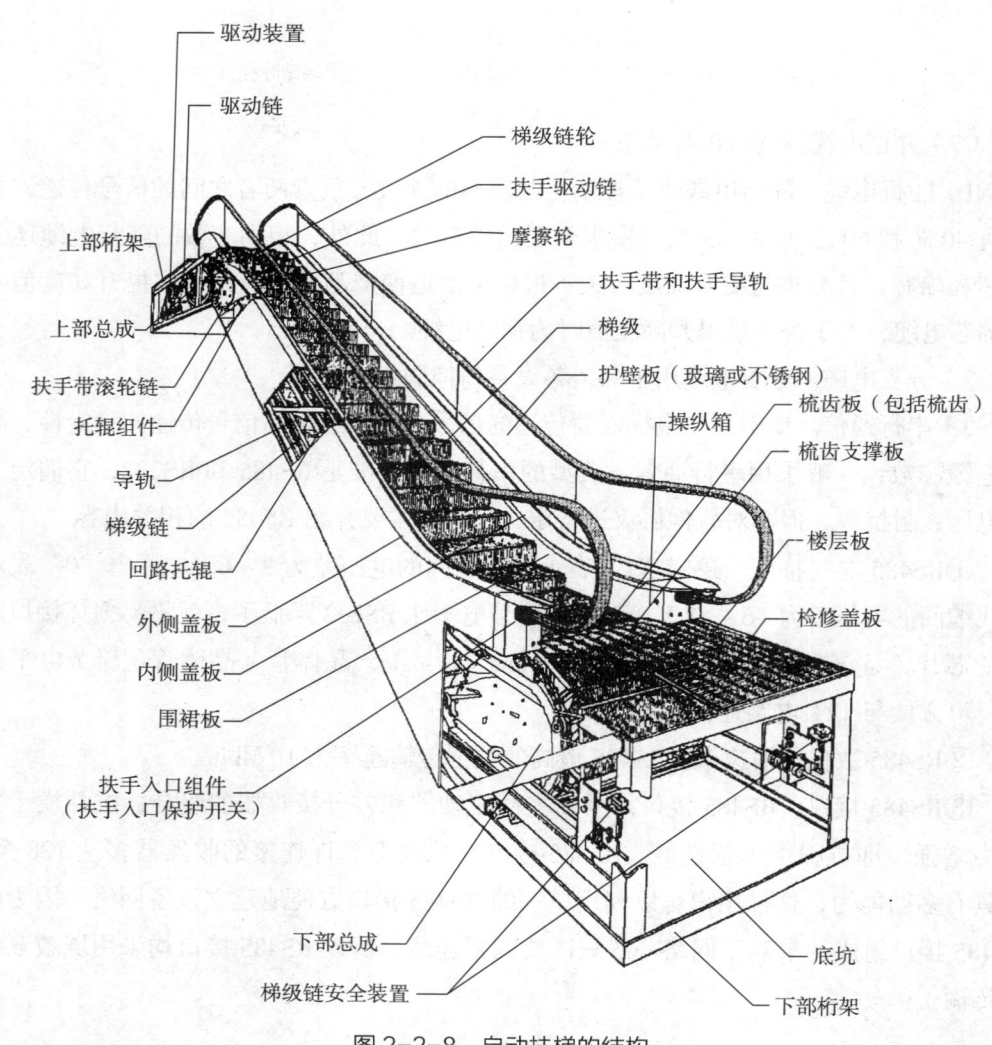

图 2-2-8　自动扶梯的结构

自动扶梯的基本结构可以分为以下几个部分：桁架和梯路系统、驱动装置、扶手系统、梯级、梯级链、安全装置、装饰部件、润滑系统、电气部分。

1. 桁架和梯路系统

桁架的作用是安装和支撑自动扶梯的各个部件、承受各种载荷。梯路系统的作用是支撑由梯级传来的载荷，保证梯级按一定的线路运行。

2. 驱动装置

驱动装置由电动机、减速器、工作制动器等部件组成。其中，减速器为斜齿轮减速器，具有噪声小、效率高的特点；工作制动器为盘式失电制动器。

3. 扶手系统

扶手系统是供站立在梯级上的乘客扶手的。扶手系统由扶手驱动系统、扶手带、护壁板等组成。护壁板具有保护乘客和支撑扶手带的作用，有多种规格可选。

4. 梯级

梯级是供乘客站立的，由梯级链对其进行牵引以运送乘客。

5. 梯级链

梯级链是传递牵引力、牵引梯级的部件，一台自动扶梯有两条构成闭合环路的梯级链做同步运行。

6. 安全装置

自动扶梯设置有多种安全装置，除标准配置的安全装置外，还可根据用户的需求选配一些其他的安全装置。

7. 装饰部件

自动扶梯的装饰部件大多采用发纹不锈钢板或黑色电泳钢板制成，包括梳齿支撑板、楼层板、检修盖板、内侧盖板、外侧盖板、围裙板等。

8. 润滑系统

自动扶梯使用了大量的链条，如梯级链、驱动链、扶手驱动链等。这些链条的润滑对延长它们的使用寿命和保证自动扶梯的性能、质量都至关重要。自动扶梯使用自动加油装置,该装置可定期、定量地为运行中的链条加油,以达到保持自动扶梯运行状态良好的目的。

9. 电气部分

电气部分包括电动机保护装置与电气控制系统。电气控制系统包括主电源柜、控制柜、电气线路、控制器等。变频自动扶梯还有乘客检测装置、运行指示器等。

二、自动扶梯主要部件的工作原理

1. 桁架

桁架(见图2-2-9)通常采用的是桁架式金属结构或桁架式与板梁式相混合的金属结构。桁架式金属结构通常用经校直后的普通型钢(如角钢、槽钢、扁钢和方钢管)按设计结构焊接而成。

图2-2-9 桁架

桁架的作用决定了它既要具有一定的强度,又要具有较好的刚度。当桁架安装在上、下底坑的支撑梁上时,对于商用型自动扶梯,根据 5 000 N/m² 的载荷计算或实测的最大挠度应不大于支承距离 l_1 的 1/750;对于公共交通型自动扶梯,根据 5 000 N/m² 的载荷计算或实测的最大挠度应不大于支承距离 l_1 的 1/1 000。因此,超过一定提升高度时,自动扶梯的桁架需要有中间支撑。

桁架的土建支撑梁要求(见图2-2-10)如下:上、下支撑(底坑)处的尺寸(标记*处)以及预埋钢板应符合要求,中间支撑的相关尺寸(标记*处)以及预埋钢板应符合要求,上、下支撑(底坑)处和中间支撑的承载能力应符合相关要求。

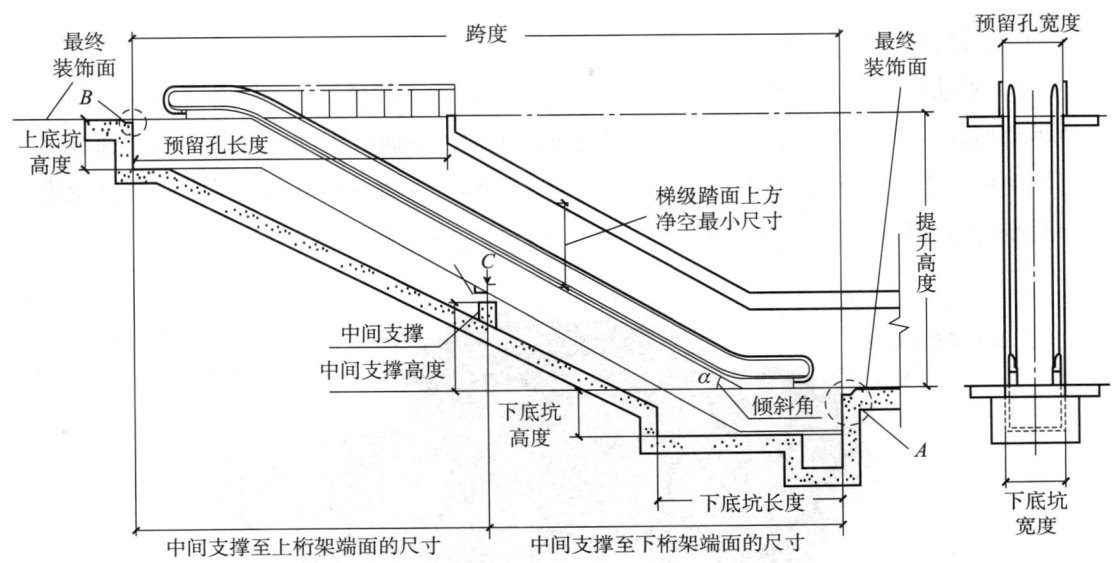
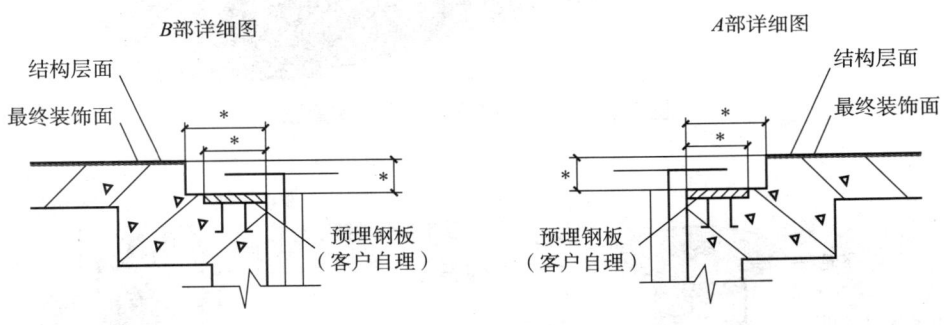
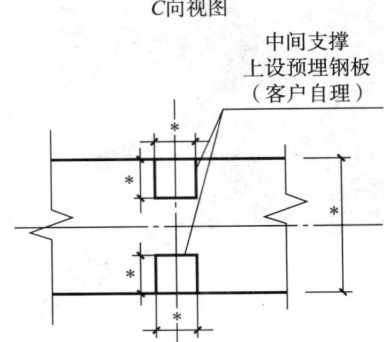

图 2-2-10 桁架的土建支撑梁要求示意图

2. 驱动装置

（1）设置位置

1）驱动装置设置在上端部。在上端部设置立式驱动装置是自动扶梯最常采用的一种驱动形式，该驱动装置通过驱动链带动驱动主轴，并通过驱动主轴上的两个梯级链轮带动梯级链，从而带动梯级整体循环运动；同时，驱动主轴带动扶手带驱动链轮进行同步运转，从而带动扶手带驱动链运转，如图2-2-11和图2-2-12所示。

图 2-2-11　上端部立式驱动装置组件

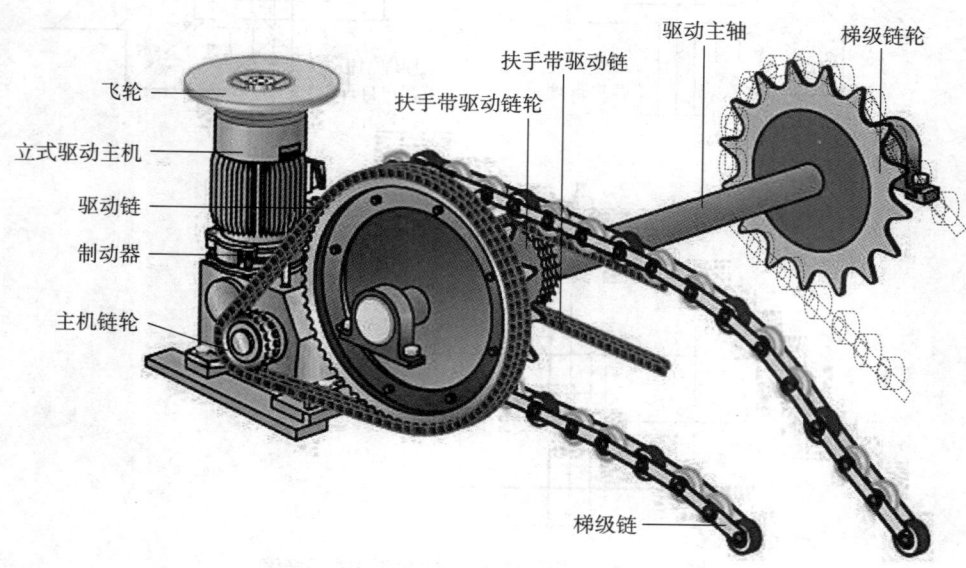

图 2-2-12　上端部驱动装置工作原理

2)驱动装置设置在中部。将驱动装置布置在桁架直线段的一般称为中间驱动形式,这种驱动形式可节省空间。传统型中间驱动装置如图2-2-13所示,它直接安装在驱动主轴上,通过驱动主轴带动梯级链轮运转,从而带动梯级运行。中间驱动装置特别适用于在超大提升高度的自动扶梯或超长使用区段的自动人行道上进行多驱动系统的多机组多级同步驱动。

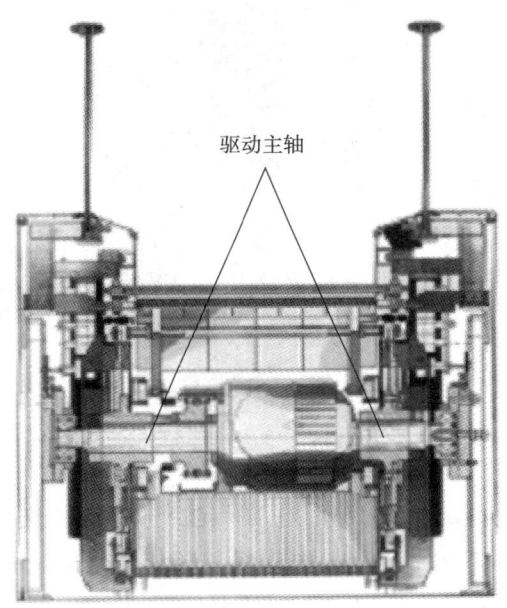

图 2-2-13　传统型中间驱动装置

(2)驱动减速机构

1)蜗杆减速机。蜗杆减速机具有运转平稳、噪声小、体积小等优点,但其传动效率较低。

2)斜齿轮减速机。斜齿轮减速机的最大优点是传动效率高,但运行噪声较大。另外,当采用卧式斜齿轮减速机时,还需要考虑维修空间的问题。

3)螺旋锥齿轮-斜齿轮减速机(见图2-2-14)。目前,这种减速机比较受市场认可。在减速机的高速端采用减速比大而运行噪声小的螺旋锥齿轮进行一级减速,当速度下降后采用传动效率较高的斜齿轮进行二级减速,使减速机的传动效率得到了提升,使运行噪声得到了降低。

以上几种减速机有一个共同点,就是靠输出端的链轮带动驱动主轴进行动力传递,驱动力作用在链轮和链条上。

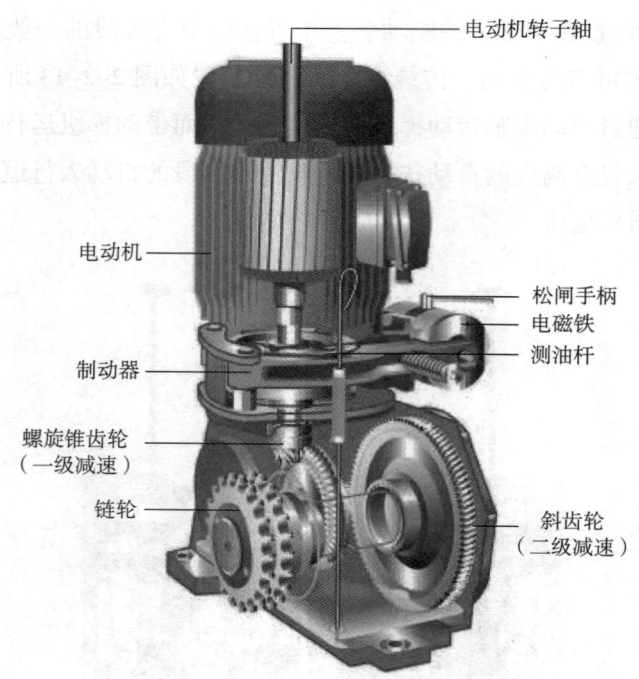

图 2-2-14 螺旋锥齿轮－斜齿轮减速机

（3）驱动电动机。自动扶梯的驱动电动机通常采用三相交流异步电动机，所采用电动机的极数和转速具体如下：四极电动机，转速为 1 500 r/min；六极电动机，转速为 1 000 r/min。电动机的防护等级一般为 IP54（IP：international protection，国际防护）。

（4）制动器

1）工作原理。制动器是依靠摩擦副的摩擦来使机构进行减速制动的。摩擦副的一部分（如制动臂）与机构相连，另一部分（如制动盘）与机构的旋转件相连。当机构需要运转时，制动臂与制动盘脱开，且制动臂容许制动盘自由旋转；当机构需要制动时，制动臂抱合，制动臂与制动盘接触并压紧，摩擦面间产生足够大的摩擦力矩，使机构停止运转。

2）实际应用。制动器通常是装在电动机高速轴上的，它能使自动扶梯或自动人行道在停止过程中几乎匀减速直至停止，并保持在静止状态。制动器都采用常闭式结构，当机构不工作时是闭合的，处于制动状态；而当机构工作时，通过持续向制动器电磁线圈通电来释放制动臂（俗称打开、松闸），使制动盘自由旋转。在制动电路断开后，制动器立即闭合。制动器的制动力必须由有导向的压缩弹簧或重锤来产生。制动器的释放器应不能自激。

3）类型

①鼓式制动器。鼓式制动器结构简单，其结构如图 2-2-15 所示。它主要由制动轮、制动臂、制动衬、电磁释放器等组成。启动时制动器通电，电磁释放器使制动臂上的制动衬与制动轮分开，电动机开始运转。断电后，制动臂抱合，制动臂上的制动衬与制动轮之间产生制动力，由于两边制动臂产生的制动力相互平衡，因此不会使制动轮轴产生弯曲力矩。

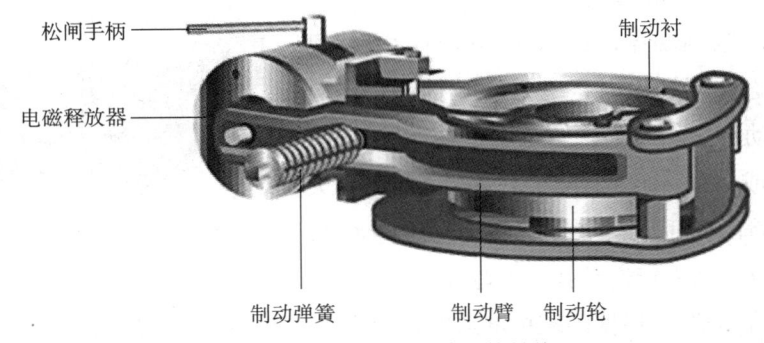

图 2-2-15　鼓式制动器的结构

②带式制动器。带式制动器也是较为常用的一种制动器，其结构如图 2-2-16 所示。当制动电磁铁通电吸合时，铁芯克服弹簧力带动制动螺杆运动，进而带动制动杆绕支点按顺时针方向转动，直到其与制动块接触。此时制动带脱离制动盘，自动扶梯或自动人行道可以启动、运行，且运行过程中，制动电磁铁始终保持通电吸合状态。当带式制动器制动时，制动电磁铁断电、释放，制动杆在压缩弹簧的作用下恢复到制

 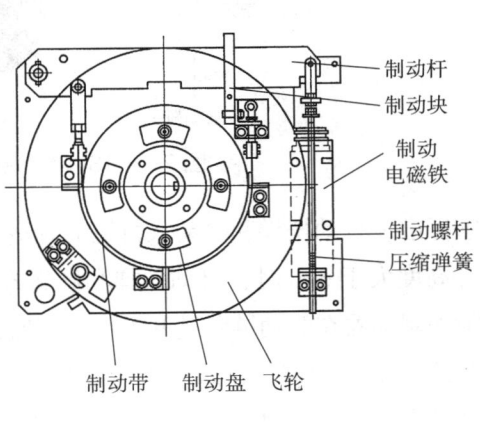

图 2-2-16　带式制动器的结构

动状态，制动带重新箍紧制动轮。带式制动器可使自动扶梯或自动人行道在上、下行时均能得到适当的制动力矩，一般上行制动力矩为下行制动力矩的三分之一，这样既能保证有效的制动力，又能在紧急制动时不至于产生过大的制动力矩。制动力矩可通过调节压缩弹簧的张力来调节。

③蝶式制动器。蝶式制动器是利用分布在制动盘周边的两三个电磁铁进行制动的，其结构如图 2-2-17 所示。当未通电时，因内弹簧的作用，电磁铁始终压紧制动盘，自动扶梯或自动人行道处于静止状态。当通电时，电磁铁被抬起，电磁铁表面与制动盘表面脱离，使电动机轴能够转动。当自动扶梯或自动人行道停止运行时，电磁铁失电，在内弹簧的作用下，电磁铁重新锁紧制动盘，使自动扶梯或自动人行道重新回到静止状态。

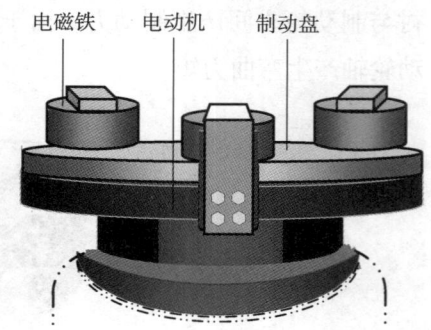

图 2-2-17　蝶式制动器的结构

4）附加制动器。根据国家标准或客户要求，除制动器外，还可安装直接作用于主驱动轴的附加制动器，其结构如图 2-2-18 所示，但附加制动器不适用于水平型自动人行道。附加制动器始终与驱动链断链开关同时安装使用。

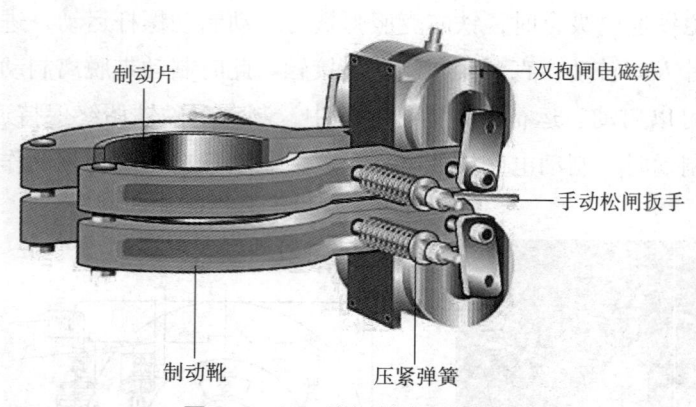

图 2-2-18　附加制动器的结构

国家标准《自动扶梯和自动人行道的制造与安装安全规范》（GB 16899—2011）规定，提升高度大于 6 m 时，自动扶梯和倾斜式自动人行道必须设置一个或多个附加制动器。附加制动器在驱动链断链开关或速度监控器动作后立即抱闸。

①盘式附加制动器。盘式附加制动器的结构如图 2-2-19 所示。一旦启动后，制动电磁铁落下并触动止动爪，止动爪立即拦住制动盘（减振件吸收止动爪产生的峰值负荷），驱动链轮上的制动衬在被锁定的制动盘上滑动，并使驱动链轮减速直至停转，

制动力通过碟形弹簧进行调节。盘式附加制动器的优点有两个：一是能将凡可能损坏自动扶梯或自动人行道机械部件的撞击的损害程度减至最小；二是利用非互锁接触面完成制动，这就产生一个恒等的制动转矩，进而产生线性制动。

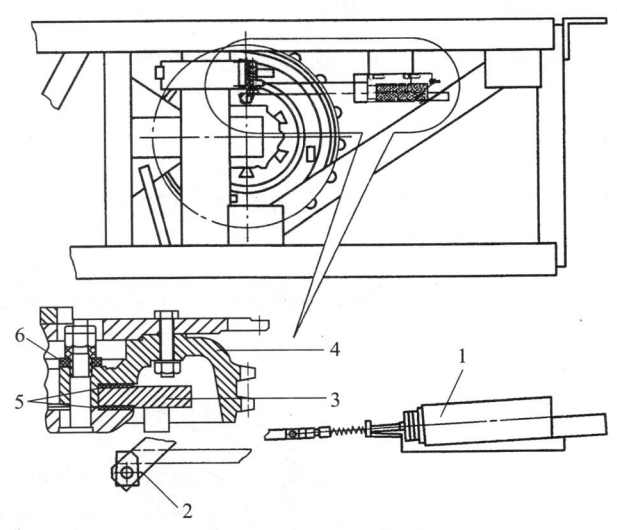

图 2-2-19 盘式附加制动器的结构
1—制动电磁铁 2—止动爪 3—制动盘 4—驱动链轮 5—制动衬 6—碟形弹簧

②棘轮式附加制动器。图 2-2-20 是一种棘轮式附加制动器，棘轮与驱动主轴同轴，当驱动链断裂时，必定存在非操纵逆转的风险，此时重锤由于驱动链断裂而下落，并使棘爪同步转动，从而卡住棘轮，使驱动主轴停转。如果发生超速的情况，则棘爪会因离心力的作用而向外转动，进而卡住棘轮。棘轮和驱动主轴之间通常装有基于摩擦原理的缓冲装置，因此，当棘轮被卡住时，驱动主轴及其带动的梯路会减速直至停止，而非立刻停止。对于这种附加制动器，应检查棘爪、转轴、连杆、重锤的动作灵活性和可靠性，避免出现卡阻故障。

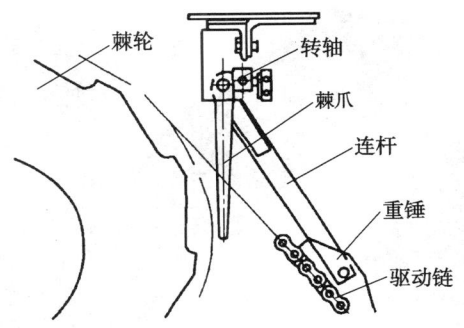

图 2-2-20 棘轮式附加制动器

③楔形附加制动器。楔形附加制动器（见图2-2-21）的制动距离可以调整，其缺点有两个：一是该类型附加制动器的减速是突然的，因而会产生强烈的振动，这就增加了发生事故的风险；二是其特殊的几何形状可能导致启动后再也不能松开，这种情况若碰上事故就会造成严重的后果。

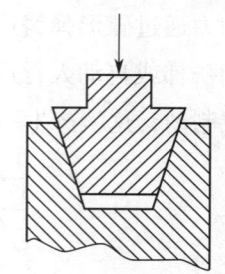

图2-2-21 楔形附加制动器

（5）传动装置

1）驱动链传动。如图2-2-22所示，驱动器链轮轴转动，带动驱动链进行动力的传递。

动力传递路线：驱动器输出轴（驱动器链轮轴）→驱动链→梯级链轮→梯级。驱动链链条如图2-2-23所示。

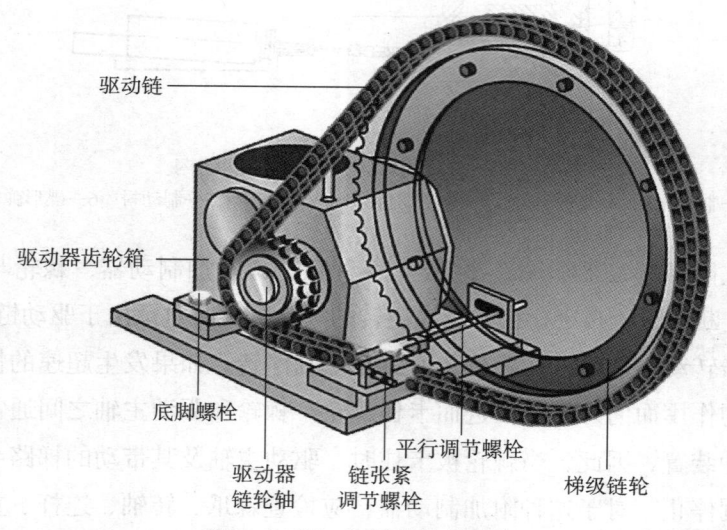

图2-2-22 驱动链传动系统

图2-2-23 驱动链链条

2）齿轮传动。以前的齿轮传动系统大多采用直齿轮来进行驱动，故运行噪声较大。目前，随着金属加工技术的不断发展，齿轮传动系统多采用螺旋锥齿轮来啮合传动，以降低噪声和振动。该传动系统一般单独安装并需要注油。

3）二级减速传动。当自动扶梯或自动人行道的提升高度、长度较大时，可配置由螺旋锥齿轮和斜齿轮组成的二级减速传动系统，以获取较大的驱动力矩，如图2-2-24所示。

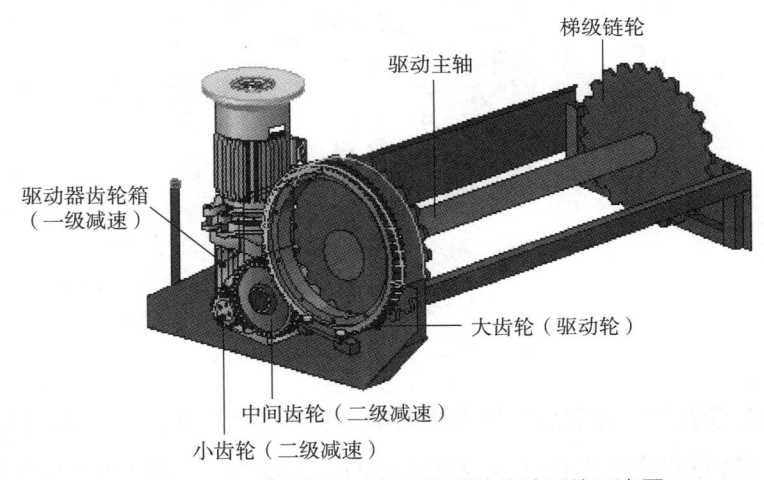

图2-2-24　由齿轮组成的二级减速传动系统示意图

4）双驱动传动。由上端站配置的两套独立的驱动器同时驱动自动扶梯或自动人行道运行，即采用双驱动系统。双驱动系统的传动方式有双驱动链传动与双齿轮传动两种。

（6）张紧装置。自动扶梯梯级链的张紧装置位于桁架的下端站内。自动人行道踏板链的张紧装置位于桁架的下端站（倾斜式自动人行道），或位于驱动单元的反向端站（水平式自动人行道）。打开下机房盖板就能方便地对张紧装置进行维护与保养。张紧装置的作用有以下几点。

1）使自动扶梯梯级/自动人行道踏板两边的梯级链/踏板链能获得必要的初始张力，以确保自动扶梯或自动人行道正常运转。

2）可平行移动，以防止两边的链条不平衡伸长或缩短。

3）补偿梯级/踏板两边的梯级链/踏板链在运转过程中的伸缩。

4）使两边梯级链/踏板链及梯级/踏板由一个分支过渡到另一个分支，即具有改向功能。

5）是梯路导向所必需的部件，如梯路的回转导轨等均需要装在张紧装置上。张紧装置的结构如图 2-2-25 所示，梯级链/踏板链的回转链轮安装在两边链轮的张紧轮轴上，张紧轮轴安装在张紧导轨上，该导轨通过 4 个滚轮进行水平运动。

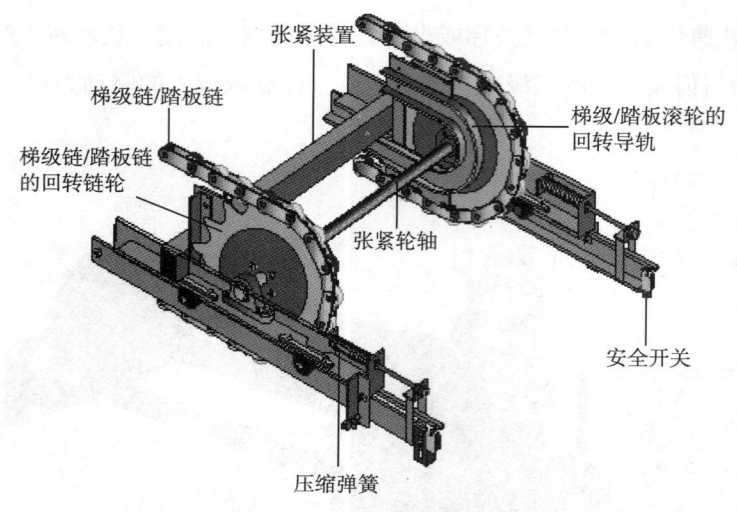

图 2-2-25　张紧装置的结构

6）两边各设置了可调节的压缩弹簧以确保梯级链/踏板链能持续获得必要的初始张力，以及回转过程中不平衡伸长或缩短时的持续张力。梯级/踏板滚轮的回转导轨采用钢材料、由专用模具压制成形，并安装在张紧导轨上。回转导轨的设计应保证在维护保养时能够方便地拆卸梯级。两边梯级链/踏板链的可调节压缩弹簧可确保梯级/踏板两边得到相同的张紧力，保证各链条平行运动。

3. 梯路导轨系统

（1）导轨主系统。自动扶梯的梯级沿着桁架内按一定要求设置的多根导轨运行，以形成能按一定状态运动的阶梯，这种以导轨和相关部件构成的系统称为自动扶梯的导轨主系统。

导轨主系统的作用是承受由梯级轴滚轮和梯级滚轮传递到梯路上的载荷，保证梯级按一定规律运动，以防止梯级跑偏。为此，导轨既要满足梯路设计的刚度要求，也要具有一定的尺寸与精度要求，同时还要有平直、光滑、耐磨的工作表面。各导轨是通过导轨支架并用特制螺栓固定到桁架上的。

1）中间直线段导轨。中间直线段导轨是自动扶梯的主要工作区段，也是梯路中最长的部分。中间直线段导轨大多选用冷轧钢型材制成，通过导轨支架固定在金属结构的桁架内。中间直线段多层导轨局部结构如图 2-2-26 所示。

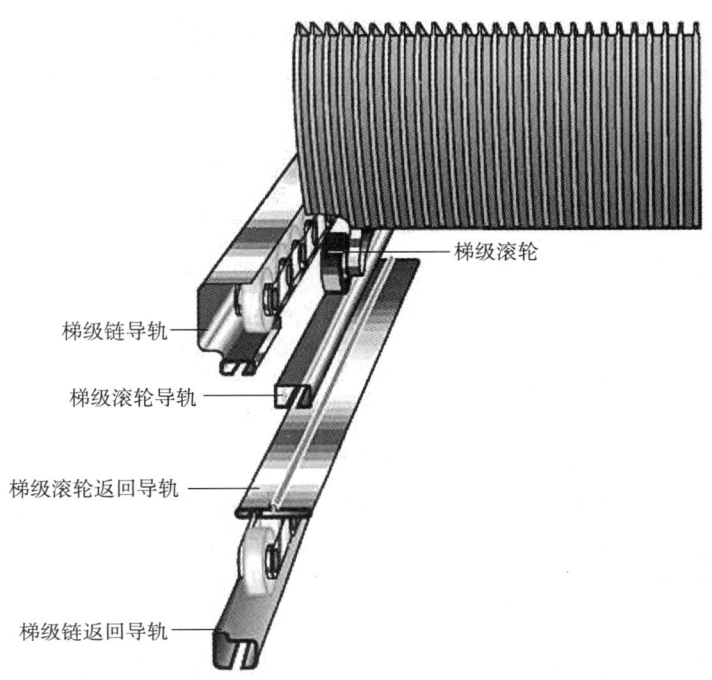

图 2-2-26 中间直线段多层导轨局部结构

①梯级链导轨和返回导轨。梯级链导轨和返回导轨通常采用镀锌钢板的U形型材制成。U形型材使梯级链在垂直和水平方向上导向精确。U形型材的上沿应能够防止梯级链脱离，同时梯级链应较好地镶嵌在U形型材中，以防止其在运行中受外部因素影响。梯级链返回导轨设计了一个用于水平导向的凸边，以控制梯级在返回行程中的左右横向位移。

②梯级滚轮导轨和返回导轨。梯级滚轮导轨和返回导轨通常由镀锌钢板制成。

2）上部曲线段导轨（即驱动段导轨）。上部曲线段导轨是指上部水平段导轨与倾斜段导轨之间的过渡段。在这一段导轨里，梯级的运动由上部水平段的水平运动逐步向倾斜段的倾斜运动转变。在上部曲线段导轨区域内，各导轨、反轨间的几何关系比较复杂。为了准确地控制各导轨的尺寸和形状，通常将同一侧的有关导轨、反轨固定在导轨的同一侧板上，构成一个组件，该组件先在专用的工装上组装，再整体装入自动扶梯或自动人行道的桁架内。

（2）导轨副系统

1）下部曲线段导轨。下部曲线段导轨的结构与上部曲线段导轨相似，且回转部位设计成分段可伸缩移动的形式，以便调节梯级链的松紧度。

2）转向壁。对于端部驱动的自动扶梯来说，当梯级链通过驱动端的梯级链轮和张紧端的张紧链轮转向时，梯级轴滚轮已不再需要导轨及反轨，所以该处是导轨及反轨的终端。但是梯级滚轮经过驱动端与张紧端时仍需要转向导轨，这种为梯级滚轮终端转向而设置的整体式导轨称为转向壁。

对于中间驱动的自动扶梯来说，因为其驱动装置在自动扶梯的中部，所以在驱动端与张紧端都没有链轮，梯级滚轮经过上、下两个转向端时需要设转向壁，而梯级轴滚轮经过上、下两个转向端时，同样也需要作用类似转向壁的转向导轨，这两个转向导轨通常各由两段约四分之一圆周长的弧形导轨组成。

4. 围裙板部件

围裙板是指面向梯级的护板，其与梯级导向块的关系如图 2-2-27 所示。围裙板的作用是侧向引导梯级导向块在导轨中运行。为了防止意外发生，围裙板的表面和接口必须绝对光滑。围裙板上 C 形件的作用主要是引导梯级轴滚轮。

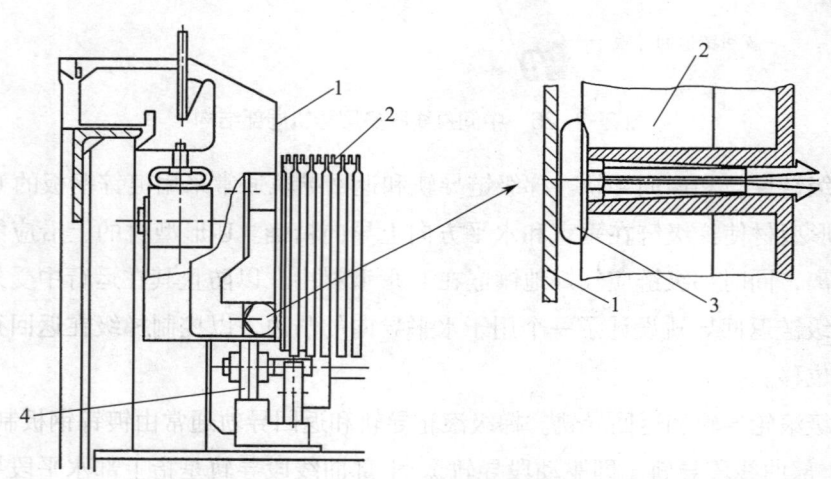

图 2-2-27　围裙板与梯级导向块的关系
1—围裙板　2—梯级　3—梯级导向块　4—梯级轴滚轮

梯级两边的硬质围裙板能有效防止异物进入梯级和梯级链间的空隙内。在整个长度内，此空隙最大为 4 mm。在梯级运行时，硬质围裙板还能有效防止梯级跳动。为了避免乘客的鞋与围裙板产生摩擦，宜在围裙板上喷涂一层低摩擦因数的涂层。

5. 梯级链与梯级

（1）梯级链。梯级链的结构如图 2-2-28 所示。精密的梯级链是为自动扶梯专门制造的，在制造的最后阶段，各节链条需要浸入防护油中防锈。梯级轴和链轴由专门的硬化钢制成。链滚轮的弹性轮缘既保证了梯级的平滑运行，又使噪声较小。可选择以下强度的梯级链：110 kN 断裂负荷的梯级链、160 kN 断裂负荷的梯级链、230 kN 断裂负荷的梯级链、340 kN 断裂负荷的梯级链。

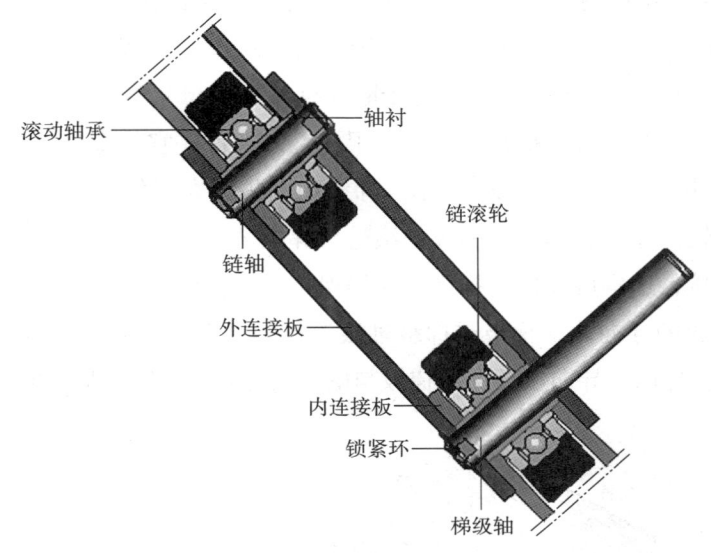

图 2-2-28　梯级链的结构

（2）梯级链与梯级的连接构件。梯级链与梯级以梯级轴相连。梯级轴根据产品型号不同分为实心轴和空心轴。梯级内侧空心轴上的油收集盖能防止油滴落到梯级踏板上面，如图 2-2-29 所示。

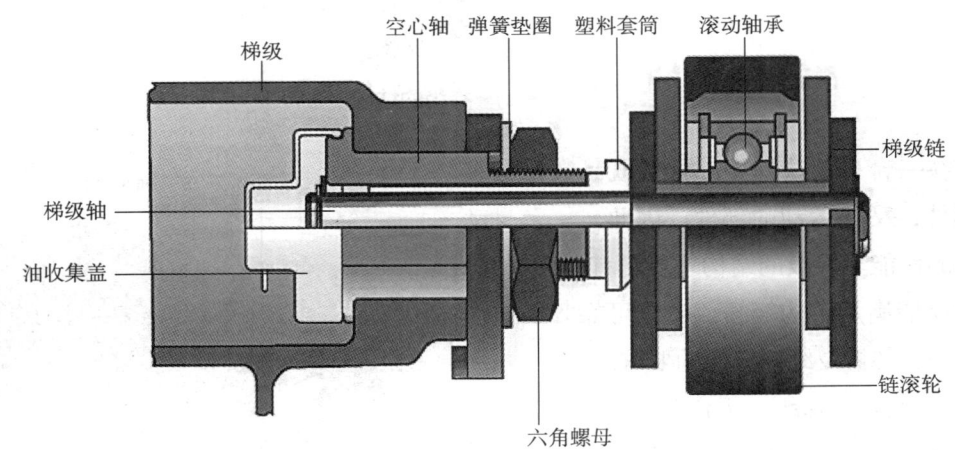

图 2-2-29　梯级链与梯级的连接构件

连接构件有以下两个作用。

1)使梯级平稳运行。梯级链能否精确、平稳地运行,首先取决于梯级轴、链滚轮的制造质量;其次取决于链滚轮导轨的平直度;最后取决于组装质量,以及张紧装置能否持续提供张紧力。

2)方便拆卸梯级。拆卸作业可在下端站进行,并且无须拆除盖板和围裙板。所有链滚轮装有滚动轴承。梯级轴销和短链销采用铆接形式。一般每隔800 mm设一个主链节,为方便检修、拆卸梯级链提供一个断开点。

(3)梯级。梯级在自动扶梯中是一个很关键的部件,它是直接承载、输送乘客的特殊结构四轮小车,如图2-2-30所示。梯级的踏板面在工作段必须保持水平。梯级轴上装有梯级轴滚轮,各梯级的梯级轴滚轮与梯级链铰接在一起,而它的梯级滚轮则不与梯级链连接,这样可以保证梯级在往路保持水平,而在回路进行翻转。梯级上常配装由塑料制成的导向块,梯级靠梯级轴滚轮与梯级滚轮沿导轨并紧靠围裙板移动,通过导向块进行导向,导向块还保证梯级与围裙板之间能够维持最小的空隙。

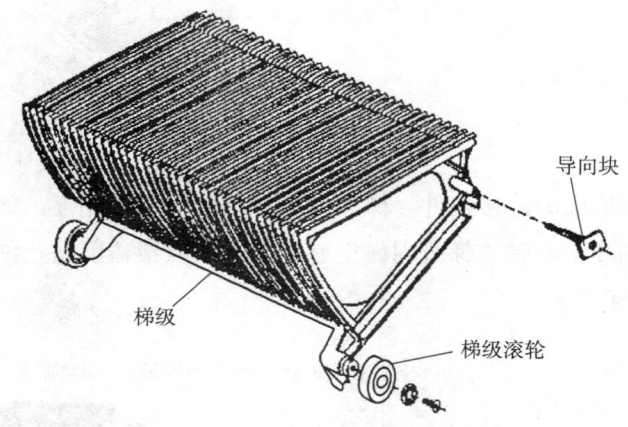

图 2-2-30 梯级的结构

在一台自动扶梯中,梯级既是数量最多的部件,又是运动的部件。因此,一台自动扶梯的性能与梯级的结构、质量有很大关系。梯级应能满足结构轻巧、安全可靠、工艺性能良好、装拆及维修方便的要求。

1)铝合金梯级。铝合金梯级由铝合金压铸或浇铸而成,各制造商生产的梯级结构大同小异,具体尺寸由各制造商按自己的企业标准设计。如图2-2-31所示,在梯级踏板

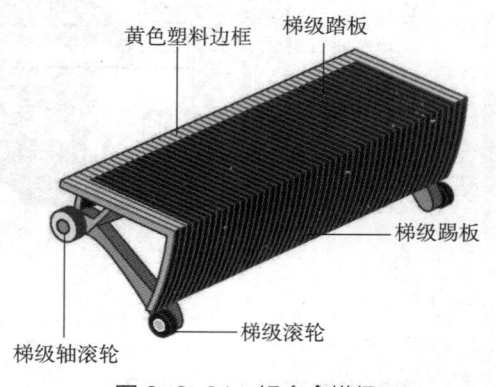

图 2-2-31 铝合金梯级

的后边缘及两侧,可用螺钉固定并镶嵌黄色塑料边框,这样不仅能使各个梯级的边界线清晰,还能提示乘客应站立在黄色塑料边框内。

梯级踢板和踏板的后沿形状使前后相邻梯级间空隙中夹入异物的可能性降为最小,这样确保两个相邻梯级的边缘有效啮合,并具有防滑和导向的作用。

2)不锈钢梯级。不锈钢梯级是由以机械冲压、浇铸等方式制成的梯级零件,通过拼装、焊接形成的梯级整体,其本身强度、耐磨度要高于铝合金梯级。

6. 梳齿装置

梳齿板是位于运行梯级或踏板出入口,与梯级或踏板啮合的部件。梳齿板用螺钉安装在梳齿支撑板上,梳齿板的前端是梳齿,梳齿对准梯级的齿槽,使梯级在导向部件的导向下运行时,不发生梳齿与梯级齿槽的摩擦与碰撞。梳齿装置的结构图和安装图如图2-2-32所示。

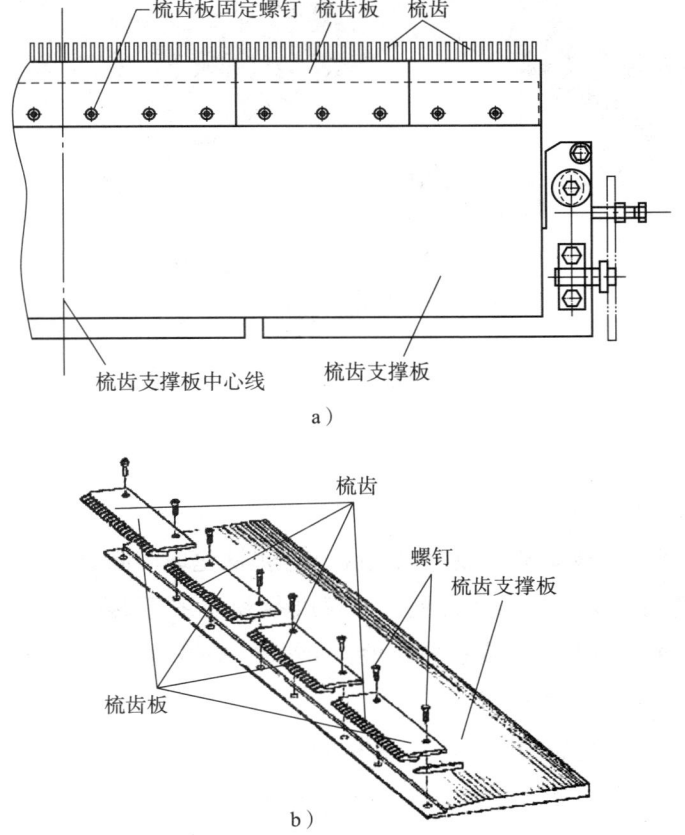

图2-2-32 梳齿装置的结构图和安装图
a)结构图 b)安装图

梳齿板的端部为圆角，以避免其与梯级之间存在夹脚的危险。同时，其与水平面的夹角应不超过40°，以保证乘客出入自动扶梯时不会被绊倒。

为了保证梳齿板与梯级的正确啮合，梳齿板的结构是可微调的。梳齿板具有适当的弹性，当有异物卡入时，梳齿在变形或断裂的情况下仍能保持与梯级或踏板的正常啮合。

梳齿板设有安全装置（主要由推杆、安全开关组成），它可监控梳齿板状态，其安装位置如图2-2-33所示。当有异物卡在梯级齿槽与梳齿板梳齿之间时，异物对梳齿板施加了一定的推力，梳齿板被推移，推杆动作，安全开关随即断开，自动扶梯停梯，以实现保护功能。

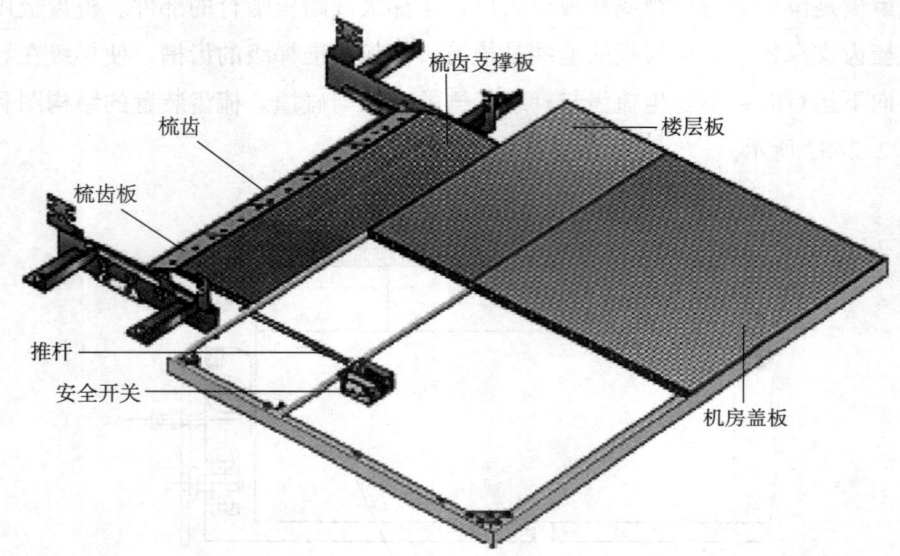

图2-2-33　梳齿板安全装置的安装位置

7. 扶手系统

（1）护壁板（护栏板）

1）玻璃护壁板。玻璃护壁板由三层胶合透明钢化玻璃制成，如图2-2-34所示。通常护壁板高度约为1 000 mm（此处尺寸仅供参考）。扶手转向端为半圆形。扶手导轨安装在玻璃护壁板顶端，其底边安全地夹持着玻璃护壁板。扶手导轨可选配扶手照明设备。扶手带沿扶手导轨运行。

2）金属护壁板。金属护壁板由不锈钢板制成，如图2-2-35所示。通常护壁板高度约为1 000 mm（此处尺寸仅供参考）。扶手转向端为半圆形。扶手导轨安装在金属护壁板顶端，其底边安全地夹持着金属护壁板。扶手带沿扶手导轨运行。

（2）扶手带装置。各种类型扶手带装置的结构如图2-2-36所示。扶手带是一种边缘向内弯曲的胶带，由外层、纤维衬、钢丝、滑动层组成，其截面形状可分为标准形及楔形，如图 2-2-37 所示。扶手带外层颜色一般为黑色，由橡胶制成，也可选用由聚乙烯合成材料制成的彩色外层。钢丝预埋在纤维衬中，承受一定的拉力。滑动层与导轨接触，起导向作用。扶手带与梯级（踏板）由同一驱动装置驱动，扶手带围绕若干托辊组及特殊形式的导轨构成闭合环路。扶手带入口一般设计有保护装置，使乘客即使在不正确乘梯的情况下也能避免手指被夹伤。

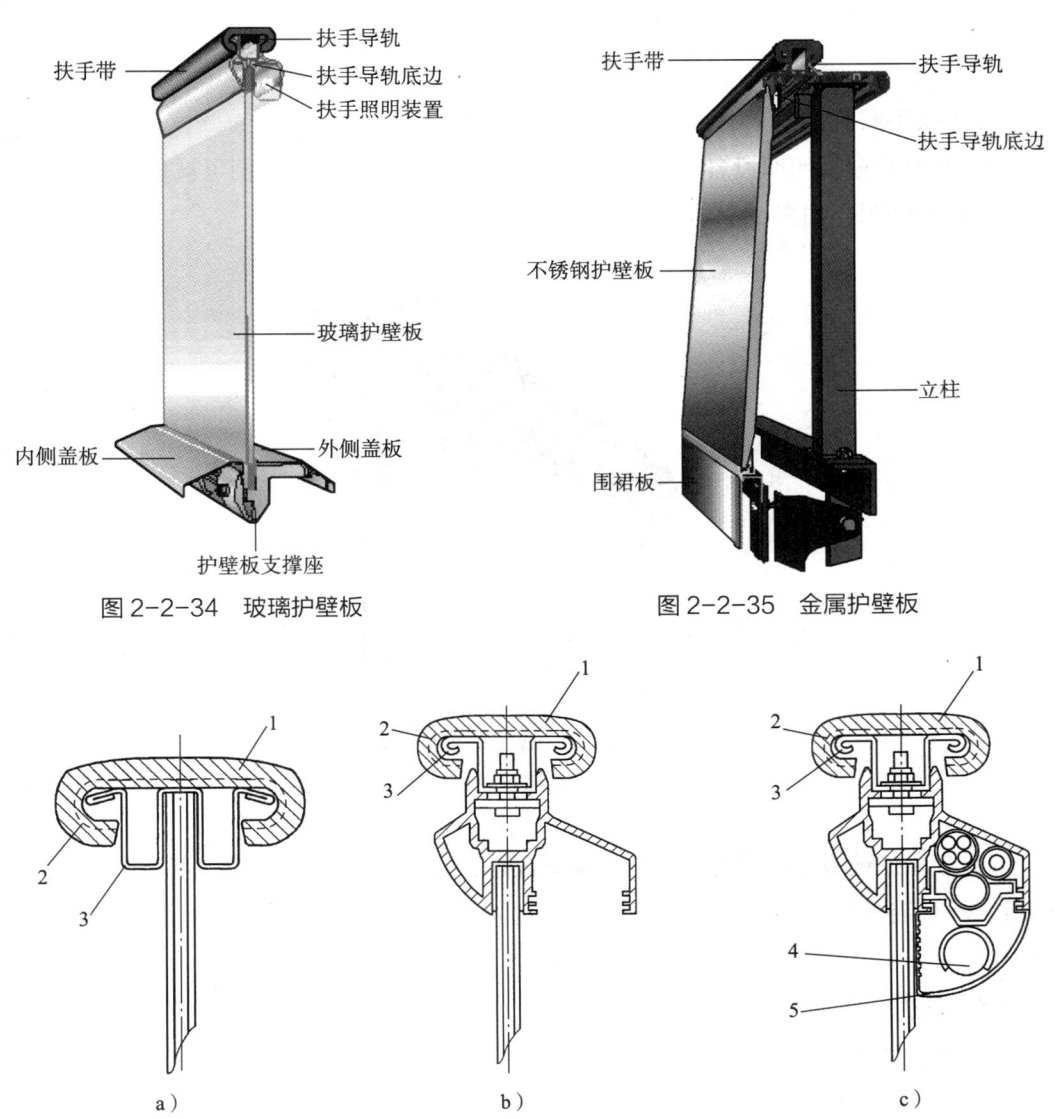

图 2-2-34　玻璃护壁板　　　　　图 2-2-35　金属护壁板

图 2-2-36　各种类型扶手带装置的结构
a）精简对称型　b）精简非对称型　c）全配置非对称型
1—扶手带　2—扶手带导向件　3—扶手导轨　4—灯管　5—灯罩

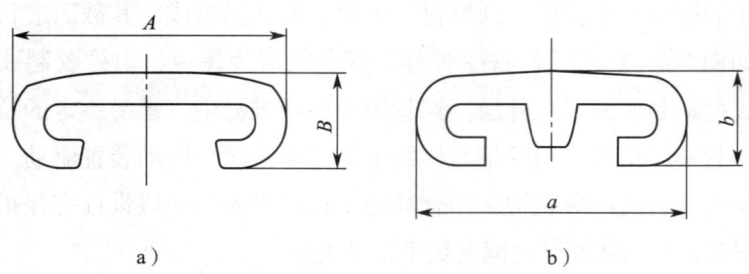

图 2-2-37 扶手带的截面形状
a) 标准形 b) 楔形

（3）扶手照明设备

1）玻璃护壁板照明设备。灯管安装在扶手导轨的灯槽内，它们可被重新配置，灯槽配有塑料灯罩，如图 2-2-38 所示。

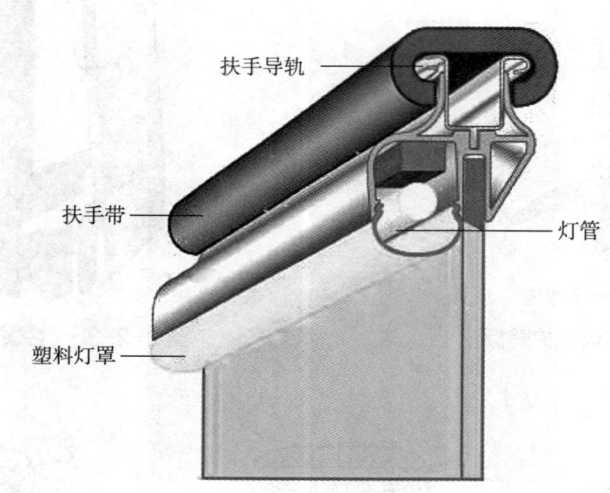

图 2-2-38 玻璃护壁板照明装置

2）金属护壁板照明设备。在护壁板下设计、安装了一个灯槽，灯管即可安装于灯槽内，外有透明的塑料灯罩遮挡。此种设计为维修、更换灯管提供方便，如图 2-2-39 所示。

（4）扶手带驱动系统

1）驱动系统装置

①摩擦轮式扶手驱动装置。摩擦轮式扶手驱动装置如图 2-2-40 所示。摩擦轮宽度稍小于扶手带开口宽度，这样就形成了一个较大的接触面。因此，扶手带受到的表面压力最小，产生了很强的摩擦力。这种驱动装置非常易于维护保养，但缺点是占用

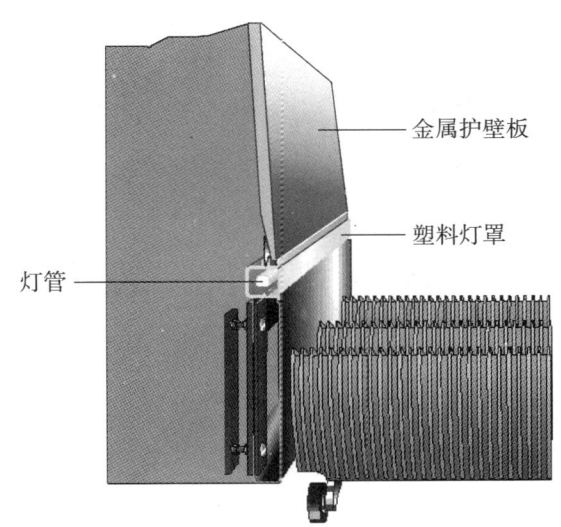

图 2-2-39　金属护壁板照明装置

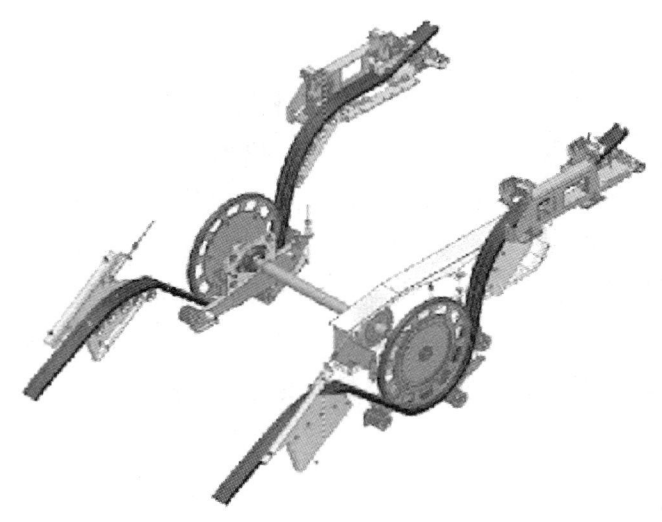

图 2-2-40　摩擦轮式扶手驱动装置

较大空间。为了增加扶手带的驱动摩擦力，除配备扶手带张紧装置外，通常还会采用扶手带压紧调节装置。

扶手带驱动装置安装在自动扶梯的上部，以低负载运行，使扶手带的磨损最小。扶手带由可调节的挤压带压在扶手带驱动轮上，自动扶梯驱动主轴通过扶手带驱动链带动扶手带驱动轴运转，从而使扶手带驱动轮运转，带动扶手带运行，如图 2-2-41 所示。扶手驱动链采用小节距链，可消除链的波动，保证了扶手带的平稳运行。扶手带张紧装置位于自动扶梯的下部。

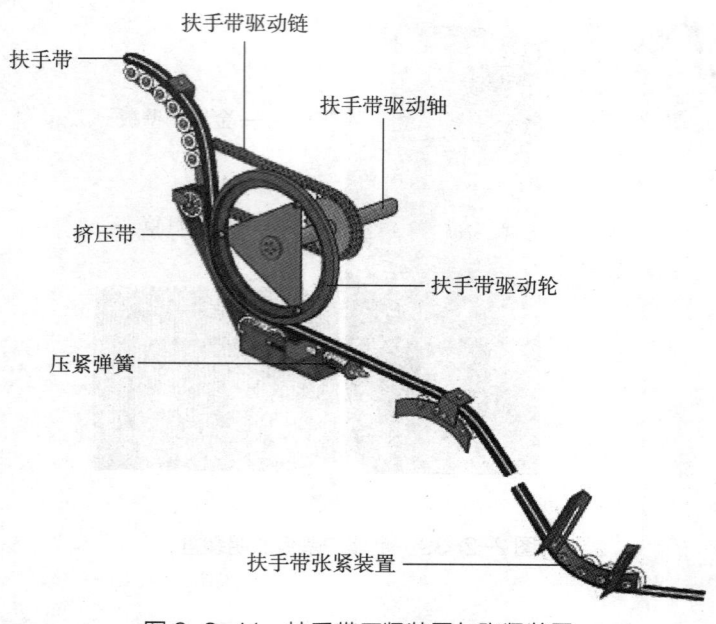

图 2-2-41　扶手带压紧装置与张紧装置

②压辊式扶手驱动装置。压辊式扶手驱动装置由扶手带的上、下两组压辊组件组成，扶手带在上、下压辊组件中间，如图 2-2-42 所示。上压辊组件从自动扶梯驱动主轴获得动力，从而驱动扶手带；下压辊组件从动并压紧扶手带。与摩擦轮式扶手驱动装置相比，这种结构的扶手带弯曲次数大大减少，基本上是顺向弯曲，反向弯曲较少，从而降低了扶手带的阻力。扶手带不再需要启动时的初张力，只需要装一个张紧装置以校正扶手带长度的制造误差即可，因而可以大幅度减小运行阻力并延长扶手带的使用寿命。压辊式扶手驱动装置最大的优点是节省空间，缺点是不易于维护保养。

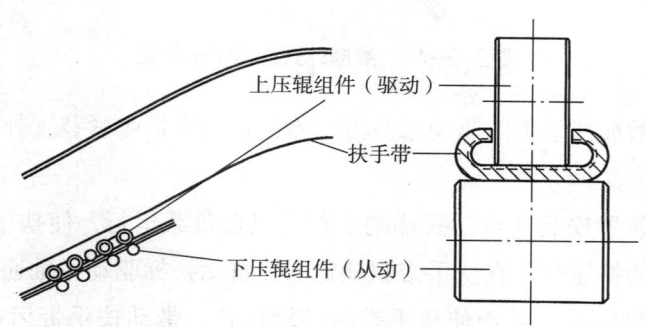

图 2-2-42　压辊式扶手驱动装置

2)扶手导轨。扶手导轨一般为铝制品。扶手带与扶手导轨之间会产生一定的摩擦力,因此,扶手导轨的转向端需要安装一组滑动滚轮,以减小扶手带与转向端的摩擦力。

8. 润滑、灰尘收集系统

(1)自动润滑系统。为了保证自动扶梯及自动人行道的正常运行,有必要对自动扶梯的运动部件进行润滑,特别是对主机驱动链、扶手带驱动链及梯级链进行润滑。对于室外布置的自动扶梯,自动润滑系统(见图2-2-43)是标配。润滑油通过油泵经油管至油嘴滴出,油嘴被安装在各链条上部的固定位置,油量及润滑的间隔时间由自动润滑系统的控制器进行分配和处理。

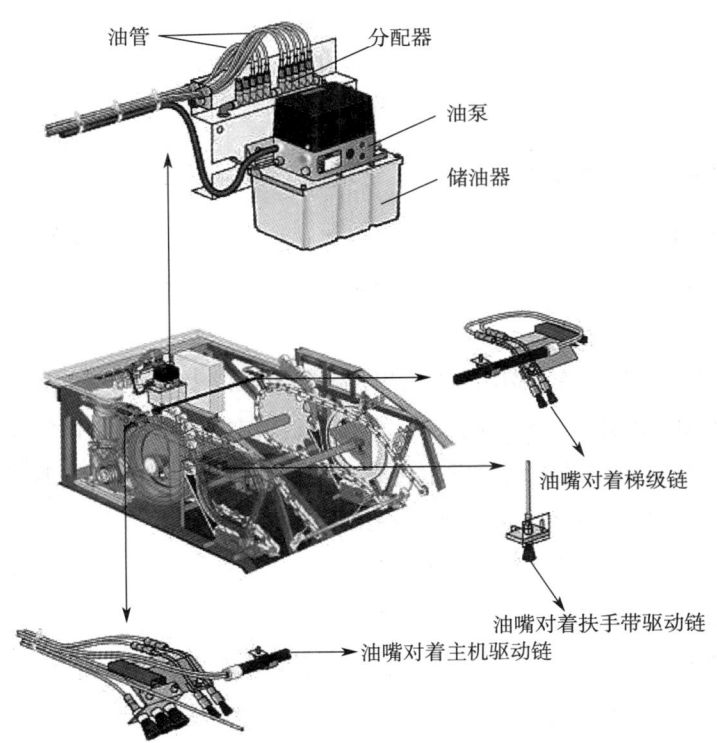

图 2-2-43 自动润滑系统

(2)梯级(踏板)灰尘收集系统。梯级(踏板)需要设置灰尘收集系统,防止尘土、沙子磨损设备。一般在梯级(踏板)的转向站处设置灰尘收集盘,它们由一定厚度的电镀钢板制成,收集梯级(踏板)在转向时掉落的尘土、沙子,方便维保人员对尘土、沙子进行清理,如图2-2-44所示。

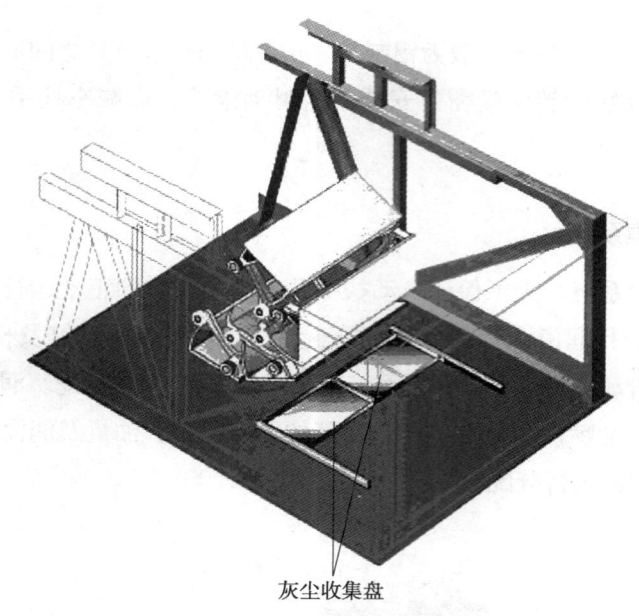

图 2-2-44　灰尘收集盘

9. 电动机保护与电气控制系统

（1）电动机保护

1）断相保护。当电源中出现断相故障时，断相保护继电器动作，关闭电动机，有效发挥断相保护作用。

2）温度波动保护。当电动机线圈中的温度探头探测到电动机线圈温度超过设定温度值时，温控继电器动作，关闭电动机，有效发挥温度波动保护作用。

3）过载保护。当驱动电动机发生过载，被探测单元探测到后，探测单元继电器立即动作，关闭电动机，有效发挥过载保护作用。

4）漏电保护。电路附加了漏电保护控制器，当漏电流达到 30 mA 时，此设备切断自动扶梯电源，使自动扶梯停止运行。

5）相序继电器保护。相序继电器是用于检测电流相序的，若相序接反、意外换相，则相序继电器动作，使自动扶梯不能启动，从而实现电气保护。

（2）电气控制系统。电气控制系统按不同的控制方式可分为专用计算机控制系统、可编程序逻辑控制系统。下面主要介绍电气控制系统中的主电源柜、控制柜、电气线路和控制器。

1）主电源柜。自动扶梯的电气控制设备通常设置在若干个由钢板制作的主电源柜中，标准的主电源柜按 IP54 防护等级要求进行设计。主电源柜中包含了主开关、各类自动断电装置等，如图 2-2-45 所示。

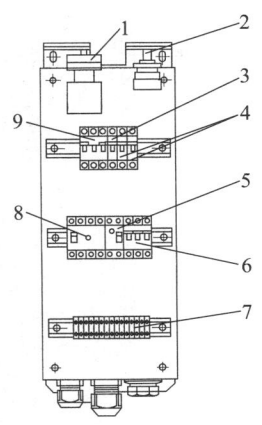

图 2-2-45　主电源柜的结构

1—主开关　2—照明开关　3—照明电源断路器　4—电动机和风扇断路器　5—照明回路过电流断路器
6—加热器断路器　7—端子排　8—主回路过电流断路器　9—主电源断路器

2）控制柜。标准的控制柜一般按 IP11 防护等级要求进行设计，也可按 IP54 防护等级要求进行设计。控制柜的结构如图 2-2-46 所示。

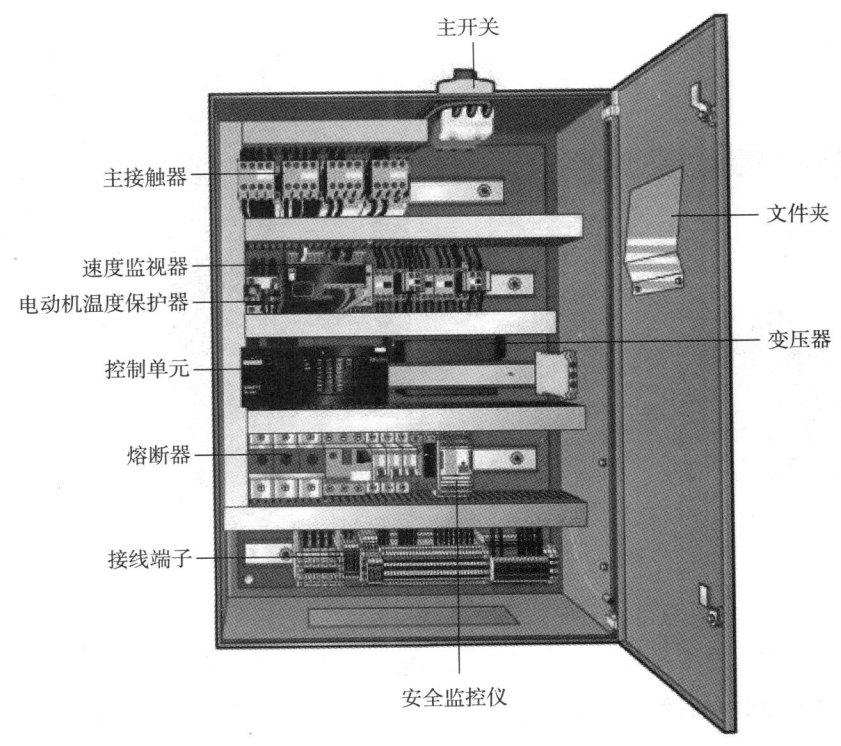

图 2-2-46　控制柜的结构

3）电气线路。电气线路主要包括主电路、控制电路、安全保护电路、制动电路、照明电路等。

4）控制器。控制器位于驱动站的密闭铝制开关箱内，保养时可以拆除，其外部配置如图2-2-47所示。

控制器应包含的电气元件有驱动电动机用的主接触器、制动电磁铁用的接触器和整流器、主开关等。

图2-2-47 控制器的外部配置
1—维护保养操作板插座 2—照明电源插座
3—停止按钮

10. 安全装置

（1）紧急停止按钮。一般在自动扶梯上、下端入口处（内侧或外侧）各设一个需要手动操作的红色紧急停止按钮，在紧急情况下按下此按钮，自动扶梯将立即停止运行，如图2-2-48所示。

图2-2-48 紧急停止按钮
a）位于内侧 b）位于外侧

（2）扶手带入口安全装置。扶手带入口安全装置装在转角栏杆扶手带入口处，分别在上部和下部的左右两侧各有一个，共4个，当扶手带和保护罩之间有异物嵌入时，触发扶手带入口安全装置，可使自动扶梯停止运行。

（3）梳齿板安全装置。梳齿板安全装置分别安装在自动扶梯上部左侧（或右侧）

和下部右侧（或左侧）梳齿板与梯级的交会处。当有异物嵌入梳齿与梯级之间时，梳齿板头部被抬升，使梳齿板绕固定轴转动并带动相连的触点开关动作，如图 2-2-49 所示，自动扶梯将立即停止运行。梳齿板安全装置一般在出厂时已安装。

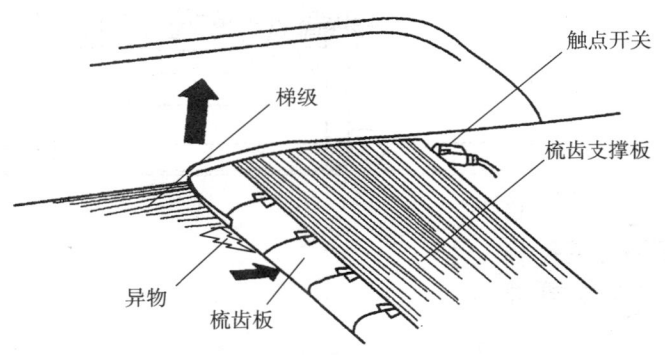

图 2-2-49　梳齿板安全装置

（4）速度、方向监控感应系统。自动扶梯配备了一个速度、方向监控感应系统，如图 2-2-50 所示，当该感应系统检测到 120% 超速、50% 过低速、非操纵逆转、梯级缺失时，控制制动器、附加制动器动作，则自动扶梯停止运行。

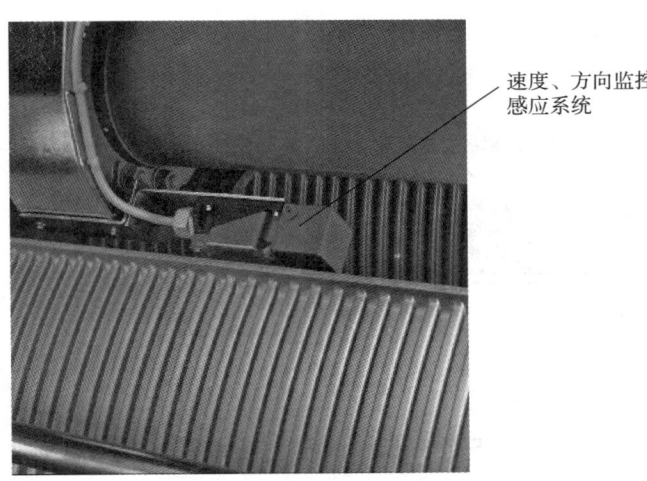

图 2-2-50　速度、方向监控感应系统

（5）梯级链安全装置。梯级链安全装置位于下部梯级链张紧装置的尾部，左右各一个。该安全装置的开关固定在桁架上，当梯级链断链、梯级链过度伸长 2% 时，或驱动装置与转向装置之间的距离增大或减小导致下部张紧装置总成向前或向后移动超出设定的张紧范围（L）时，开关支架使限位开关动作，切断控制回路，自动扶梯停止运行。梯级链安全装置一般出厂时已安装，如图 2-2-51 所示。

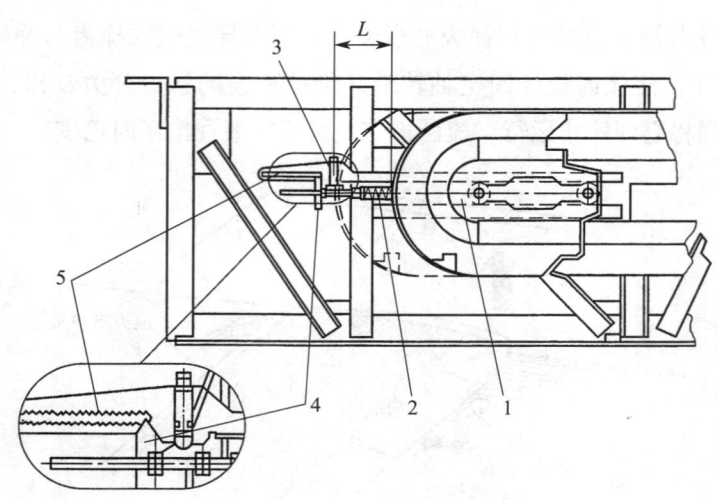

图 2-2-51 梯级链安全装置
1—带导轨的张紧架 2—张紧弹簧 3—限位开关 4—开关支架 5—标尺

（6）围裙板安全装置。围裙板安全装置（见图2-2-52）一般安装在上下弯曲段围裙板处，当围裙板长度较长时，还额外配置中部围裙板安全装置。当围裙板和梯级之间嵌入的异物运行到围裙板安全装置处时，安全装置动作，自动扶梯停止运行。

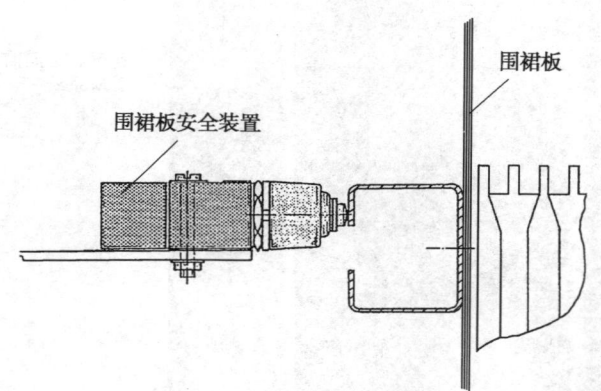

图 2-2-52 围裙板安全装置

（7）梯级下陷安全装置。梯级下陷安全装置安装在近出入口处靠近上下弯曲段桁架的梯路导轨上，两端各装一套。当梯级下陷不能保证与梳齿板啮合，或梯级因断裂或变形而下陷超过3 mm时，该梯级经过梯级下陷安全装置时，限位开关动作，自动扶梯停止运行。

（8）驱动链安全装置。驱动链安全装置安装在上部桁架内驱动链处，当驱动链断裂时，制动导靴在自重的作用下转动，开关打板使安全开关动作并切断控制回路，自动扶梯停止运行,同时制动杆顶住制动块,防止自动扶梯下滑。

(9)扶手带张力监测装置。每个扶手带有一个单独的张力监测装置,它监控扶手带的长度及松弛度。当出现扶手带脱离扶手带导轨、扶手带断裂、扶手带松弛度超过极限等情况时,自动扶梯将停止运行。

(10)扶手带断带保护装置。在扶手带下方可安装扶手带断带保护装置,如图 2-2-53 所示。扶手带断裂后会向下垂落,进而触发安全开关动作,使自动扶梯停止运行。

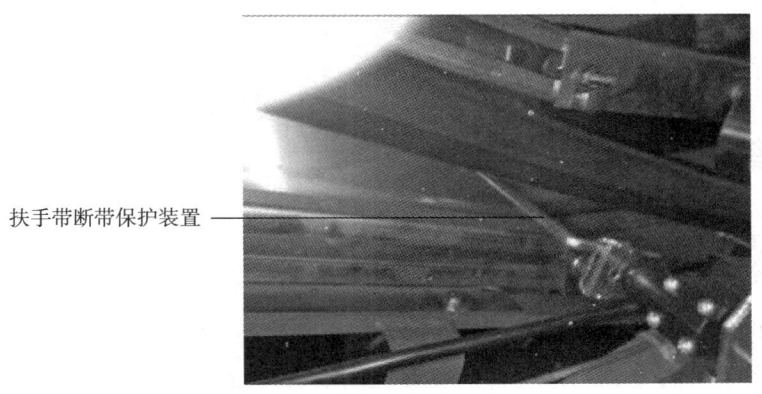

图 2-2-53　扶手带断带保护装置

(11)扶手带速度同步检测装置。扶手带速度同步检测装置(又称扶手带速度监控装置)用于检测扶手带的运行速度,当扶手带速度偏离梯级的实际速度大于 −15% 且持续时间大于 15 s 时,或当扶手带断裂时,该装置使自动扶梯停止运行。该装置安装在扶手带下弯曲段回路侧,左右各一个,如图 2-2-54 所示。

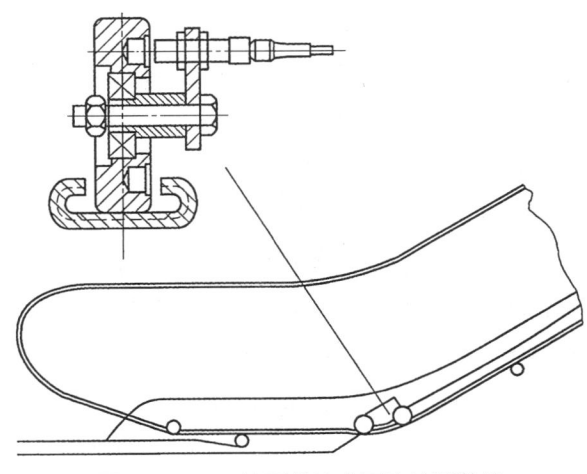

图 2-2-54　扶手带速度同步检测装置

（12）围裙板防夹安全装置。围裙板防夹安全装置沿着梯级安装在围裙板上，以防止衣物、鞋子和其他物品被夹入围裙板与梯级之间。

课程 2-3　机械基础

一、机械结构基本知识

1. 构件与零件

（1）构件。构件是指相互之间能做相对运动的物体。

（2）零件。零件是指组成构件的相互之间没有相对运动的物体。零件包括通用零件、专用零件和标准件。

1）通用零件。通用零件是各种机械设备中经常用到的零件，如齿轮、链轮、蜗轮等。

2）专用零件。专用零件只能出现在某些机械设备中，如汽轮机中的叶片、内燃机中的活塞等。

3）标准件。标准件是按有关标准就能选用的零件，如螺钉、键、垫圈、滚动轴承等。

（3）构件与零件的区别。构件是运动的基本单元，而零件是加工单元。

2. 机构

（1）机构的概念。通常把各部分之间具有确定相对运动构件的组合称为机构。

（2）机构的种类。按组成机构的各构件间相对运动的不同，机构可分为平面机构（如平面连杆机构、内啮合圆柱齿轮传动机构等）和空间机构（如空间连杆机构、蜗杆蜗轮机构等）；按运动副类别可分为低副机构（如连杆机构等）和高副机构（如凸轮机构等）；按结构特征可分为连杆机构、齿轮机构、斜面机构、棘轮机构等；按所转换的运动或力的特征可分为匀速和非匀速转动机构、直线运动机构、换向机构、间歇运动机构等；按功用可分为安全保险机构、联锁机构、操纵机构等。

3. 机器

机器就是机构的组合，机器的各部分之间具有确定的相对运动，机器能用来代替人的劳动完成有用的机械功或实现能量转换。

（1）机器与机构、构件、零件的关系。机器一般是由机构和一些零件组成的，机构是由构件组成的，构件又是由零件组成的。一般常以"机械"这个词作为机构和机器的总称。

（2）机器的组成。机器基本上都是由原动部分、工作部分、传动部分组成的。

1）原动部分。原动部分的功能是将其他形式的能量转换为机械能（如内燃机和电动机分别将热能和电能转换为机械能）。原动部分是驱动整部机器以完成预定功能的动力源。

2）工作部分。工作部分的功能是利用机械能去变换或传递能量、物料、信号，如发电机将机械能转换为电能，轧钢机变换物料的外形，等等。工作部分完成机器预定的动作，处于整个传动过程的终端，其结构形式取决于机器工作的本身。

3）传动部分。传动部分的功能是把原动机的运动形式、运动和动力参数转变为工作部分所需的运动形式、运动和动力参数。传动部分是把原动部分的运动和动力传递给工作部分的中间环节。

以上三部分都必须安装在支承部件上，为了使三个基本部分协调工作，并准确、可靠地完成整体功能，必须增加控制部分和辅助部分。

4. 传动机构

传动机构有连杆机构、凸轮机构、带传动、螺旋传动和齿轮传动。

5. 运动副

（1）运动副的定义。两个构件直接接触而又能产生一定相对运动的连接称为运动副。

（2）运动副的分类。根据运动副中两构件接触形式的不同，运动副可分为低副和高副。

1）低副。低副是指两构件之间做面接触的运动副。按两构件的相对运动情况可以分为转动副、移动副、螺旋副。转动副的两构件在接触处只允许做相对转动。移动副的两构件在接触处只允许做相对移动。螺旋副的两构件在接触处只允许做转动和移动的复合运动。低副的接触表面一般是平面或圆柱面，比较容易制造和维修，承受载荷时的单位面积压力较小，但低副是滑动摩擦，摩擦损失大而效率低。

2）高副。高副是指两构件之间做点或线接触的运动副。高副在承受载荷时单位面积受到的压力较大，其构件接触处容易磨损，制造和维修较困难，但高副能传递较复杂的运动。

二、机械传动基本知识

1. 机械传动原理

机械传动是一种最基本的传动方式。机器可以分为原动机和工作机两类。蒸汽机、内燃机、水轮机、电动机等都是原动机。车床、刨床、电梯轿厢等都是工作机。

要使工作机工作，必须让原动机带动工作机一起运动。例如，经常应用摩擦轮、带轮、链轮、齿轮等零部件，组成各种形式的传动装置来传递能量，并使工作机完成相应的运动轨迹。

2. 常用机械传动形式（见表2-3-1）

表2-3-1 常用机械传动形式

按传递力分类	摩擦传动	带传动		平带传动
				V带传动
				圆形带传动
				同步带传动
		摩擦轮传动		曳引传动
	啮合传动	齿轮传动	用于两轴平行	按齿形排列方向	直齿圆柱齿轮
					斜齿圆柱齿轮
					人字齿圆柱齿轮
				按啮合情况	外啮合齿轮传动
					内啮合齿轮传动
					齿轮齿条传动
			用于两轴相交		直齿锥齿轮传动
					曲齿锥齿轮传动
					螺旋锥齿轮传动
			用于两轴相错		螺旋圆柱齿轮传动
		蜗杆传动		
		螺旋传动		
		链传动		

3. 部分常用传动机构介绍

(1) 带传动。带传动依靠带与带轮之间的摩擦来实现。其传动比 i_{12} 的公式为:

$$i_{12}=\frac{n_1}{n_2}=\frac{D_2}{D_1}$$

式中　n_1——主动轮转速，r/min；

n_2——从动轮转速，r/min；

D_1——主动轮直径，mm；

D_2——从动轮直径，mm。

1) 平带传动。当两轴中心距较远时，可采用平带传动。在平带传动中，如果需要两轮旋转方向相同，可采用开口带，如图 2-3-1a 所示；如果需要两轮旋转方向相反，可采用交叉带，如图 2-3-1b 所示；如果两轮轴线既不相交又不平行，可采用半交叉带，如图 2-3-1c 所示。

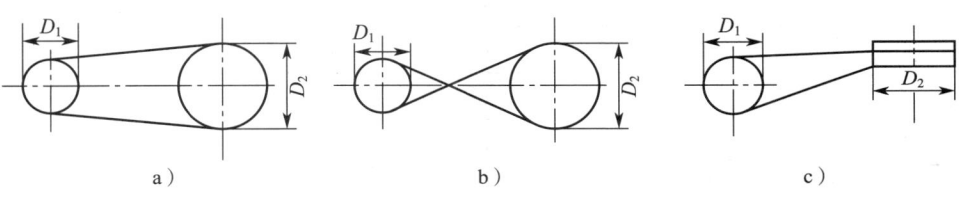

图 2-3-1　平带传动的传动形式
a) 开口带　b) 交叉带　c) 半交叉带

在平带传动中，带的拉力大小与带轮的包角 α 有关。包角越小，拉力越小，反之就越大。一般包角不得小于 150°。

平带传动具有结构简单、成本低、更换方便的优点，但它所占空间较大，而且由于在传动时容易打滑，因此得不到要求的速比。平带传动在电梯上应用时，为了防止打滑，有的在带上做出齿形，称为齿形带或楔形带，并在带轮上做出槽，如在曳引驱动电梯上应用的曳引机传动带以及测速发电机传动带或井道内传感器传动带。

2) V 带传动。当两轮的轴心线之间距离不大时，可采用 V 带传动。V 带传动具有传动平稳、不易振动的特点。如果要增加传动力，只要增加带的根数就可以。V 带与带轮之间的摩擦力较大，不易打滑，它的包角一般不小于 70°，有些门机传动装置和测速发电机就采用了 V 带传动。

普通 V 带有七种型号，其截面形状如图 2-3-2 所示。各型号普通 V 带的截面尺寸见表 2-3-2 [见国家标准《普通和窄 V 带传动　第 1 部分：基准宽度制》

（GB/T 13575.1—2008）]。其中，Y 型 V 带的截面积最小，E 型 V 带的截面积最大。V 带的截面积越大，其传递的功率也越大。

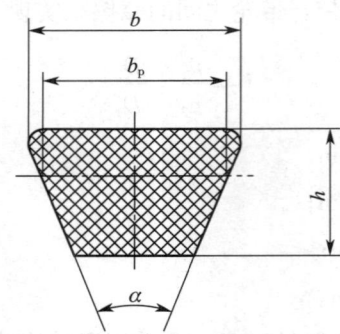

图 2-3-2　普通 V 带的截面形状

表 2-3-2　各型号普通 V 带的截面尺寸

型号	节宽 b_p/mm	顶宽 b/mm	高度 h/mm	楔角 α
Y	5.3	6	4	
Z	8.5	10	6	
A	11	13	8	
B	14	17	11	40°
C	19	22	14	
D	27	32	19	
E	32	38	23	

V 带带轮的轮槽截面形状如图 2-3-3 所示。图 2-3-3 中 b_d 为基准宽度，基准宽度等于节宽，即 $b_d=b_p$。图 2-3-3 中 d_d 为基准直径，即轮槽基准宽度处带轮的直径。带轮的基准直径不能太小，因为基准直径越小，传动时 V 带在带轮上的弯曲变形越严重，弯曲应力越大。因此，对各型号的普通 V 带带轮都规定有最小基准直径 d_{dmin}。普通 V 带带轮的基准宽度 b_d 和最小基准直径 d_{dmin} 见表 2-3-3。

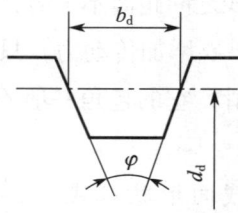

图 2-3-3　V 带带轮的轮槽截面形状

表 2-3-3　普通 V 带带轮的基准宽度 b_d 和最小基准直径 d_{dmin}

普通 V 带型号	Y	Z	A	B	C	D	E
基准宽度 b_d/mm	5.3	8.5	11	14	19	27	32
最小基准直径 d_{dmin}/mm	20	50	75	125	200	355	500

图 2-3-3 中 φ 为槽角,即轮槽横截面两侧边的夹角。V 带与带轮接触时处于弯曲状态,除节圆的周长和节宽 b_p 保持不变外,V 带节面与顶面间的伸张层在弯曲时周线被拉长,横截面内宽度变窄;V 带节面与底面间的压缩层在弯曲时周线被压短,横截面内宽度变宽。因此,处于弯曲状态的 V 带横截面内两侧边的夹角(即楔角)α 会变小。带轮直径越小,V 带弯曲越严重,楔角 α 越小。为了保证 V 带变形后两侧的工作面与轮槽工作面紧密贴合,轮槽的槽角 φ 应比 V 带的楔角 α 略小。对于 $\alpha=40°$ 的 V 带来说,槽角 φ 常取 38°、36°、34°、32°。

(2)齿轮传动。在齿轮传动装置中,装在原动机轴上的齿轮称为主动齿轮,装在工作机轴上的齿轮称为从动齿轮。主动齿轮和从动齿轮互相啮合。

1)圆柱齿轮。当主动齿轮和从动齿轮的两轴相互平行时,采用圆柱齿轮。其传动比 i'_{12} 的公式为:

$$i'_{12}=\frac{n_1}{n_2}=\frac{Z_2}{Z_1}$$

式中　n_1——主动轮转速,r/min;
　　　n_2——从动轮转速,r/min;
　　　Z_1——主动轮齿数;
　　　Z_2——从动轮齿数。

圆柱齿轮按齿形排列方向分为直齿圆柱齿轮(见图 2-3-4a)、斜齿圆柱齿轮(见图 2-3-4b)和人字齿圆柱齿轮(见图 2-3-4c)3 种。直齿圆柱齿轮的特点是加工方

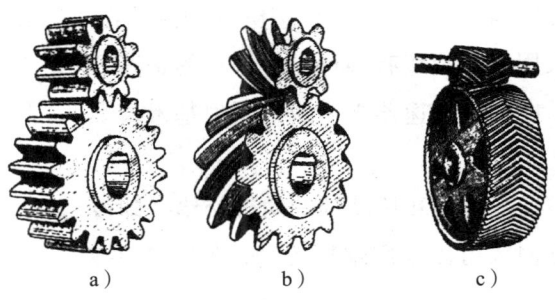

图 2-3-4　圆柱齿轮
a)直齿圆柱齿轮　b)斜齿圆柱齿轮　c)人字齿圆柱齿轮

便，用途广泛，但齿上载荷集中，传动不平稳。标准的直齿圆柱齿轮传动如图2-3-5所示。斜齿圆柱齿轮的特点是传动平稳，载荷分布均匀，但有轴向力产生，因此要用平面轴承。人字齿圆柱齿轮的特点是能承受较大的载荷。

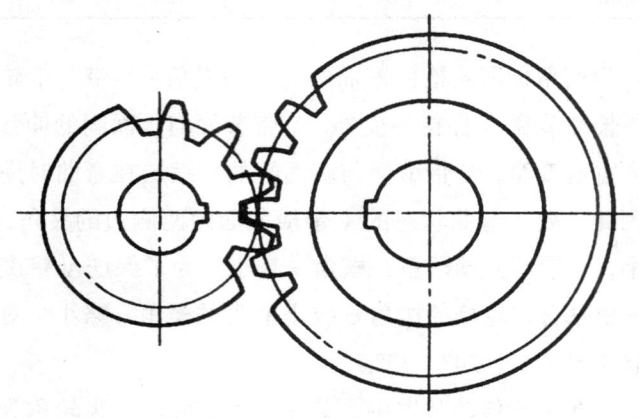

图2-3-5　标准的直齿圆柱齿轮传动

2）锥齿轮。当主动轴和从动轴的两轴相交时，常采用锥齿轮传动（见图2-3-6）。

图2-3-6　锥齿轮传动

锥齿轮有直齿锥齿轮和螺旋锥齿轮两种。直齿锥齿轮加工方便，但传动时噪声较大。螺旋锥齿轮的特点是传动圆滑、噪声小，但加工复杂。

在额定速度为2.5~4.5 m/s的交流调速电梯的减速器中，经常采用螺旋锥齿轮的结构。螺旋锥齿轮采用的螺旋线有多种，最常见的是渐开线和阿基米德螺线。在电梯减速器中一般采用阿基米德螺线锥齿轮。

（3）蜗杆传动。当主动轴和从动轴的两轴交错，即彼此既不平行又不相交时，可以采用蜗杆传动，如图2-3-7所示。

蜗杆传动的特点是蜗杆主动而蜗轮被动。因此，蜗杆

图2-3-7　蜗杆传动示意图

传动广泛应用于防止倒转的装置上。它的优点是传动比大，噪声小，占空间小。蜗杆传动一般应用在减速装置上。在额定速度为 2.5 m/s 以下的电梯减速器中，一般采用此种传动方式。

在减速装置中，有蜗杆下置式、蜗杆上置式和蜗杆侧置式 3 种，电梯上一般采用前两种。蜗杆下置式的特点是蜗杆在蜗轮下边，啮合处冷却和润滑效果都较好，蜗杆轴承的润滑操作也方便。但当蜗杆圆周速度较高时，搅油功率损耗较大，一般用于蜗杆圆周速度小于 5 m/s 的机械中。蜗杆上置式的特点是蜗杆在蜗轮的上边，装卸方便，蜗杆圆周速度可高些，而且金属屑等杂物进入啮合处的机会较小。

蜗杆传动结构图如图 2-3-8 所示。

蜗杆头数即蜗杆上螺旋线的条数，蜗杆头数一般为 1、2、4，在曳引减速器中均有应用。其中，单头蜗杆能得到较大的传动比，但由于导程角较小，传动效率较低，自锁能力较强，一般用在低速电梯上。而双头蜗杆则更常用。高速电梯的减速装置一般选用四头蜗杆。

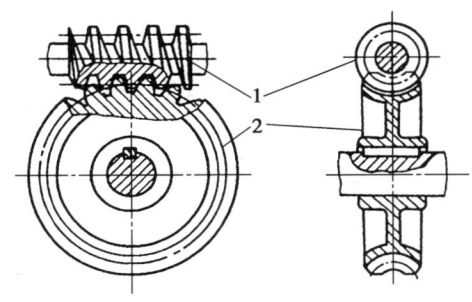

图 2-3-8　蜗杆传动结构图
1—蜗杆　2—蜗轮

（4）螺旋传动。螺旋传动是指由螺杆和旋合螺母组成的机械传动。螺旋传动按其在机械中的作用可分为以下 3 种。

1）传力螺旋传动。传力螺旋传动以传递力为主，可用较小的转矩产生轴向运动和较大的轴向力，其应用如螺旋压力机、螺旋千斤顶（见图 2-3-9）等。这类设备一般在低转速下工作，每次工作时间短或间歇工作。

2）传导螺旋传动。传导螺旋传动以传递运动为主，常用来实现机床中刀具和工作台的直线进给。通常这类设备工作速度较大，且在较长时间内连续工作，因此要求具有较高的传动精度。

3）调整螺旋传动。调整螺旋传动用于调整或固定零部件之间的相对位置，其应用如螺旋式张紧装置，一般不经常转动。

（5）链传动。在两轴相距较远而速比又要保持正确时，可采用链传动。链传动时，从动链轮圆周速度波动不定，但其平均值不变，因此，可以在轴距大而传动精度要求不高的机械中使用。在开门机构中，有的部件就选用了链传动方式；自动扶梯也采用了链传动。

传动链有滚子链和齿形链两种，如图 2-3-10 所示。当传动速度较大时，一般多采用齿形链。传动链在传动时声音较小，所以又称无声链，链的传动比 i_{12}'' 的公式为：

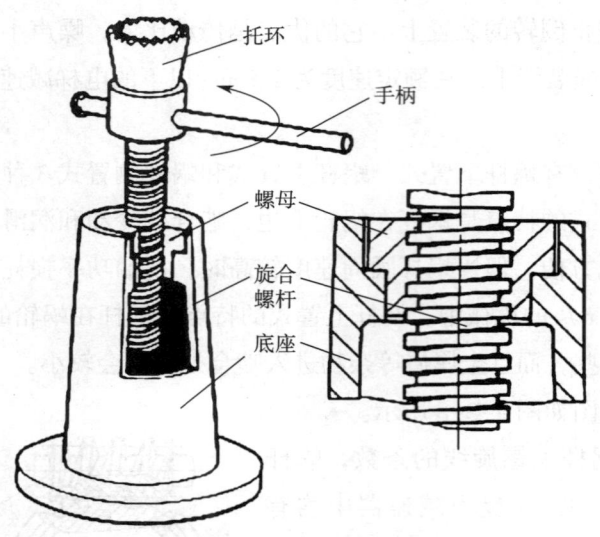

图 2-3-9 螺旋千斤顶

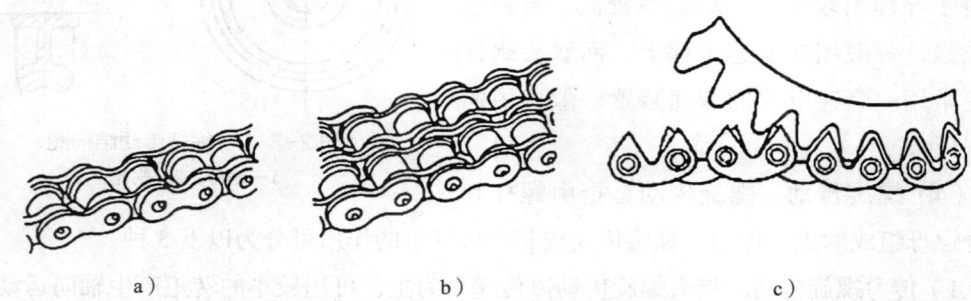

图 2-3-10 传动链示意图
a）单排滚子链 b）双排滚子链 c）齿形链

$$i''_{12}=\frac{n_1}{n_2}=\frac{z_2}{z_1}$$

式中 n_1——主动链轮转速，r/min；

n_2——从动链轮转速，r/min；

z_1——主动链轮齿数；

z_2——从动链轮齿数。

（6）曳引传动。当需要将原动机的旋转运动转变为直线运动时，也常采用曳引传动。原动机的动力输出轮称为曳引轮，曳引轮的轮缘上开有绳槽，利用曳引绳与绳槽的摩擦传递动力。曳引驱动系统如图 2-3-11 所示。

曳引传动能将旋转运动转换为长距离的直线运动，且有运行平稳、噪声小等特点，所以绝大部分电梯采用曳引传动。

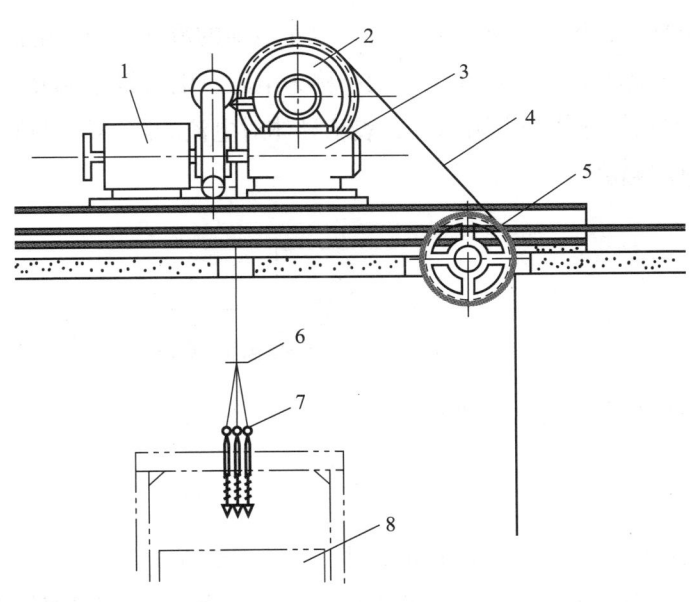

图 2-3-11　曳引驱动系统
1—电动机　2—曳引轮　3—曳引机　4—曳引绳　5—导向轮　6—曳引绳绳夹　7—绳头组合　8—轿厢

课程 2-4　电气基础

一、直流电路基本知识

1. 电路

电路又称电子回路、电气回路，是由电气设备和元器件按一定方式连接起来为电流的流通提供路径的总体。方向不随时间改变的电流叫直流电流，电路图中常用 DC（direct current）表示。电路的基本物理量包括电压、电流、电阻等。

（1）电压。在电路中，任意两点之间的电势差称为这两点的电压。电压符号为 U，其单位是伏特，简称伏，用 V 表示。电压的方向规定为从高电势指向低电势的方向。

（2）电流。单位时间里通过导体任一横截面的电量称为电流。电流符号为 I，其单位是安培，简称安，用 A 表示。统一规定以正电荷的流动方向为电流方向。

（3）电阻。导体对电流阻碍作用的大小称为电阻。电阻符号为 R，其单位是欧姆，简称欧，用 Ω 表示。导体的电阻越大，表示导体对电流的阻碍作用越大。如图 2-4-1 所示为电压、电流和电阻示意图。

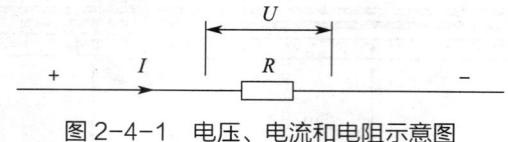

图 2-4-1　电压、电流和电阻示意图

纯电阻电路符合欧姆定律，即：

$$R=\frac{U}{I}$$

从欧姆定律可以看出，当电阻值固定时，电压和电流成正比。

电阻值大小一般与温度、材料、长度以及截面积有关。以常用的铜导线为例，温度越高，导线越长，截面积越小，铜导线的电阻越大。

2. 功

电能转换为其他形式能的过程就是电流做功的过程，有多少电能发生转换，就说电流做了多少功。功的符号为 W，其国际单位是焦耳（J），常用单位有千瓦时（kW·h）。电流在某段电路上所做的功，等于这段电路两端的电压 U、电路中流过的电流 I 和通电时间 t（单位为 h）的乘积，即：

$$W=UIt$$

3. 功率

功率是指物体在单位时间内做功的多少，即功率是描述做功快慢的物理量。功率符号为 P，单位是瓦特，简称瓦，用 W 表示。功率计算公式为：

$$P=UI$$

二、交流电路基本知识

1. 交流电

电流的大小和方向都随时间变化，则称为变动电流。其中，一个周期 T 内电流的平均值为零的变动电流则称为交变电流，电路图中常用 AC（alternating current）表示。如图 2-4-2 所示的正弦交流电就是交变电流的一种。日常生活中的市电就是由三相发电机产生的正弦交流电。

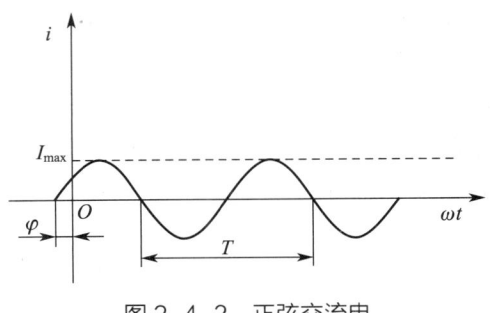

图 2-4-2 正弦交流电

正弦交流电 i 按正弦规律随时间 t（单位为 s）变化，其表达式为：

$$i=I_{max}\sin(\omega t+\varphi)$$

式中　I_{max}——振幅，即正弦电流的最大值，A；

　　　ω——角频率，是正弦电流的相位随时间变化的速度，rad/s；

　　　φ——初相位，是正弦电流在 $t=0$ 时的相角，rad。

2. 交流电的有效值

如果交流电和直流电分别通过同一电阻，两者在相同的时间内所消耗的电能相等（或所产生的焦耳热相同），则此直流电的数值就称为交流电的有效值。通常所说的交流电电压、电流的大小均指有效值。交流电气设备上标的额定值以及普通万用表所指示的交流电压、电流数值也均为有效值。正弦交流电的电压、电流有效值约为其最大瞬时值的 0.7 倍。

3. 交流电的功率

（1）有功功率。有功功率 P 是负载消耗电能并对外部做功的功率，单位为 W。例如，电动机对外输出机械动能，这部分功率就属于有功功率。

（2）无功功率。无功功率 Q 用于负载和电源之间的能量交换，并不对外做功。单位为 var。例如，电动机用于建立磁场的部分功率并不对外做功，属于无功功率。

（3）视在功率。视在功率 S 是电源输出的总电压和总电流有效值的乘积。它表示负载工作时所占用的电源容量，单位为 V·A。计算公式为：

$$S=UI$$

有功功率、无功功率和视在功率之间的关系符合如图2-4-3所示的功率三角形，用公式表示为：

$$P=UI\cos\varphi$$
$$Q=UI\sin\varphi$$
$$S^2=P^2+Q^2$$

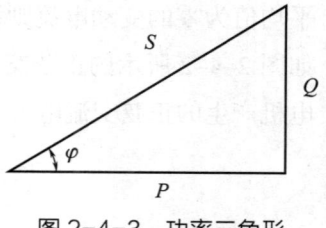

图2-4-3 功率三角形

（4）功率因数。有功功率P与视在功率S的比值称为功率因数（即$\cos\varphi$）。它表示交流电路中实际消耗的有功功率在整个电源容量中所占的比例，表示电能的有效利用程度。

三、电工读图基本知识

1. 串联电路和并联电路

（1）串联电路。几个二端元件沿着单一路径互相首尾相连，每个节点最多只连接两个元件，此种连接方式称为串联。以串联方式连接的电路称为串联电路。如图2-4-4所示为串联电路示意图。

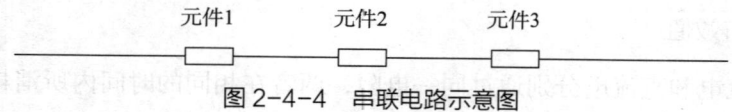

图2-4-4 串联电路示意图

在串联电路中，电压、电流、电阻、功率的关系如下：总电压等于各元件两端的电压之和，电流处处相等，总电阻等于各元件的电阻之和，总功率等于各元件的功率之和。

以图2-4-4所示的串联电路为例，电压、电流、电阻、功率存在以下关系：

$$U=U_1+U_2+U_3$$
$$I=I_1=I_2=I_3$$
$$R=R_1+R_2+R_3$$
$$P=P_1+P_2+P_3$$

上述各式中，元件1的电压、电流、电阻、功率分别为U_1、I_1、R_1、P_1，元件2的电压、电流、电阻、功率分别为U_2、I_2、R_2、P_2，元件3的电压、电流、电阻、功率分别为U_3、I_3、R_3、P_3，电路的总电压、总电流、总电阻、总功率分别为U、I、R、P。

（2）并联电路。几个二端元件首首相接，同时尾尾也相连的一种连接方式称为并联。以并联方式连接的电路称为并联电路。如图 2-4-5 所示为并联电路示意图。

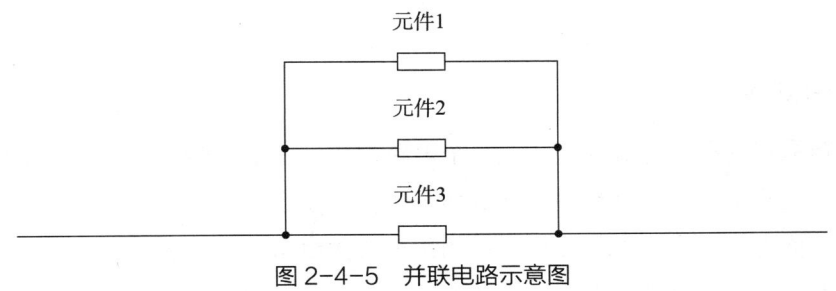

图 2-4-5　并联电路示意图

在并联电路中，电压、电流、电阻、功率的关系如下：总电压与各支路元件的电压均相等，总电流等于各支路电流之和，总电阻的倒数等于各支路元件电阻的倒数之和，总功率等于各支路元件的功率之和。

以图 2-4-5 所示的并联电路为例，电压、电流、电阻、功率存在以下关系：

$$U=U_1=U_2=U_3$$

$$I=I_1+I_2+I_3$$

$$\frac{1}{R}=\frac{1}{R_1}+\frac{1}{R_2}+\frac{1}{R_3}$$

$$P=P_1+P_2+P_3$$

上述各式中，元件 1 的电压、电流、电阻、功率分别为 U_1、I_1、R_1、P_1，元件 2 的电压、电流、电阻、功率分别为 U_2、I_2、R_2、P_2，元件 3 的电压、电流、电阻、功率分别为 U_3、I_3、R_3、P_3，电路的总电压、总电流、总电阻、总功率分别为 U、I、R、P。

2. 电路的工作状态

电路的工作状态分为断路（开路）、短路和通路。

（1）断路（开路）。断路（开路）是指电路被切断，电路中没有电流通过的状态。

（2）短路。短路是指电流不经过负载，直接由电源正极流向负极。由于不经过负载，电路中的电流极大，可能会烧毁电路中的元件、导线和电源。短路状态示意图如图 2-4-6 所示。

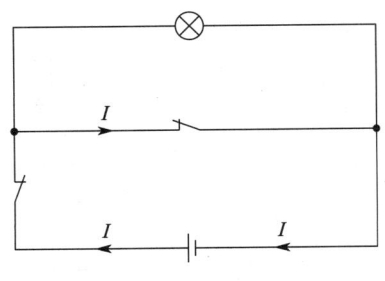

图 2-4-6　短路状态示意图

（3）通路。通路是指电路有电流流过负载，负载正常工作的状态。

四、电力变压器基本知识

1. 变压器的原理

变压器是利用电磁感应原理,从一个电路向另一个电路传递电能或传输信号的一种电器。变压器由铁芯和绕在铁芯上的两个或多个匝数不等的线圈组成,其中与交流电源相接的称为一次绕组,与负载相接的称为二次绕组。当一次绕组中通有交流电流时,由于电流产生磁效应,铁芯中便产生交变磁场,同时由于电磁感应原理,铁芯中的交变磁场会使二次绕组中产生交变的感应电压。常见的变压器实物图如图2-4-7所示。双绕组变压器在电路图中的符号如图2-4-8所示。

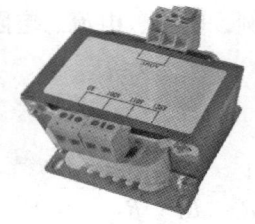

图2-4-7 常见的变压器实物图

图2-4-8 双绕组变压器在电路图中的符号

2. 变压器电压与匝数的关系

在如图2-4-9所示的变压器中,一次绕组的匝数为n_1、电压为U_1,二次绕组的匝数为n_2、电压为U_2,电压与绕组匝数存在以下关系:

$$\frac{U_1}{U_2} = \frac{n_1}{n_2}$$

图2-4-9 变压器

五、常用电动机基本知识

电动机是以磁场为媒介进行机械能和电能相互转换的电磁装置,其主要原理是载流导体在磁场中会受到电磁力的作用。电动机一般都是由静止的定子和可转动的转子组成,根据电源类型可以将其分为直流电动机和交流电动机。

1. 直流电动机

(1) 直流电动机的定义及结构。直流电动机是指能将直流电能转换成机械能的旋转电动机。它主要由定子和转子两部分组成。直流电动机运行时静止不动的部分称为定子,其主要作用是产生磁场;而转动的部分称为转子,其主要作用是产生电磁转矩和感应电动势,是直流电动机进行能量转换的枢纽,所以通常又称电枢。

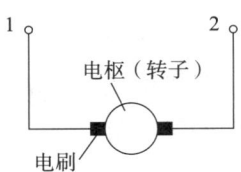

(2) 直流电动机的工作原理。如图 2-4-10 所示是某种直流电动机的原理图。图 2-4-10 中,3、4 号端子分别接直流电源的正极和负极,给励磁绕组供电,产生定子磁场;1、2 号端子分别接直流电源的正极和负极,电流通过电刷输入电枢。通电电枢和定子磁场产生相互作用的电磁力,从而在电枢转轴上形成电磁转矩,驱动直流电动机旋转。改变直流电源的电压大小可以调整此相互作用的电磁力的大小,从而调整直流电动机的转速。改变直流电源的方向,可以改变直流电动机的旋转方向。

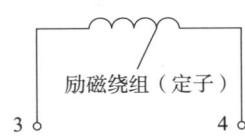

图 2-4-10 某种直流电动机的原理图

2. 交流电动机

交流电动机可以分为异步电动机和同步电动机。

(1) 异步电动机。异步电动机的定子包括定子铁芯、定子绕组,转子包括转轴、转子铁芯、转子绕组,如图 2-4-11 所示。为了保证转子能在定子内旋转,定子和转子之间有一定的间隙,称为气隙。气隙的大小及对称性对异步电动机的性能有很大影响。下面以三相交流异步电动机为例,介绍其工作原理、接线方法和转速。

1) 三相交流异步电动机的工作原理。三相定子绕组与三相交流电源连接,而转子绕组自身是闭合通路。当三相异步电动机的三相定子绕组通入交流电后,由于交流电会周期性地改变方向及大小,因此将会在三相异步电动机内产生一个旋转磁场,该旋转磁场切割转子绕组,从而在转子绕组中产生感应电流,载流的转子导体在定子旋磁场作用下将产生电磁力，从而在电动机转轴上形成电磁转矩，驱动电动机旋转，并且电动机旋转方向与旋转磁场方向相同。

2）三相交流异步电动机的接线方法。三相交流异步电动机定子绕组的接线方法有星形联结和三角形联结，如图2-4-12所示。

电动机的星形联结是将各相绕组的一端都接在一点上，而它们的另一端作为引出线分为三条相线。

电动机的三角形联结是将各相绕组依次首尾相连，并从每个相连的点引出线，作为三相交流电的三条相线。

星形联结由于输出功率小，常用于小功率、大转矩电动机。功率较大的电动机起步时可用星形联结，这样对机器损耗较小，正常工作后再换用三角形联结。这就是常说的星三角启动。

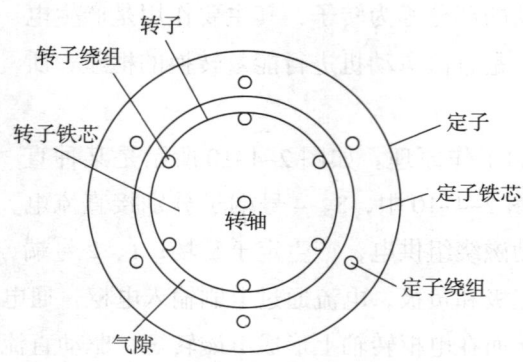

图2-4-11 异步电动机的结构

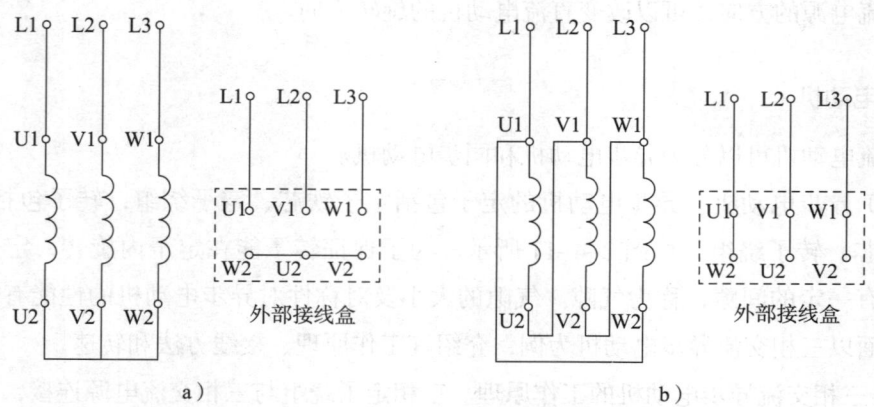

图2-4-12 三相交流异步电动机定子绕组的接线方法
a）星形联结 b）三角形联结

改变U1、V2、W3中任意两根线的接线顺序可以调整异步电动机的旋转方向。

3）三相交流异步电动机的转速。三相交流异步电动机每组定子绕组都会产生 N、S 磁极，每个电动机各相含有的磁极个数就是极数。由于磁极是成对出现的，因此磁极对的个数称为极对数。电动机同步转速（即定子磁场转速）与电源频率、电动机极对数有关，其公式为：

$$n_0 = 60\frac{f}{p}$$

式中　n_0——电动机同步转速，r/min；

　　　f——三相交流电频率，我国市电电源频率为 50 Hz；

　　　p——电动机极对数。

三相交流异步电动机的工作原理决定了转子转速必定低于定子磁场转速，定子磁场转速与转子转速之差就是转差。因为转差的存在，所以三相交流异步电动机的实际转速会小于计算的同步转速。例如，在市电条件下，四极三相交流异步电动机的同步转速为 1 500 r/min，实际转速可能是 1 440 r/min 或者其他比 1 500 r/min 略小的值。六极三相交流异步电动机的同步转速为 1 000 r/min，实际转速小于 1 000 r/min。

（2）同步电动机。对于常见的永磁同步电动机，其转子不再是感应线圈，而是换成了永磁体，这样定子的旋转磁场与转子的磁场直接相互作用，驱动电动机旋转，电动机的转速与定子旋转磁场的转速一致。

六、常用电子元器件基本知识

1. 电阻器

具有一定电阻值的电路元件称为电阻器。电阻器在电路中的主要作用是限流、降压、分压、分流等。常见的电阻器实物图如图 2-4-13 所示。电阻器在电路图中的一般符号如图 2-4-14 所示。

图 2-4-13　常见的电阻器实物图

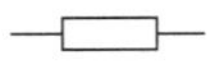

图 2-4-14　电阻器在电路图中的一般符号

理想的电阻器是线性的,即通过电阻器的瞬时电流与外加瞬时电压成正比。一些特殊的敏感电阻器,如压敏电阻器、热敏电阻器等,其电压与电流的关系是非线性的。

(1)压敏电阻器。压敏电阻器实物图如图2-4-15所示。当电压较低时,压敏电阻器呈现很大的电阻,电流很小,可视为开路;当电压升高到一定值后,压敏电阻器的电阻值瞬间下降,电流流过压敏电阻器,从而抑制电压继续升高,有限压的作用。压敏电阻器的伏安特性曲线如图2-4-16所示。

 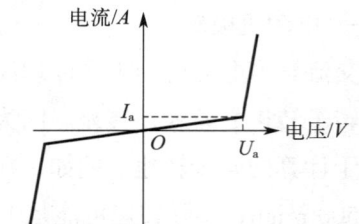

图2-4-15 压敏电阻器实物图　　　　图2-4-16 压敏电阻器的伏安特性曲线

(2)热敏电阻器。热敏电阻器实物图如图2-4-17所示,其典型特点是对温度敏感,在不同的温度条件下表现出不同的电阻值。正温度系数(PTC,positive temperature coefficient)热敏电阻器在温度越高时电阻值越大,负温度系数(NTC,negative temperature coefficient)热敏电阻器在温度越高时电阻值越低。热敏电阻器的温度阻值曲线如图2-4-18所示。

 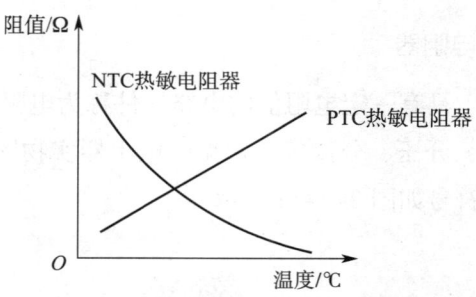

图2-4-17 热敏电阻器实物图　　　　图2-4-18 热敏电阻器的温度阻值曲线

2. 电容器

电容器就是储存电荷的容器。常见的电容器实物图如图2-4-19所示。电容器在电路中的符号如图2-4-20所示。电容符号为C,国际单位是法拉(F),简称法。

图 2-4-19　常见的电容器实物图　　　　　　图 2-4-20　电容器在电路中的符号

两个彼此绝缘的金属极板就能构成一个最简单的电容器。

电容器具有"隔直通交"的特性。在直流电路中，电容器相当于一个常开的开关，阻止电流通过；而在交流电路中，电容器因为本身具有储存电荷的作用，所以会跟随交流电的变化而不断地重复充电（储存电荷）和放电（释放电荷）的循环，从而表现出允许交流电通过的特性。

在电路中，电容器的功能有电源滤波、信号滤波、信号耦合、谐振、补偿、充放电、储能、隔直流等。

3. 电感器

电感器是能够将电能转换为磁能而存储起来的元件。电感器线圈匝数越多，电感量越大。在同样匝数的情况下，在线圈中增加铁芯后，电感量也会增加。常见的电感器实物图如图 2-4-21 所示，电感器在电路中的符号如图 2-4-22 所示。电感符号为 L，国际单位是亨利（H）。

图 2-4-21　常见的电感器实物图　　　　　　图 2-4-22　电感器在电路中的符号

在交流电路中，电感器有阻碍交流电流通过的特性，这个特性是由电、磁之间的相互作用产生的。

电流具有磁效应，通电导体周围存在着磁场，磁场的方向和强弱与电流的方向和强弱有关。当电流变化时，磁感应强度就会跟着电流变化。电磁感应现象是指放在变化磁场中的导体会产生电动势。此电动势称为感应电动势，若将此导体闭合成一回路，则会形成感应电流。

在电感线圈中通过交流电流时，其周围将出现随电流变化的磁场，而变化的磁场因为电磁感应会在电感线圈两端产生感应电动势,并产生感应电流,从而表现出阻止电感线圈中交流电流变化的特性。电感线圈的这个特性与力学中的惯性相类似,在电学中称为"自感应"。通常在断开或接通刀开关的瞬间会发生电火花,这就是自感应现象产生很高的感应电动势所造成的。电感器的用途极为广泛,常被用于阻碍交流电流通过、变压、交流耦合等。

4. 二极管

二极管的全称为半导体二极管,是由一个PN结加上相应的电极、引线、管壳封装而成的。常见的二极管实物图如图2-4-23所示。二极管在电路图中的一般符号如图2-4-24所示。

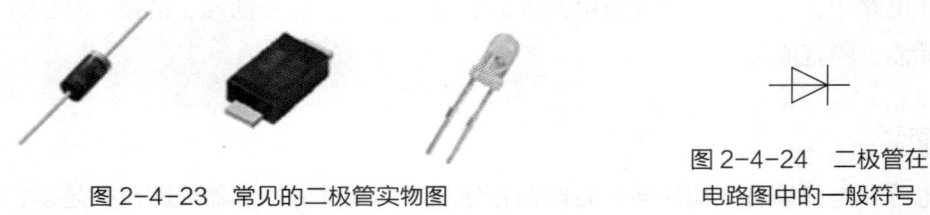

图2-4-23 常见的二极管实物图

图2-4-24 二极管在电路图中的一般符号

使用二极管时,应注意其极性,二极管实物有色环的一端为负极,如图2-4-25所示。

二极管的伏安特性曲线如图2-4-26所示,从图中可以看出,二极管具有单向导电性。伏安特性曲线的右半部分称为正向特性曲线,当给二极管加的正向电压小于U_1时,正向电流很小;当正向电压大于U_1时,电流迅速增大,二极管正向电阻变得很小,表现出正向导通的特性。U_1称为死区电压,死区电压与二极管的材料有关。一般硅二极管的死区电压为0.5 V左右,锗二极管的死区电压为0.1 V左右。伏安特性曲线的左半部分称为反向特性曲线,当给二极管加反向电压时,反向电流很小,而且反向电流不再随着反向电压的增大而增大,即达到了饱和,这个电流称为反向饱和电流。当所加的反向电压大于U_z时,反向电流迅速增大,二极管处于击穿状态,U_z称为反向击穿电压。以1N4007型二极管为例,其反向击穿电压U_z约为1 000 V。

利用二极管的单向导电性可以组成整流电路,最常见的整流电路是单相桥式整流电路。常见的单相桥式整流器实物图如图2-4-27所示,其内部是由4个二极管两两对接组成的。单相桥式整流器在电路图中的符号如图2-4-28所示。

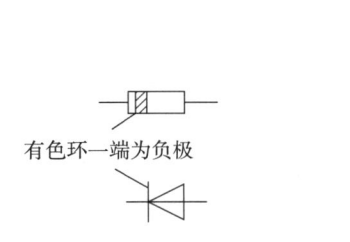

图 2-4-25 二极管的负极

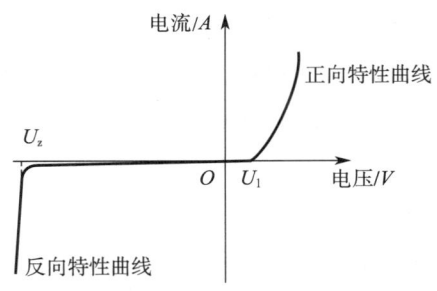

图 2-4-26 二极管的伏安特性曲线

图 2-4-27 常见的单相桥式整流器实物图

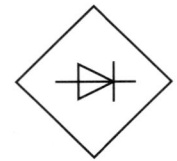

图 2-4-28 单相桥式整流器在电路图中的符号

单相桥式整流器的原理图如图 2-4-29 所示。其中的 u_1 是正弦交流电源的电压，u_2 是变压器输出侧的电压，u_3 是灯泡两端的电压，i 是通过灯泡的电流。如图 2-4-29c 和图 2-4-29d 所示，由于二极管具有单向导通特性，仅有两个二极管正向导通，因此图中隐去了两个反向的二极管。

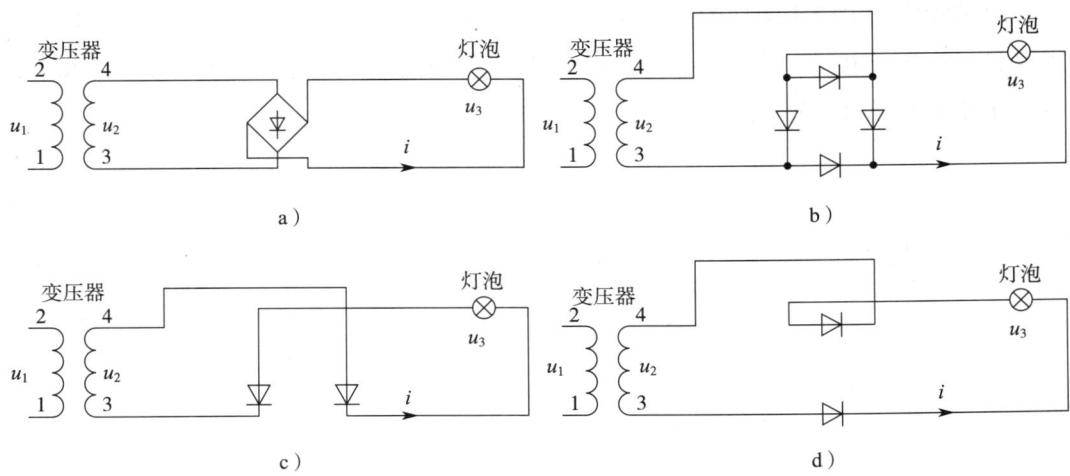

图 2-4-29 单相桥式整流器的原理图
a）简单的单相桥式整流器电路图　b）单相桥式整流器内部的二极管组合结构
c）变压器 4 号脚电压高于 3 号脚电压时　d）变压器 3 号脚电压高于 4 号脚电压时

正弦交流电整流前后的电压波形对比图如图 2-4-30 所示，可见，正弦交流电经单相桥式整流器整流后变成了一种脉动的直流电。

5. 晶体管

晶体管是一种控制电流的半导体器件，又称三极管、晶体三极管。常见的晶体管实物图如图 2-4-31 所示。

晶体管是在一块半导体基片上制作两个相距很近的 PN 结，两个 PN 结把整块半导体分成三部分，中间部分是基区，两侧部分分别是发射区和集电区，其内部结构如图 2-4-32 所示。晶体管的主要作用是信号放大。NPN 型和 PNP 型晶体管在电路图中的符号如图 2-4-33 所示。

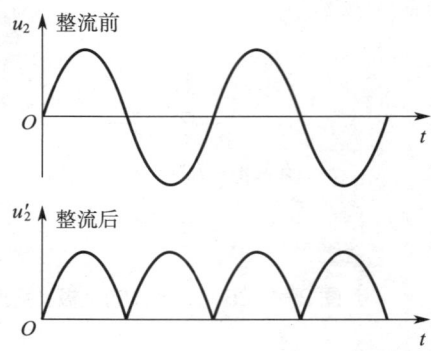

图 2-4-30 正弦交流电整流前后的电压波形对比图

图 2-4-31 常见的晶体管实物图

晶体管中的电流走向如图 2-4-34 所示。$\bar{\beta}$ 为晶体管电流的放大系数，对于直流电路来说，集电极电流 I_c 是基极电流 I_b 的 $\bar{\beta}$ 倍，且发射极电流 $I_e=I_b+I_c$。$\bar{\beta}$ 一般大于几十，因此很小的基极电流就可以控制较大的集电极电流。

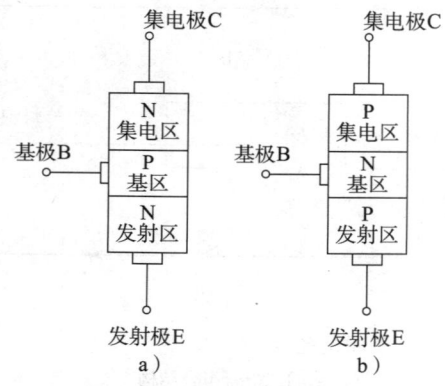

图 2-4-32 晶体管的内部结构图
a）NPN 型 b）PNP 型

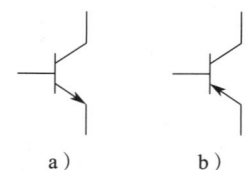

图 2-4-33 晶体管在电路图中的符号
a）NPN 型 b）PNP 型

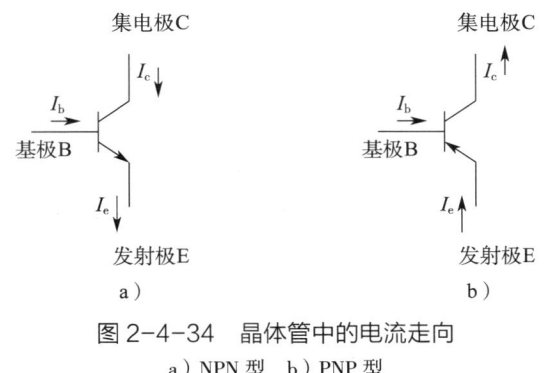

图 2-4-34　晶体管中的电流走向
a）NPN 型　b）PNP 型

6. 其他常见电子元件在电路图中的符号（见图 2-4-35）

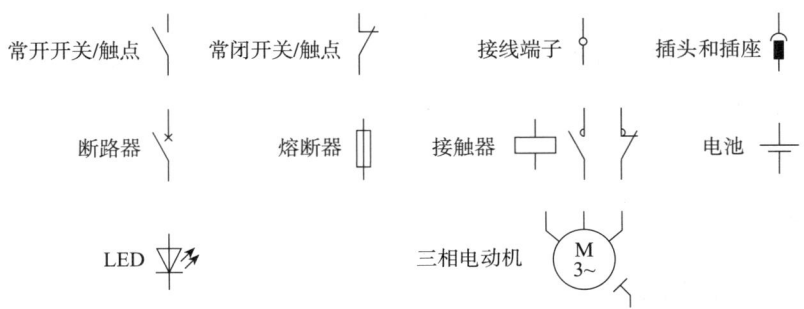

图 2-4-35　其他常见电子元件在电路图中的符号

七、曳引驱动电梯电气原理图、接线图基本知识

曳引驱动电梯电气原理图会注明电气设备的工作原理、各元器件的相互关系。曳引驱动电梯电气接线图会注明电器元件的位置、配线方式和接线方式等。

曳引驱动电梯电气原理图、接线图上的元器件一般以电气符号和元件代码表示，因此读图时应参照元件代码表，了解每个元件的名称及电气符号，这是顺利阅读图样的基础。

由于曳引驱动电梯比较复杂，因此其图样的内容比较多，读图时不能"眉毛胡子一把抓"，应先了解主要回路。在对这些主要回路有一个正确的概念后，从这些主要回路入手读图，这样才能化繁为简，更好更快地读懂图样。

1. 主电源回路

主电源回路非常重要，应首先识读，因为它指明了其他各回路的电源分布情况，看懂这些内容对分析其他各回路非常有帮助。

2. 电气安全回路

该回路串联所有电气安全装置，是电梯安装维修工作中经常涉及的回路。电气安全回路本身的原理比较简单，但因为和检修回路、紧急电动运行回路以及旁路功能、轿厢意外移动保护功能相互关联，所以增加了该回路的复杂性。

3. 检修回路和紧急电动运行回路

为了便于检修和维护，曳引驱动电梯中会设置检修控制装置，检修回路就是该装置的相关回路。

紧急电动运行回路设置在机房，其目的是便于在机房移动轿厢。曳引驱动电梯处在紧急电动运行状态时，会短接部分电气安全回路；当进入检修运行状态时，又会取消紧急电动运行状态。检修回路、紧急电动运行回路和电气安全回路相互关联，会给读图造成一定的困难。

4. 制动回路

制动回路一般包括机电制动器、接触器、供电设备、降压设备等。

5. 驱动回路

驱动回路一般包括驱动主机、驱动装置、控制板、接触器等。现在曳引驱动电梯的驱动装置一般为变频器。

6. 控制信号回路

为了控制曳引驱动电梯正常运行，会设置各种输出和输入控制信号回路。输出控制信号常包括方向给定信号、速度给定信号、驱动输出信号、制动输出信号等。输入控制信号常包括安全回路检测信号、接触器检测信号、编码器反馈信号、平层信号、限位信号等。

7. 门机控制回路

现在的曳引驱动电梯一般都设置自动门机，自动门机的控制回路一般包括门机驱动装置、门机电动机、门机控制板等，涉及的主要信号包括开关门信号、开关门到位信号、编码器信号等。

8. 选层及楼层显示回路

选层及楼层显示回路一般由选层按钮、信号传输线路、信号接收装置、楼层显示装置组成。

9. 报警回路

报警回路一般由报警装置、通话装置、蓄电池等组成。

10. 照明回路

照明回路一般包括轿厢照明、轿厢应急照明、轿顶照明、井道照明等部分。每个部分除了照明灯外,还包括其控制或保护开关、插座、蓄电池等设备。

八、自动扶梯电气原理图、接线图基本知识

1. 主电源回路

主电源回路非常重要,它指明了其他各回路的电源分布情况,看懂这些内容对分析其他各回路非常有帮助。

2. 电气安全回路

自动扶梯的电气安全回路相对简单一些,但是要注意电气安全回路中的信息监测点。

3. 检修回路

自动扶梯需要设置一个可移动的检修装置,为了避免多个装置同时控制自动扶梯运行而造成危险,在检修回路上往往设置相关的保护装置,这是看自动扶梯检修回路图样的一个难点。

4. 制动回路

自动扶梯的制动回路与曳引驱动电梯的制动回路近似。

5. 驱动回路

常见的自动扶梯驱动方式包括交流星三角启动、交流变频变压驱动、旁路变频驱动等。自动扶梯曳引机上的电动机一般采用三相交流异步电动机，而且不同于曳引驱动电梯的闭环驱动，一般采用开环驱动。

6. 控制信号回路

自动扶梯的控制信号很多与曳引驱动电梯相同，但是因为两者结构、工作原理不同，自动扶梯有一些与曳引驱动电梯不同的控制信号，如扶手带测速信号、梯级缺失信号、机房盖板信号、附加制动器信号、自动启动信号、自动加速信号等。

7. 显示回路

自动扶梯的显示回路常有方向指示、故障指示等功能。

8. 照明回路

自动扶梯的照明回路除包括机房照明部分外，还包括梯级照明、梳齿板照明、扶手带照明等部分。

课程 2-5 安全防护

学习单元 1 现场文明生产要求

第一，严格遵守国家的法律、法规和各级政府部门颁布的规章、条例等。
第二，及时了解并遵守本企业的规章制度。
第三，文明施工、礼貌待人，以精湛的技术、优质的质量、人性化的服务赢得客户等相关各方的认可。

第四，参与作业的相关人员应互帮互助，谦虚礼让，并使用礼貌用语。

第五，注意修养，作业时严禁赤身、卷起袖口等。

第六，避免熬夜和暴饮暴食，保持良好的工作状态。

第七，作业完毕，搞好作业现场、办公室及周围的环境卫生，注意文明生产。

第八，了解并遵守客户等相关各方制定的有关制度，尊重客户。

学习单元2 安全、环保与消防知识

一、电梯安装维修安全操作规范、危险源识别与劳动保护知识

1. 电梯安装维修安全操作规范

（1）土建井道勘测安全操作规范

1）勘测需要两人配合进行，相互监护，按先上后下的顺序进行勘测，严禁单独行动。

2）勘测机房、层门预留孔洞后，仍要使预留孔洞呈封堵状态或恢复护栏，防止他人靠近后坠落。

3）在层站勘测井道垂直度时，需要使用防坠落的安全防护用品并保持身体的平衡，以防身体失衡而坠落井道。

4）在勘测底坑时，宜使用爬梯，严禁直接跳入底坑，以免被底坑的朝天钉刺伤。

（2）电气安全操作规范

1）电气施工人员必须具有在有效期内的电工特种作业操作证（俗称电工上岗证）。

2）在电气设备通电运行的情况下，不得裸手触碰控制柜内的电气线路，以防触电。

3）进行作业前必须关闭电源，并在电源开关上挂出"严禁合闸"的警告牌；或使用专用工具锁闭电源开关，使其不能合闸。

4）应使用经过计量检测的电气仪表，注意其耐压等级，防止因电压差异而导致触电或电气设备损毁。

（3）井道作业安全操作规范

1）进入井道，施工人员应将安全带的缓冲止滑器钩（卡）挂于救生绳上。

2）当发现在自己施工位置的上方或下方有其他施工人员施工时，应立即停止施工，避免井道内上、下立体作业。

3）传递零部件或工具时，不得抛掷，避免发生砸伤事故或造成物件损坏。

4）在曳引驱动电梯通电且运行正常的情况下，施工人员进入底坑前应先断开底坑安全开关。

5）应使用底坑爬梯或墙梯进入底坑，不得使用跳跃及其他不安全的攀爬方式。

（4）导轨安装安全操作规范

1）安装导轨时，应至少两人在场，可互相配合。

2）使用冲击钻时，必须戴绝缘手套，以防电气设备漏电而被电击；同时应佩戴防尘镜，以防产生的钻屑粉尘损伤眼睛。

3）应使用起吊工具吊装导轨；在导轨吊装好后、褪去吊钩之前，应保证导轨已可靠固定。

（5）轿厢拼装安全操作规范

1）脚手架不应作为轿架承重平台使用，拼装前应建立专门的拼装平台。

2）拼装平台选用的承重梁及承重构件应能承载轿厢体总重两倍的静载。

3）选用合理的承载工具吊装轿厢部件，防止用过大的人力搬运物件。

4）拼装轿厢时，首层以上的施工应停止，以免物件意外坠落而伤及下方拼装人员。

5）在轿厢拼装期间，井道内应无其他施工人员，以避免意外事故发生。

6）轿厢拼装完毕，在完成曳引绳悬挂后，方可撤除保险绳及平台承重梁。

（6）对重安装安全操作规范

1）起吊挂点的载重量应大于对重架加起吊工具的重量。

2）对重架进入对重位置后，应先安装对重导靴，再将对重架卡入对重导轨，以消除对重架的倾覆风险。

3）悬挂曳引绳后，方能撤除对重架下的撑木或起吊对重的起吊装置。

4）应尽量使用吊装工具装填对重块。

（7）起重吊装作业安全操作规范

1）起重吊装应由经起重吊装施工培训合格、熟悉吊装安全操作规范的人员作业。

2）起重吊装应由具有一定实际操作经验和资质的专员进行指挥。

3）起重吊装作业配合人员必须听从起重吊装专员指挥，不得擅自行动。

4）在井道或机房进行重物的起吊时，施工人员不准站立在起吊重物的下方。

5）大吨位设备在斜坡滚动搬移时，应采取止滑措施，防止因重物滑移而发生意外。

6）应使用经检测合格、载重量标志清晰的起重吊装工具。

（8）明火、电焊作业安全操作规范

1）遵守明火作业规定，动用明火之前需要取得单位的书面同意，设定明火作业区。

2）进行氧乙炔焰切割作业时，必须佩戴防烫伤帆布手套及护目镜。

3）电焊施工人员必须使用配有防护镜片的面罩，防止强光伤害眼睛。必须戴绝缘手套操作，防止裸手更换焊条而造成触电。

4）不得在雨天或潮湿的环境下进行电焊作业，以防止施工人员及其他人触电。

5）电焊机一次线长度不超过5 m，且焊接线（即焊把线）应是专用电缆，不准用普通电线替代。

6）进行电焊作业时，不宜通过井架或其他导体进行搭接、传输操作，以防触电。

7）氧气、乙炔胶管必须无破损、无裂缝，并通过安全性和可靠性测试。

（9）常用工具设备安全操作规范

1）对于冲击钻、砂轮切割机、手提电焊机等电动工具，必须定期采取防漏电检测措施；严禁在雨天、潮湿环境中使用冲击钻、砂轮切割机、手提焊机等电动工具。

2）检测到电动工具漏电或线缆有破损时，必须停用。

3）用电动工具进行施工时，应采取防止绝缘层受到切割损伤的措施。

4）剥线钳、断线钳、尖嘴钳等类似工具，不宜在常规电压下带电操作。

5）使用冲击钻、砂轮切割机等工具时，需要戴绝缘橡胶手套，以防触电。

6）吊索均应在有效期内使用。

7）吊装机具、索具在使用前需要进行完好性、载重量标志的核对与检查。

8）必须使用有防脱钩装置的吊钩，避免吊装时重物脱钩。

9）不得使用液压油已泄漏的液压千斤顶。

10）不得使用齿条已磨损及反撑机构已失灵的齿条式机械千斤顶。

11）不得使用无法提供承重证明的水泥梁吊环。

（10）维护保养作业安全操作规范

1）电气维护保养安全操作规范

①维护保养电气部件时，现场必须有两人相互配合，以降低事故风险。

②更换控制柜的电气元件时，必须切断电源，在不带电状态下进行操作。

③在通电状态下，禁止肢体接触电气裸线，以防触电。

④因检查电路需要跨接安全回路时，事后必须拆除跨接线并点清。

⑤更换电气元件后必须进行试运行，因为直接正式运行可能带来风险。

⑥维护保养结束后应立即将控制柜门、机房门锁闭，避免无关人员接触、闯入发生意外。

⑦因维护保养需要而切断电源时，必须给主开关上锁，避免意外合闸伤害维护保养人员。

⑧维护保养结束后，所有暂时中断的安全回路、安全开关应全部复位。

2）机械维护保养安全操作规范

①维护保养人员在井道内工作时，应断开安全开关，防止轿厢突然启动带来危险。

②维护保养人员在底坑工作时，同样应断开安全开关，防止轿厢意外移动发生撞击。

③维护保养人员在轿顶工作时，如果以检修速度移动轿厢，严禁肢体倚靠或超越轿顶围栏。

④当主机需要更换曳引轮或导向轮时，尽量使用吊装、起重工具，防止肢体受伤。

⑤对曳引绳进行清洗、上油时，应使用油刷工具，且不准开机作业，以消除卷入风险。

⑥更换曳引绳时先将轿厢吊起，用钢丝绳作为保险绳，并至少用3个钢丝绳夹固定。

⑦更换曳引绳时必须戴胶面防护手套，防止曳引绳的断丝扎伤手指、手掌。

⑧更换完曳引绳，用手拉葫芦放下轿厢时，应将曳引绳小心地导入绳槽，防止夹伤手指。

⑨在运行、旋转的设备上进行维护保养时，严禁戴棉纱手套，同时严防肢体及衣角被卷入。

（11）电梯调试安全操作规范

1）调试前检查

①先检查电梯的安装验收记录。复核机械、电气安装缺陷项目是否整改。

②检查轿门、层门位置是否对应，门刀距门锁、门球的间距是否合理。

③检查供电是否正常，供电容量、电压是否符合电梯的设计要求。

④接地（PE）、接零（N）的施工及对地电阻值必须符合电气图样要求。

⑤检查控制电路及接线电路，如控制功能是否正常，接插件等是否可靠接触。

⑥检查井道通行条件。轿厢、随行电缆、补偿链、支架之间的安全距离是否有保证。

⑦安全回路试验。切断任何安全回路，内外指令应不响应，电梯不能启动。

2）调试

①调试人员进入施工现场后必须遵守井道、底坑、轿顶的施工安全操作规范。

②轿顶检修有优先权，一旦轿顶检修开关被打开，轿内操作必须听从轿顶指令。

③因调试需要而更改原设置参数时，必须得到技术授权，同时要进行备案。

④调试人员无权改动电气线路，因为未经整机试验验证可能存在运行风险。

⑤当施工现场电源未到位，需要借用临时电时，应遵守敷设临时电缆的安全规定。

⑥因调试需要而短接某部分安全回路时，应实行"谁主张、谁恢复、谁承担安全责任"的安全责任制度。

（12）停止电梯运行和恢复电梯运行安全操作规范

1）停止电梯运行

①召唤电梯，进入轿厢确认无乘客。

②打开操纵箱分门，通过独立/运行开关将电梯切换到"独立"状态（不再响应外召指令）。

③登记轿内指令，操纵电梯运行到指定的停靠楼层。

④当电梯运行到指定的停靠楼层并开门后，将操纵箱分门内的门机开关切换至"关"状态，将运行/停止开关切换至"停止"状态，关闭操纵箱分门。

⑤走出轿厢，手动将层门、轿门关闭，确认不使用三角钥匙无法从层站外打开电梯门（包括层门、轿门）。

⑥到电梯机房切断该电梯的主电源开关。当一个机房为多台电梯共用时，必须看清主电源开关对应的电梯编号，避免误操作其他电梯而造成乘客被困。

⑦离开电梯机房并将机房门上锁。

2）恢复电梯运行

①必须知道该电梯停止运行的原因。

②确认电梯井道内、底坑内、轿顶上没有其他工作人员。

③到电梯机房合上该电梯的主电源开关，接通电源。

④到电梯轿厢所停靠的楼层，使用三角钥匙打开电梯门。

⑤打开操纵箱分门，将门机开关切换至"开"状态，将运行/停止开关切换至"运行"状态。

⑥将独立/运行开关复位到"运行"状态，登记指令确认电梯正常运行。

⑦关闭操纵箱分门并确认锁紧。

（13）自动扶梯运行安全操作规范

1）运行

①在自动扶梯运行前，将梳齿支撑板、梯级、扶手等部位清扫干净，尤其要确认梯级及梳齿板部位有无小石子或小钉子之类的杂物。

②当有扶手照明设备及梳齿板照明设备时，应将其点亮。确认上部和下部的照明开关都能控制照明设备。

③将操纵箱报警蜂鸣器开关扳到蜂鸣器侧，使其发出报警音，让周围人员知道自动扶梯将要运行。

④确认无人站在梯级上后开始运行，采用指令信号法确认运行方向，开启操纵箱启动开关，插入钥匙，按要求的运行方向使自动扶梯启动。注意，钥匙开关的操作要在自动扶梯启动后保持数秒，不要马上复位，否则，自动扶梯会停止启动。

⑤应确保梯级及扶手顺利运行，一旦发生异常声音、振动等情况，应立即按下"紧急停止"按钮，使自动扶梯停止运行，并进行必要的检查和故障处理。

⑥在自动扶梯运行后，一定要把钥匙转至中间位置后拔出。如果钥匙放在锁孔内而不拔出，则有可能被无关人员误碰而引发事故，因此千万要注意。

2）转换运行方向。如果需要转换运行方向，应待乘用自动扶梯的乘客离开后，先将钥匙开关转至停止侧，使自动扶梯停止运行；然后采用指令信号法确认运行方向，按要求运行的方向使自动扶梯启动、运行。

3）正常运行时停止。将报警蜂鸣器开关扳到蜂鸣器侧，使其发出报警音，让周围人员知道自动扶梯将停止运行，然后将钥匙开关转至停止侧，使自动扶梯停止运行。自动扶梯停止后，将钥匙开关转至锁孔中央位置后拔出。

4）紧急停止。一旦自动扶梯在运行时发生紧急情况，应立即按下紧急停止按钮，使自动扶梯停止运行。紧急停止按钮如带有防止乱按的保护罩，应将保护罩拨开后再按下。

（14）指令信号法安全操作规范。指令信号法是指电梯安装维修保养人员在实施危险性较大的作业前，必须先目视并用手指指向被操作物，然后大声说出随后将操作的内容，如现场多人共同作业，其他人员也必须大声附和。基本的指令信号法操作内容、目视和手指方向、安全口令、注意事项等具体如下：位置确认见表2-5-1，开关切换见表2-5-2，曳引驱动电梯移动见表2-5-3，自动扶梯移动见表2-5-4。

表 2-5-1　位置确认

序号	操作内容	目视、手指方向	安全口令	注意事项
1	进轿顶作业前	层门开口部位 井道方向	轿顶位置确认	1. 用三角钥匙打开层门作业时必须按安全步骤操作 2. 上、下爬梯时必须注意安全 3. 深底坑有安全门，出入时必须走安全门 4. 临边必须有安全护栏和监护人员
2	出轿顶时	层门开口部位 层站方向	层站位置确认	
3	下底坑作业前	层门开口部位 井道方向	底坑位置确认	
4	出底坑时	层门开口部位 层站方向	层站位置确认	
5	进自动扶梯上、下部底坑时	自动扶梯上、下部的底坑方向	底坑位置确认	
6	出自动扶梯上、下部底坑时	自动扶梯上、下部的地面方向	地面位置确认	

表 2-5-2　开关切换

序号	操作内容	目视、手指方向	安全口令	注意事项
1	电源合闸	电源开关	送电	1. 确认梯号 2. 各位置、各类型的安全开关结构不同，必须要特别注意
2	切断电源	电源开关	断电	
3	安全开关（开）	安全开关	开（启动）	
4	安全开关（关）	安全开关	关（停止）	

表 2-5-3　曳引驱动电梯移动

序号	操作内容	目视、手指方向	安全口令	注意事项
1	曳引驱动电梯上行	层门/轿门/曳引轮	上行	两人及两人以上同时作业且又处在不同作业面时，所有作业人员必须确保通信设施通畅，充分进行联络和确认
2	曳引驱动电梯下行	层门/轿门/曳引轮	下行	
3	检修速度上行	层门/轿门/曳引轮	手动上	
4	检修速度下行	层门/轿门/曳引轮	手动下	
5	微量上行	层门/轿门/曳引轮	点动上	
6	微量下行	层门/轿门/曳引轮	点动下	
7	停止	层门/轿门/曳引轮	停	
8	手动盘车上行	曳引轮	手盘上	
9	手动盘车下行	曳引轮	手盘下	

表 2-5-4　自动扶梯移动

序号	操作内容	目视、手指方向	安全口令	注意事项
1	自动扶梯上行	自动扶梯运行方向及梯级	上行	1. 确认安全隔离措施齐全 2. 确认自动扶梯上和桁架内无任何人、物
2	自动扶梯下行	自动扶梯运行方向及梯级	下行	
3	停止	自动扶梯运行方向及梯级	停	
4	微量上行	自动扶梯运行方向及梯级	点动上	
5	微量下行	自动扶梯运行方向及梯级	点动下	
6	手动盘车上行	自动扶梯运行方向及梯级	手盘上	
7	手动盘车下行	自动扶梯运行方向及梯级	手盘下	

2. 电梯安装维修危险源识别（见表 2-5-5）

表 2-5-5　电梯安装维修危险源识别

危险源	作业内容或诱发因素	后果	安全措施
坠落	高空作业	坠落伤害（如伤残、死亡）	井道必须悬挂救生绳，作业人员进入井道时必须使用全身式安全带，全身式安全带缓冲止滑器应始终钩（卡）挂于救生绳上。作业人员佩戴相应的安全头盔，穿电工鞋等
	使用固定式作业平台		平台必须检验合格，平台围护到位，全身式安全带缓冲止滑器始终钩（卡）挂在救生绳上；严禁骑跨作业
	使用活动式作业平台		保证活动平台有防脱轨、防平台坠落的制动措施，安全制动器经检查安全、有效；严禁骑跨作业
	在轿顶上作业		首先牢记，进入轿顶后立即断开安全开关；严禁身体超出轿顶安全围栏、踢脚板框定的范围；严禁骑跨作业；必要时可使用全身式安全带
	轿厢或平台未平层		当轿厢或平台未平层时，严禁人员打开层门、轿门或平台门，从轿厢或平台内跳出
	电梯层门未锁闭/用三角钥匙开启层门		要将层门打开 50 mm，观察轿厢位置
	井道临边安全防护不到位/其他临边区域作业/自楼道或预留孔洞跌落		做好井道临边安全防护工作和其他临边安全防护工作

续表

危险源	作业内容或诱发因素	后果	安全措施
坠落	机房地面有台阶	跌落伤害	当台阶总高度超过0.5 m时需要配备多个台阶,并设置护栏
	机房通向滑轮间通道/上、下楼道跌倒		安装期间用踏板遮盖通道门洞,平时随时关闭通道门;上、下楼道时注意安全
	上、下底坑作业或爬梯		必须通过底坑爬梯或墙梯上、下底坑,不得跳跃或以其他不安全的方式上、下底坑
	自动扶梯安装作业		上下两层自动扶梯预留孔必须设置安全围栏,既要保护自身安全,又要防止无关人员闯入而发生意外;作业人员必要时可使用全身式安全带
	人员跌入自动扶梯空梯级或底坑		当必须在自动扶梯空梯级处行走时,务必保持身体平衡,双手抓住扶手或桁架
剪切	在层门、轿门区间作业	剪切伤害	绝不能短接门联锁,同时确保安全回路有效,保证在层门、轿门打开的情况下,电梯不能意外启动
挤压	在井道中检修作业	挤压伤害	轿厢与对重之间空隙、对重与井道壁之间空隙、轿门与层门之间空隙是发生挤压伤害的"老虎口",在定点检修中必须关闭电源,使轿厢停止运行
	在底坑中作业		应在电梯定期保养中检查曳引绳与曳引轮绳槽的磨损情况,以免在断电状态下,因曳引绳打滑而导致轿厢意外滑动,挤压在底坑的作业人员
撞击	在井道中检修作业	撞击伤害	井道照明设备开启,能清楚地观察井道设备状况;作业时肢体不超越轿顶围栏,防止作业人员在轿厢运动中受到井道设备的撞击
	在底坑中检修作业		养成下底坑首先断开安全开关的习惯,对于底坑装有2个安全开关的,在下底坑前先断层门地坎处的安全开关,待到达底坑后再把底坑检修箱上的安全开关断开;对于底坑装有1个安全开关的,在到达底坑后把底坑检修箱上的安全开关断开。然后才能关闭层门,防止受到轿厢的意外撞击
	在轿顶检修作业		养成上轿顶时首先断开安全开关的习惯,检修运行中不跨越上梁架、不超越轿顶围栏,避免与井道物体撞击

续表

危险源	作业内容或诱发因素	后果	安全措施
触电、电击	有机房电梯安装、检修	触电伤害	电气部件的安装必须在不带电的状态下操作,检修、更换电气部件时也应不带电作业;裸露的肢体不得接触电气线路
	无机房电梯安装、检修		
	使用临时电源		遵守临时用电安全规则,采取临时电源线五防措施,即防碾压、防剪切、防拽拉、防磨损、防焰熔
	违章带电作业		严禁带电作业
	绝缘线外部破损引发触电/插座破损		严禁使用破损的电线、电缆、插座,并做好日常检查工作
坠物	在井道立体作业	砸击伤害	应尽量避免立体作业,实在无法避免时则要采取防坠物措施,无防坠物措施时坚决不施工
	在底坑作业		所有预留孔洞有效封堵,安装平台不堆放物品或采取防坠物措施,上方作业人员使用的工具用带子系牢
	起吊重物作业		遵守重物起吊规范,要在起重设备有保障的情况下施工;施工现场有警示标志
	使用起重工具作业		起重工具含钢索、链条、吊带、吊钩等,作业时它们有断裂风险,必须事前检查,保证施工安全;吊带有安全保质期,过期应停止使用
火灾	明火作业	焰灼伤害	遵守明火作业规定,有易燃易爆物时不得施工;焊割气管、气源有缺陷时不得施工;施工前彻底消除熔渣、暗火
	电气火灾(过载或短路等)		完善防过载或短路等的保护措施
	太阳灯照射引起火灾		在太阳灯周围不放置任何物品,尽量用其他照明设备替代太阳灯照明
	乱抛烟头引起火灾		应在指定地点吸烟,且吸烟后将烟蒂熄灭放入指定烟缸、烟盘

3. 电梯安装维修劳动保护知识

(1) 施工现场安全防护要求

1) 材料堆放现场安全防护要求

①在材料堆放现场,必须设围栏及警示牌,并标明"有倾覆危险,请勿靠近"。

②注意重物堆放场地的平整度,防止重物倾覆伤人。

③随时清理施工现场,如清除包装材料,以防被箱钉扎伤或被打包铁皮割伤。

2)门区安全防护要求

①当封堵的层门门洞因施工需要而启封时,应设立移动式护栏,防止无关人员闯入。

②一旦有无关人员误入门区,施工人员发现后有责任进行口头警告与劝离。

③施工人员严禁站立于轿厢与层门之间,防止轿厢意外移动发生剪切伤害。

④开放门区堆放零部件必须采取阻隔、防倾覆措施,防止零部件意外坠落井道。

3)机房区域安全防护要求

①竣工后,应将安全标志、机房吊钩承重标志、应急救援流程图张贴到位。

②应妥善处理机房借用的临时线缆,做好电源切换工作。

③所有安全防护装置应安装到位,高台主机必须设有台阶或带扶手的固定扶梯。

④对于多台电梯共用的机房,要对控制柜对应的主机等设备进行对应编号,防止误操作。

4)轿顶区域安全防护要求

①养成进入轿顶区域前先断开安全开关的习惯,防止电梯意外启动。

②轿顶设有护栏与踢脚板,作业时施工人员肢体不能超越护栏、踢脚板的安全区域。

③在轿厢运行(含检修运行)过程中,施工人员不要随意跨越上梁架或站立于上梁架上。

④施工人员身体不能紧靠轿顶护栏,否则有发生撞击、坠落的危险。

⑤当轿厢运行至轿顶与对重处于同一水平位置时,应禁止施工人员一只脚踩在轿顶上、另一只脚踩在对重架上作业。

⑥轿顶上方必须有一个 $0.5 \text{ m} \times 0.6 \text{ m} \times 0.8 \text{ m}$ 的长方体空间作为避险空间,当发生险情时,施工人员要会利用该空间。

5)自动扶梯吊装作业安全防护要求

①机械吊装、人工吊装均需要由经过专门培训的持证司机进行操作。

②施工吊装必须由有施工经验的人员来指挥,且要在充分沟通的情况下进行。

③正确选用能承载起吊物重量的吊机、手拉葫芦、钢丝绳、索具及吊钩。

④起吊的主吊点、侧拉助力点、各支点的承载能力要有明确的承载依据。

⑤掌握好自动扶梯的起吊重心位置,可利用自动扶梯本身的起吊环。

⑥配合自动扶梯入位的作业人员需要预先放置自动扶梯支座,注意避免蹲于自动扶梯下方。

⑦吊移过程中要注意建筑物通道，恰当收放侧拉助力点，防止碰撞或倾覆。

6）自动扶梯拼装作业安全防护要求

①多节自动扶梯的拼接作业主张采用水平拼接方法（立体拼接方法风险较大），这样可以整体吊装就位。如果作业要求立体拼装，应由下向上拼接，首节落位后建立临时支撑点，待其稳固后吊拼上一节，逐节拼接，直至拼装完成。注意作业人员及吊装工具的安全。

②如果自动扶梯未拼装完，现场作业人员未撤离，现场工具、材料未清理干净，则不准通电试运转。

7）自动扶梯维护保养作业安全防护要求

①进行自动扶梯维护保养前，必须在上、下部出入口设置阻止他人进入的安全围栏。

②作业人员在梯级上进行维护保养时，为了保证安全，电源开关要上锁。

③如果有两人共同在场作业，应相互配合及监护。

④当自动扶梯通电运行出险情时，必须及时将安全开关扳下，阻止自动扶梯继续运行。

⑤进行通电调试，当防护罩、上下盖板应处于开放状态时，应严防作业人员被卷入。

⑥维护保养未结束，挂有"请勿靠近，防止坠落"警示牌的活动围栏不准撤除。

⑦合闸送电前应检查上下盖板是否盖好，且必须在梯级上无人的情况下合闸送电。

⑧作业结束后，应把有碍乘客通行的物料、围栏清理干净，保证乘客的通行安全。

⑨安装或维护保养结束后，机坑盖板、防护罩、护壁板未安装妥当的，不得移交用户。

（2）个人劳动防护用品。在进行曳引驱动电梯、自动扶梯安装维修作业时，作业人员必须穿戴适宜的个人劳动防护用品，不戴手表、戒指、项链或其他饰物，手机等随身物品必须放在有纽扣的工作服口袋内。作业时必须遵守现场安全操作规程和各项规章制度。

1）工作服。整齐穿着公司指定的工作服，保持工作服的清洁，着装合体，纽扣全扣好。

2）安全帽。任何时候在任何施工现场，都必须戴上公司提供的安全帽，以防头部受伤。戴安全帽时帽檐应朝前。

3）防护眼镜和面罩。在钻孔、使用凿子或砂轮切割机、熔铸巴氏合金时，必须使用公司提供的防护眼镜。在进行电、气焊作业时，必须使用公司提供的面罩。为了防止被火焰灼伤,在操作强电设备或在强电设备线路旁工作时,应佩戴非金属的防护眼镜。

　　4)口罩。在从事抛光、砂轮磨制等工作和使用化学溶剂以及有粉尘或强对流环境下工作时,必须使用公司认可的防护口罩。

　　5)手套。搬运物料或干粗活时应戴手套,但在运动机械附近作业或往重物下方放置滚杠时不得戴手套。

　　6)安全带。在任何存在 2 m 以上高度差的部位作业时,必须系好公司提供的安全带,除非另有防坠落措施。

　　7)安全鞋。作业时应根据作业种类穿安全鞋,安全鞋对脚有良好的保护能力。注意,跑鞋、网球鞋等不能作为安全鞋。

二、现场急救知识

1. 火灾事故应急措施

　　(1)报警

　　1)向周围人群报警

　　①冷静观察火势,选择最佳方式迅速向周围人群报警,要防止语无伦次而耽搁时间甚至误报。

　　②报警信号要明确区别于其他常用信号,如学校以电铃通告时间,那么报警时就不能再用电铃。

　　③尽量使周围人群明白是什么地方、什么东西着火,是应前来灭火还是紧急疏散;尽可能向灭火人员指明火点,向疏散人员指明通道。

　　④火灾发生初期,现场人员应立即关闭电源并用消防器材进行自救灭火,现场负责人应立即召集有关人员到火灾现场并组织人员进行灭火。

　　2)向消防队报警

　　①拨打全国统一火警专用电话号码119。

　　②报警时应讲清以下情况:失火单位名称、地址;什么东西起火,火势大小,是否有人被火围困,现场有无危险爆炸品;报警人的姓名和电话号码。同时,简洁回答接线员的询问,在其明确说可以挂断电话时方可挂断。

　　③报警人应迅速派人或自行在单位门口、街道口或交叉路口迎候消防车。

3）向自己公司报告

①拨打自己公司报告电话。

②报告时讲清以下情况：失火单位名称、地址；火势大小，是否有人被火围困；报告人的姓名和电话号码。同时，简洁回答对方询问，在其明确说可以挂断电话时方可挂断。

（2）火灾现场自救与救护

1）自救方法

①保持镇定，不要惊慌失措，一旦发现自己被火围困，应迅速做好必要准备（穿上防护服或厚衣服，或用水将身体上的衣物淋湿或披上湿棉被），判明火势，选择最安全、可靠的路线尽快离开危险区。

②当逃生必经通道充满浓烟时，可用湿毛巾、口罩或衣服等捂住口鼻，低头弯腰或匍匐通过。

③当楼房内逃生通道被烟火切断时，可用绳子拴在室内牢固物体上，顺其下到安全楼层或地面。

④当各种退路均无时，可退至未燃房间，关闭门窗并用棉被、窗帘堵严缝隙，防止浓烟窜入。有条件时可不断向门窗泼水，延缓火势蔓延，等待救援。

2）自救注意事项

①在室内发现外面起火，开房门前应先摸门板，如门板发热或有烟气从门缝进入，不要贸然开门。

②逃生时随手关闭通道门窗，可延缓烟雾沿通道流通的速度。

③呼救信号要明显，可大声呼救的同时挥动鲜艳醒目物品或敲击金属物等。

④若衣服起火应迅速将衣服脱掉或就地翻滚压灭火苗或跳入水中，但注意不要滚动过快或穿着着火的衣服跑动。

⑤发生火灾时不能使用电梯。

（3）火灾现场救人方法

1）疏散人群

①组织群众有秩序地疏散，劝说大家消除恐慌情绪。

②正确通报火情，防止场面混乱。先疏散位于出口附近或最不利地点的人员，防止发生踩踏事故。

③迅速充分利用各通道，或开窗打洞开辟新通道。

2）抢救被困人员

①大声询问是否有人员被困，倾听哪里有呼救、呻吟、喘息声。

②对神志清醒者,可指明通道让其自行脱险或带领其撤出;对行动不便者,可用背、抱、抬等方法将其救出。

2. 触电事故应急措施

1)向自己公司报告

①拨打自己公司报告电话。

②报告时讲清以下情况:发生事故时自己所在单位的名称、地址;伤员的伤势,被送往的医院和地址;报告人的姓名和电话号码。同时,简洁回答对方询问,在其明确说可以挂断电话时方可挂断。

2)请求急救支援

①拨打全国统一急救专用电话号码120。

②讲清以下情况:伤员所在单位的名称、地址;求救人的姓名和电话号码。同时,简洁回答对方询问,在其明确说可以挂断电话时方可挂断。

③求救人应迅速派人或自己在单位门口、街道口或交叉路口迎候急救车,并随急救车或搭乘其他交通工具赶到医院。

3)现场急救。发生触电事故后,必须立即对伤员进行现场急救,具体方法如下。

①立即切断电源,或用不导电物体如干燥的木棍、竹棒等使伤员尽快脱离电源。急救者切勿直接接触触电伤员,防止自身触电而影响抢救工作的进行。

②当伤员脱离电源后,应立即检查其全身情况,特别是呼吸、心跳,发现呼吸、心跳停止时,立即就地抢救。

③对于神志清醒及呼吸、心跳均自主者,应让其就地平卧,严密观察,暂时不要让其站立或走动,防止发生继发休克或心力衰竭。

④对于呼吸停止、心跳存在者,应使其就地平卧,松开其衣扣,使其气道通畅,并立即进行口对口人工呼吸,也可针刺人中、涌泉等穴位。

⑤对于心跳停止、呼吸存在者,应立即对其施行闭胸心脏按压。

⑥对于呼吸、心跳均停止者,应在进行人工呼吸的同时施行闭胸心脏按压,以建立呼吸,恢复全身器官的氧供应。现场抢救最好能两人分别施行口对口人工呼吸及闭胸心脏按压,以1∶5的比例进行,即人工呼吸1次,心脏按压5次。如果现场抢救人员仅有1人,则以15∶2的比例进行闭胸心脏按压和口对口人工呼吸,即先做闭胸心脏按压15次,再做口对口人工呼吸2次,如此交替进行,抢救一定要坚持到底。

⑦处理电击伤时,应注意有无其他损伤。例如,触电后身体弹离电源或自高空跌下,常并发颅脑外伤、血气胸、内脏破裂、四肢和骨盆骨折等症。如果有外伤,需要

同时处理。

⑧在现场抢救过程中,不要随意移动伤员,若确实需要移动伤员,抢救中断时间不应超过 30 s。

3. 高空坠落、机械伤害、物体砸击事故应急措施

(1)向自己公司报告

1)拨打自己公司报告电话。

2)报告时讲清以下情况:发生事故时自己所在单位的名称、地址;伤员的伤势,被送往的医院和地址;报告人的姓名和电话号码。同时,简洁回答对方询问,在其明确说可以挂断电话时方可挂断。

(2)请求急救支援

1)拨打全国统一急救专用电话号码 120。

2)讲清以下情况:伤员所在单位的名称、地址;求救人的姓名和电话号码。同时,简洁回答对方询问,在其明确说可以挂断电话时方可挂断。

3)求救人应迅速派人或自己在单位门口、街道口或交叉路口迎候急救车,并随急救车或搭乘其他交通工具赶到医院。

(3)现场急救

1)止血。急性出血是受外伤后早期致死的主要原因。当人的失血量达到总血量的 20% 以上时,会出现明显的休克症状;当人的失血量达到总血量的 40% 时,就有生命危险。现场抢救时,首先要采取紧急止血措施,防止伤员因大出血而引起休克甚至死亡。

①指压止血。指压止血用于头、颈、四肢等处动脉血管出血的临时止血。指压止血是指将手指放在伤口上方(近心端)的动脉压迫点上,用力将动脉血管压在骨骼上,中断血液流通达到止血目的。指压止血是一种比较迅速有效的临时止血方法,但不宜长时间使用,在止住血后,需要立即换用其他止血方法。

②止血带止血。止血带止血常用于四肢较大动脉出血点的止血。因止血带易造成肢体损伤,故使用时要特别小心。止血带有橡皮制的和布制的两种,如果没有止血带,也可用宽绷带、三角巾或其他布条等代替。

2)包扎

①包扎的动作要轻、快、准、牢。包扎时应避免碰触伤口,以免增加伤员疼痛、出血和感染的程度。

②对充分暴露的伤口,要尽可能先用无菌敷料覆盖伤口,再进行包扎。

③不要在伤口上打结，以免压迫伤口而增加痛苦。

④包扎不可过紧或过松，以防压迫神经和血管或滑脱。

3）骨折固定

①本着先救命后治伤的原则，对于呼吸、心跳停止者应立即进行心肺复苏。当伤员有大出血现象时，应先止血再包扎，最后固定骨折部位。

②对于大腿、小腿和脊柱骨折者，应就地固定，不要随便移动伤员。

注意，骨折固定的目的只是限制肢体活动，不要试图整复。

4）护送

①在运送伤员前，先迅速检查其头、颈、胸、腹、背及四肢的伤势，并进行适当的、必要的、初步的救护处理。

②在意外事故的现场，若伤员的性命同时受到火、水、下坠的石块或有毒气体的威胁，应迅速将伤员移离现场，否则，应就地给予急救。要根据伤情灵活地选用搬运方法和工具。

③若需要将伤员拖至安全地带，应将伤员身体以长轴方向直向拖行，不可从侧面横向拖行。

④无论何种情况，应尽量找担架来接送伤员，除使用常备担架外，也可就地取材制作临时担架。

4. 中暑事故应急措施

中暑是指在高温环境下，因人体体温调节功能紊乱而引起的以中枢神经系统和循环系统障碍为主要表现的急性疾病。除了高温、烈日暴晒外，工作强度过大、时间过长、睡眠不足、过度疲劳等均为常见诱因。根据临床症状的轻重，中暑可分为先兆中暑、轻症中暑和重症中暑（极危险，应尽早发现并急救）。

（1）向自己公司报告

1）拨打自己公司报告电话。

2）报告时讲清以下情况：发生事故时自己所在单位的名称、地址；伤员的伤势，被送往的医院和地址；报告人的姓名和电话号码。同时，简洁回答对方询问，在其明确说可以挂断电话时方可挂断。

（2）请求急救支援

1）拨打全国统一急救专用电话号码120。

2）讲清以下情况：伤员所在单位的名称、地址；求救人的姓名和电话号码。同时，简洁回答对方询问，在其明确说可以挂断电话时方可挂断。

3）求救人应迅速派人或自己在单位门口、街道口或交叉路口迎候急救车，并随急救车或搭乘其他交通工具赶到医院。

（3）中暑症状表现（见表2-5-6）

表2-5-6 中暑症状表现

症状类型	主要表现
先兆中暑症状	高温环境下，出现头痛、头晕、口渴、多汗、四肢无力发酸、注意力不集中、动作不协调等症状，体温正常或略有升高，如果能及时转移到阴凉通风处，适量地补充水分和盐分，短时间内即可恢复
轻症中暑症状	体温往往在38℃以上，除头晕、口渴外，往往有面色潮红、大量出汗、皮肤灼热等症状，或出现四肢湿冷、面色苍白、血压下降、脉搏增快等症状，如果处理及时，常可在数小时内恢复

（4）现场急救

1）应迅速撤离引起中暑的高温环境，选择阴凉通风的地方休息，解开衣扣，平卧休息。当衣服被汗水湿透时，应更换干衣服，同时开风扇或空调，以尽快散热。

2）用冷水毛巾敷头部，有条件时可用30%酒精擦身降温，还可在额部、腋下以及腹股沟等处涂抹清凉油、风油精等。

3）喝一些淡盐水或清凉饮料。清醒者可服用人丹、绿豆汤，或服用十滴水、藿香正气水等中成药。

4）如果患者出现血压降低、虚脱等症状，应立即让其平卧，并及时送医院治疗。

三、安全装置的安全操作规程

1. 开关箱（电源箱）安全操作规程

（1）装上正确的熔丝。

（2）整齐地布线，不要随意拖拉。

（3）防止小螺钉未拧紧而脱落。

（4）开关箱不要随意挪动和敲开。

2. 漏电保护装置安全操作规程

（1）使用移动式电动工具时一定要安装漏电保护装置，原则上一个移动式电动工具配一个漏电保护装置。

（2）漏电保护装置的锁定值应正确选用，装置本身灵敏度良好、动作准确。

（3）按规定检查漏电保护装置是否正常。

（4）现场使用的插头、插座必须完好无损。

（5）移动式电动工具等必须有良好的接地线。

3. 安全锁（防坠落装置）安全操作规程

（1）当采用移动式升降平台作为动力来源，在无脚手架情况下安装电梯时，必须配置安全锁。

（2）安全锁必须直接作用在安全钢丝绳上，当安全锁动作时，可自动停止及保持移动式升降平台位置。

（3）当移动式升降平台处于停驶状态时，人为使安全锁动作，按下行按钮，确认平台不下行，工作钢丝绳开始松弛；再按上行按钮，使工作钢丝绳张紧，将安全锁恢复至正常状态，按上行、下行按钮，确认平台上行、下行正常。

四、环境保护知识

1. 电梯安装、维修、改造过程中影响环境的因素

（1）在产品开箱过程中所产生的废弃木材类、废弃铁皮类包装物。

（2）在产品开箱过程中所产生的废弃塑料类包装物（如塑料袋、保护膜、塑料泡沫等物品）。

（3）在产品安装、改造过程中，切割金属（如导轨支架、层门门套固定件等）所产生的废弃边角料。

（4）在产品安装、改造过程中，制作钢丝绳绳头时多余的巴氏合金。

（5）在产品安装、维修、改造过程中，可能产生的废弃润滑油及油回丝。

（6）在产品安装、维修、改造过程中，产生的除上述物品以外的各类固体废弃物。

（7）在产品安装、改造过程中，切割金属材料所产生的噪声。

（8）在产品维修过程中所产生的废旧蓄电池。

2. 电梯安装维修工的环境管理职责

（1）各施工单位应在施工现场配备收集各类废弃物所必需的装备。

（2）各现场安装、维修、改造作业负责人应回收、登记、分拣、利用、临时保存施工过程产生的废弃物，协调与用户的移交工作，并送到指定地点或职能部门，积极配合各职能部门做好废弃物污染防治工作。

（3）对于在安装、改造过程中暂时有利用价值的包装物（如用于放样的木箱方木），应妥善保存和利用，并在安装使用结束后移交用户。

（4）所有相关人员都应遵守国家和地方的环境保护法律、法规，采取各种有效措施避免电梯安装、维修、改造过程对环境造成污染。

五、施工安全及消防知识

1. 防火安全要求

（1）井道内所有易燃易爆物品必须事先予以清除。
（2）移动式升降平台必须设置消防器材。
（3）在井道内作业严禁吸烟及违章动用明火。
（4）氧气瓶、乙炔气瓶禁止搬入井道或任何平台使用，井道内禁止使用酒精喷灯、气焊设备等进行加热或切割作业。
（5）进行电焊作业前应设置接火装置，同时为防止井道内有害气体、烟雾聚集，不宜长时间进行电焊作业。

2. 动火须知

（1）动火之前要办理好动火许可证。
（2）进行动火作业时，必须监护到位并准备完好、有效的灭火器，监护人员在作业过程中严禁擅离岗位。
（3）在电梯井道、层门、机房进行焊接作业前，需要先确认周围有无可燃物，并在做好防火措施后方能作业。
（4）动火作业应在下班 1 h 前结束，收工前检查作业现场和邻近区域，在确保无火灾隐患后方可离开。

3. 焊接和切割防火措施

（1）在进行焊接作业之前，必须将地面杂物清扫干净，木质地板需要铺盖薄铁板或者有相同防火作用的介质，谨防火星散落引发火灾。

（2）尽量将易燃品移至安全地点，如果易燃品无法移动，则需要用隔火材料将其完全遮盖。

（3）作业现场必须配备灭火器。

（4）在聚乙烯箱体上方进行焊接作业之前，必须分步清除箱体上附着的易燃物。

（5）易燃液体附近不得进行焊接和切割作业。

（6）焊接设备必须随时保持良好的可操作状态，有良好的接地保护或接零保护。发现焊接设备有故障时，必须立即做标记并移交厂家修理。

（7）操作人员不得身着沾有油污的服装，必须穿戴好个人劳动防护用品。

（8）进行电弧焊之前，必须选择安全的地点放置通电的焊枪。

（9）旧电梯井道内若有沾满机油的导轨或覆盖了油回丝的设备，在未清理前不得进行焊接和切割作业。

4. 巴氏合金浇铸防护措施

（1）浇铸巴氏合金时，操作人员应佩戴防护面罩和防护手套。

（2）容纳合金液体的盒体或绳头壳体应做预热处理，以确保绳头浇铸部分干燥。因为湿气遇高温会产生蒸汽，可导致巴氏合金液体爆溅。

（3）因为巴氏合金熔化时产生的气体对人体有害，所以应在通风良好处进行巴氏合金的熔化和浇铸。

（4）完成巴氏合金熔化和浇铸作业后应洗手。

（5）不准使用割炬枪加热巴氏合金，而应使用电热熔罐，因为它可以保证熔化的合金液体温度不超过安全限度。

（6）使用树脂浇铸绳头时应小心操作，且只能使用公司认可的加热器处理树脂。树脂材料不能接触暴露的皮肤。存放树脂材料时要避开日光照射。

5. 防火及易燃物品管理

（1）使用汽油、香蕉水等易燃危险物品时，一定要按照消防负责人的要求，采取火灾预防措施，作业后要仔细检查，做好清场工作。

（2）有效控制火种，一定要在指定场所吸烟。

（3）动火作业应在下班 1 h 前结束，下班前再做一次检查，确保无任何隐患。

（4）机房、仓库和休息室均要放置完好有效的消防器材。

（5）易燃物品的盛装应使用符合规定的容器。

课程 2-6　质量管理

一、质量管理的概念

质量管理是指确立质量方针及实施质量方针的全部职能及工作内容，并对其工作效果进行评价和改进的一系列工作。

质量控制是质量管理体系标准的一个术语，它是质量管理的一部分，是致力于满足质量要求的一系列相关活动。

质量控制的过程包括施工准备质量控制、施工过程质量控制和施工验收质量控制。

1. 质量控制的基本原理

（1）三阶段控制原理

1）事前控制。事前控制就是要加强主动控制，要求预先针对如何实现质量目标进行周密合理的质量计划安排。事前控制包括质量目标的计划预控和质量活动的准备阶段控制。

2）事中控制。事中控制是针对工程质量形成过程中的控制，事中控制包括自我监控和他人监控两大环节。自我监控主要是质量产生过程中的自我约束行为，他人监控主要来自内部管理者的质量监控和外部力量的监控。当然，加强自我监控是至关重要的。

3）事后控制。事后控制是指质量活动结果的评价认定和对偏差的纠正。

以上三个阶段的控制是一个有机的系统过程，不是孤立和截然分开的。

（2）三全控制原理

1）全面质量控制。全面质量控制是指要保证和提高产品质量，必须使企业的研制、维持和质量改进的所有活动构成一个有效的整体。

2）全过程质量控制。全过程质量控制是指要体现预防为主、不断改进的思想和为顾客服务的思想。

3）全员参与控制。全员参与控制是指要做好全员的教育、培训；要制定各部门、各类人员的质量责任制，落实责、权、利；要开展多种形式的群众性质量管理活动。

2. 影响质量控制的五大要素

（1）劳动主体素质。劳动主体素质就是人员素质，是指作业者、管理者的素质及组织效果。

（2）劳动对象质量。劳动对象质量是指材料、半成品、工程用品、设备等的质量。

（3）劳动技术水平。劳动技术水平是指施工工艺及技术的水平。

（4）劳动条件。劳动条件是指工具、模具、施工机械等的条件。

（5）施工环境。施工环境包括现场水文、地质、气象等自然环境，通风、照明、安全等作业环境，以及协调配合的管理环境。

3. 质量控制的管理要求

质量控制是项目管理的一个重要内容，质量控制应该是全方位的，它包括安装质量、外观质量、运行质量等。质量管理仅靠项目经理一个人来进行是相当困难的，它应该落实到项目中的每一个参与者。

二、电梯安装维修质量管理的基本方法

1. 电梯安装维修质量一般要求

（1）电梯安装维修作业中使用的工具、设备、工装及测量仪器均需要满足电梯安装维修作业的要求，使用的计量器具应按照周期进行检定并处于校正状态。

（2）在实施电梯安装维修作业前，作业人员应对产品和随机资料进行验证，在符合要求后再进行电梯安装维修作业，如果发现问题应及时进行信息反馈。

（3）在电梯安装维修作业过程中，需要严格按照安装、维修工艺手册施工，严格控制施工质量，施工质量应符合国家、企业的验收要求。

（4）在施工规程中，必须按要求做好各项质量记录。

（5）在检测或定期检验电梯前，应首先做好自检，自检内容应覆盖电梯安装维修各工序和验收规范的质量要求。对于在自检过程中发现的质量不合格项应及时整改，直至合格。

2. 质量通病的防治对策

（1）真正在思想上重视质量，牢固树立"质量第一"的观念。

（2）认真遵守施工程序和操作规程。

（3）认真坚持质量标准，严格检查，实行层层把关。

（4）定期进行质量通病案例的收集和整理，制定整改措施并定期进行培训。

模块 3 法律、法规及技术规范与标准

- 课程　相关法律、法规及技术规范与标准

课程　相关法律、法规及技术规范与标准

学习单元 1　相关法律、法规

相关法律、法规基本情况见表 3-1-1，具体条款内容较多，本书不具体列出。

表 3-1-1　相关法律、法规基本情况

名称	目的	公布机关	施行日期	现行修正本施行日期
《中华人民共和国劳动法》	为了保护劳动者的合法权益，调整劳动关系，建立和维护适应社会主义市场经济的劳动制度，促进经济发展和社会进步，根据宪法制定	全国人民代表大会常务委员会	1995年1月1日	2018年12月29日
《中华人民共和国劳动合同法》	为了完善劳动合同制度，明确劳动合同双方当事人的权利和义务，保护劳动者的合法权益，构建和发展和谐稳定的劳动关系而制定	全国人民代表大会常务委员会	2008年1月1日	2013年7月1日
《中华人民共和国安全生产法》	为了加强安全生产工作，防止和减少生产安全事故，保障人民群众生命和财产安全，促进经济社会持续健康发展而制定	全国人民代表大会常务委员会	2002年11月1日	2021年9月1日
《中华人民共和国特种设备安全法》	为了加强特种设备安全工作，预防特种设备事故，保障人身和财产安全，促进经济社会发展而制定	全国人民代表大会常务委员会	2014年1月1日	—

学习单元 2 相关技术规范与标准

一、《电梯监督检验和定期检验规则》相关知识

《电梯监督检验和定期检验规则——曳引与强制驱动电梯》(TSG T7001—2009)、《电梯监督检验和定期检验规则——消防员电梯》(TSG T7002—2011)、《电梯监督检验和定期检验规则——防爆电梯》(TSG T7003—2011)、《电梯监督检验和定期检验规则——液压电梯》(TSG T7004—2012)、《电梯监督检验和定期检验规则——自动扶梯与自动人行道》(TSG T7005—2012)、《电梯监督检验和定期检验规则——杂物电梯》(TSG T7006—2012)。

释义：加强对曳引与强制驱动电梯、消防员电梯、防爆电梯、液压电梯、自动扶梯与自动人行道、杂物电梯在安装、改造、维修、日常维护保养、使用和检验工作方面的监察管理，规范曳引与强制驱动电梯、消防员电梯、防爆电梯、液压电梯、自动扶梯与自动人行道、杂物电梯安装、改造、重大维修监督检验和定期检验行为，提高检验工作质量，促进曳引与强制驱动电梯、消防员电梯、防爆电梯、液压电梯、自动扶梯与自动人行道、杂物电梯运行安全保障工作的有效落实，根据《特种设备安全监察条例》制定这些规则。

适用范围：这些规则适用于曳引与强制驱动电梯、消防员电梯、防爆电梯、液压电梯、自动扶梯与自动人行道、杂物电梯的安装、改造、重大维修监督检验和定期检验。曳引与强制驱动电梯、消防员电梯、防爆电梯、液压电梯、自动扶梯与自动人行道、杂物电梯的生产（含设计、制造、安装、改造、维修、日常维护保养）和使用单位，以及从事电梯监督检验和定期检验的特种设备检验检测机构，都应当遵守这些规则。

二、《电梯维护保养规则》(TSG T5002—2017)

释义：为了规范电梯维护保养行为，根据《中华人民共和国特种设备安全法》《特

种设备安全监察条例》，特制定本规则。

适用范围：本规则适用于《特种设备目录》范围内电梯的维护保养工作。

三、《特种设备使用管理规则》（TSG 08—2017）

释义：为了规范特种设备使用管理，保障特种设备安全经济运行，根据《中华人民共和国特种设备安全法》《中华人民共和国安全生产法》《中华人民共和国节约能源法》《特种设备安全监察条例》，制定本规则。

适用范围：本规则适用于《特种设备目录》范围内特种设备的安全与节能管理。

四、《特种设备生产和充装单位许可规则》（TSG 07—2019）

释义：为了规范特种设备生产（设计、制造、安装、改造、修理）和充装单位许可工作，根据《中华人民共和国特种设备安全法》《中华人民共和国行政许可法》《特种设备安全监察条例》等有关法律、法规，制定本规则。

适用范围：在中华人民共和国境内使用的特种设备，其设计、制造、安装、改造、修理、充装单位的许可，适用本规则。

五、《电梯制造与安装安全规范》（GB 7588—2003）

释义：本标准是电梯的基础性标准，在技术内容上与欧洲电梯标准 EN81—1：1998 等效，是为保护人员和货物的安全而制定的，遵照执行可防止发生与使用人员、电梯维护或紧急操作相关的事故。

适用范围：本标准适用于电力驱动的曳引式或强制式乘客电梯、病床电梯及载货电梯，不适用于杂物电梯和液压电梯。

六、《自动扶梯和自动人行道的制造与安装安全规范》（GB 16899—2011）

释义：本标准是为自动扶梯和自动人行道的制造与安装安全而制定的，是自动扶梯和自动人行道的基础性标准。

适用范围：本标准适用于新制造的自动扶梯和踏板式或胶带式自动人行道。

七、《安装于现有建筑物中的新电梯制造与安装安全规范》(GB 28621—2012)

释义：本标准规定了永久安装于现有建筑物中，因受建筑物限制而不能满足 GB 7588—2003 和 GB 21240—2007 某些要求的、新的乘客电梯及载货电梯的安全准则。本标准中的"电梯"根据情况可以指"电力驱动电梯""液压驱动电梯"。

适用范围：本标准适用于安装于现有建筑物中的新电梯（包括现有建筑物新建井道和机器空间）的制造和安装，以及用新电梯更换已有井道和机器空间中的在用电梯。本标准不适用于在用电梯部件的更新或改造，以及 GB 7588—2003 和 GB 21240—2007 范围之外的应用。

八、《电梯技术条件》(GB/T 10058—2009)

释义：本标准规定了乘客电梯及载货电梯的技术要求、检验规则以及标志、包装、运输与储存等要求。

适用范围：本标准适用于额定速度不大于 6.0 m/s 的电力驱动曳引式和额定速度不大于 0.63 m/s 的电力驱动强制式的乘客电梯和载货电梯。对于额定速度大于 6.0 m/s 的电力驱动曳引式乘客电梯和载货电梯可参照本标准执行，不适用部分由制造商与客户协商确定。本标准不适用于液压电梯、杂物电梯和家用电梯。

九、《电梯试验方法》(GB/T 10059—2009)

释义：本标准规定了乘客电梯及载货电梯整机和部件的试验方法。

适用范围：本标准适用于额定速度不大于 6.0 m/s 的电力驱动曳引式和额定速度不大于 0.63 m/s 的电力驱动强制式的乘客电梯和载货电梯。对于额定速度大于 6.0 m/s 的电力驱动曳引式乘客电梯和载货电梯可参照本标准执行，不适用部分由制造商与客户协商确定。本标准不适用于液压电梯、杂物电梯和家用电梯。

十、《电梯安装验收规范》(GB/T 10060—2011)

释义：本标准规定了电梯安装验收的条件、项目、要求和规则。

适用范围：本标准适用于额定速度不大于 6.0 m/s 的电力驱动曳引式和额定速度不大于 0.63 m/s 的电力驱动强制式的乘客电梯和载货电梯。对于额定速度大于 6.0 m/s 的电力驱动曳引式乘客电梯和载货电梯可参照本标准执行，不适用部分由制造商与客户协商确定。本标准不适用于液压电梯、杂物电梯、仅载货电梯和家用电梯。

十一、《电梯、自动扶梯、自动人行道术语》（GB/T 7024—2008）

释义：本标准规定了电梯、自动扶梯、自动人行道术语。

适用范围：本标准适用于制定标准、编制技术文件、编写和翻译专业手册、教材及书刊。

第二部分　初级电梯安装维修工

安装调试

- 课程 4-1　机房设备安装调试
- 课程 4-2　井道设备安装调试
- 课程 4-3　轿厢对重设备安装调试
- 课程 4-4　自动扶梯设备安装调试

课程 4-1　机房设备安装调试

■ 学习单元 1　限速器的安装

一、限速器的作用

当电梯的运行速度超过额定速度一定值时，限速器动作，进而切断安全回路，进一步使安全钳或上行超速保护装置起作用，使电梯减速直至停止。

二、限速器位置的确认方法

根据电梯土建图及机房地面的样架线，确定限速器钢丝绳孔的位置；根据限速器钢丝绳孔的位置，确定限速器安装底板在机房地板上的位置（用膨胀螺栓固定）或在机房承重梁上的位置（用固定螺栓固定）。

三、限速器的安装方法及要求

1. 限速器的安装方法

将限速器安装底板的绳孔对准机房地板的限速器钢丝绳孔，且安装底板与承重梁平行，在安装位置上做记号并用冲击钻钻孔，用膨胀螺栓或固定螺栓固定限速器安装底板，如图 4-1-1 所示。

图 4-1-1　限速器的安装

注意：当机房地板混凝土厚度不小于 50 mm 时，用膨胀螺栓把限速器安装底板固定在机房地面上；当机房地板混凝土厚度小于 50 mm 时，先在限速器下设置加强材料再固定。另外，需要注意限速器的安装方向，即限速器轮起作用的运转方向应与曳引轮运转方向一致。

2. 限速器的安装要求（见图 4-1-2）

（1）限速器定位准确，底部具有相应的承载能力。

（2）限速器离墙面的距离在 100 mm 以上。

（3）限速器应容易接近，周围无阻挡物。

（4）限速器一侧有一个 500 mm × 600 mm 的水平净空面积。

（5）便于查看限速器铭牌（可以把铭牌拆下安装在不靠墙的一侧）。

（6）限速器轮垂直度偏差在 0.5 mm 以内（$|A-B| \leq 0.5$ mm）。

（7）限速器钢丝绳和导管的间隙大于 5 mm。

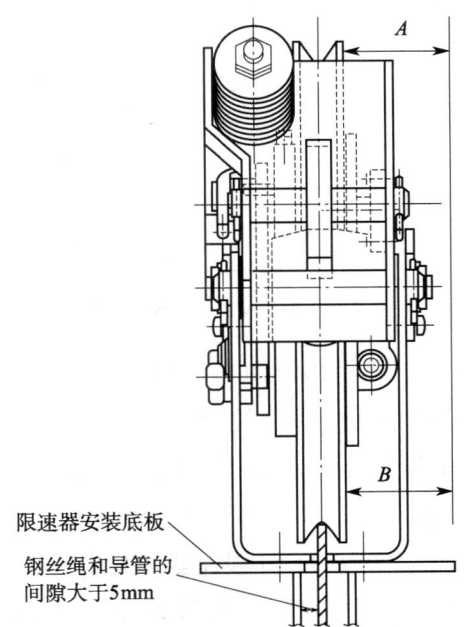

图 4-1-2　限速器的安装要求

学习单元2 机房电气接线

一、机房接线图识读

1. 机房电气接线简图（见图4-1-3）

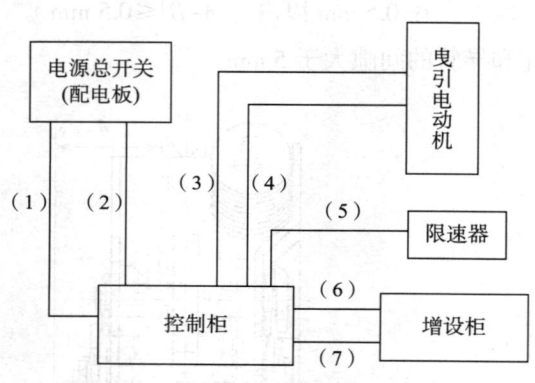

图4-1-3 机房电气接线简图

在图4-1-3中：（1）是三相动力电源与控制柜的连线，为电线，向控制柜提供 AC 380 V 电源；（2）是单相照明电源与控制柜的连线，为电线，向控制柜提供 AC 220 V 电源；（3）是控制柜与曳引电动机的连线，为电线，向曳引电动机提供三相电源；（4）是编码器脉冲信息反馈线，为电缆，向控制柜反馈电动机脉冲信息；（5）是控制柜与限速器开关的连线，为电缆，向限速器开关提供电源；（6）是控制柜与增设柜的连线，为电缆，向增设柜提供电源；（7）是增设柜与控制柜的连线，为电缆，向控制柜提供反馈信号。

2. 机房电气设备立体布置图（见图4-1-4）

机房内的主要电气部件有电源总开关（配电箱）、控制柜、曳引机（包含电动机、编码器等）、限速器开关、上行超速保护装置开关、线槽、线管、电线、电缆等。

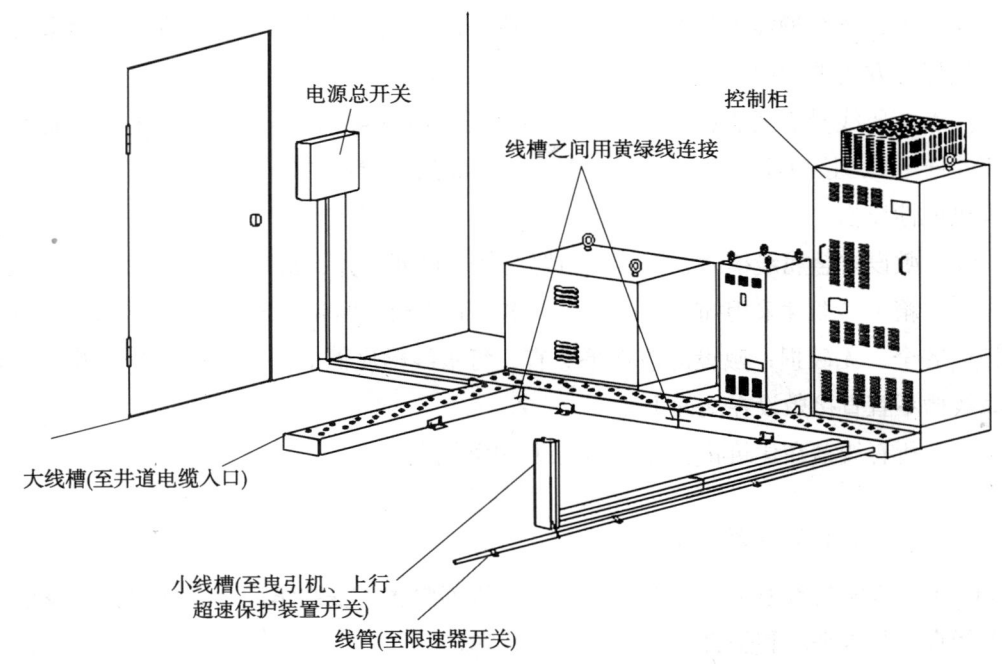

图 4-1-4　机房电气设备立体布置图

二、机房线槽、线管的敷设方法及要求

1. 机房线槽的敷设方法及要求

（1）机房线槽的敷设应做到布置合理、排列整齐、槽口平整光滑、接口严密、盖板齐全，所有盖板需要固定在线槽上，无翘角，无破损；敷设后应横平竖直，其水平度和垂直度应符合一定要求，即机房内偏差应不大于2‰，全长最大偏差应不大于20 mm。

（2）当机房内的线槽明敷在墙面或地面上时，每根线槽底面的固定点应不少于两个，敷设要牢固；并列敷设的线槽应留有一定宽度的缝隙，以方便盖板的开启。

（3）在敷设垂直不靠墙和悬空的线槽之前，应做一定高度的支架用来固定，且支架间距应不大于2 m。

（4）直线段金属线槽的连接应用专用的连接板和固定防松装置，T形或转角处线槽的连接应用专用的连接装置和固定防松装置。金属线槽严禁对口熔焊连接。

（5）连接金属线槽时，连接螺栓应由内向外穿，所有紧固件（如螺母）及固定防松装置应安装在线槽的外表面。

（6）当金属线槽需要切割或开孔时，应采用机械方式进行加工处理，严禁采用电焊、气焊等方式进行切割和开孔。

（7）金属线槽需要直接弯曲时，在转角处应形成45°的斜口对接，垂直弯曲夹角应不小于90°，接口应严密、平整、美观；弯曲后线槽的外部不应有扁瘪、破裂、变形等机械性损伤。

（8）敷设非金属线槽时，应做到布置合理、排列整齐、槽口平整光滑；当槽与槽、槽与盒（箱）等器件采用插入法连接时，接合面应涂专用黏合剂，接口应牢固、严密，盖板应齐全、无破损；敷设后应横平竖直，每根线槽底面的固定点应不少于两个。非金属线槽不宜直接敷设在地面上。

（9）所有线槽在建筑物变形缝处应设补偿装置。

2. 机房线管的敷设方法及要求

（1）敷设机房线管时应做到布置合理、排列整齐、安装牢固、无破损；敷设后应横平竖直，其水平度和垂直度偏差应不大于2‰。

（2）当机房内的金属线管明敷在墙面上时，应采用与线管规格相符合的管卡、膨胀管、螺钉进行固定，且不允许用塞木楔的方式来固定管卡。每根线管的固定点不少于两个，固定点间距均匀；当金属线管敷设在终端、转角处、接头处以及距离接线箱（盒）、电源总开关、电梯控制柜（屏、箱）等边缘150～500 mm时，应设有管卡。

（3）当机房和井道内暗敷的线管需要在墙体上进行剔槽埋设时，应采用强度等级不小于M10的水泥砂浆抹面保护，保护层厚度大于15 mm。

（4）直线段管卡间的最大距离应符合表4-1-1中的相关要求。

表4-1-1 直线段管卡间的最大距离要求

敷设方式	线管种类	线管直径 /mm				
		15～20	25～32	32～40	50～65	65以上
		管卡间最大距离 /m				
支架或沿墙明敷	壁厚≥2 mm的刚性钢线管	1.5	2	2.5	2.5	3.5
	壁厚<2 mm的刚性钢线管	1	1.5	2	—	—
	刚性绝缘线管	1	1.5	1.5	2	2

（5）金属线管连接

1）在连接直线段金属线管前，应将线管接头处用专用工具套（攻）螺纹，然后用与线管规格相符合的专用接头或分线盒等进行螺纹连接固定。

2）在连接T形线管前，应将线管接头处用专用工具套（攻）螺纹，然后用与线管规格相符合的专用T形接头或分线盒等进行螺纹连接、固定。管口应加防护措施。

3）在将电线或电缆穿管前，应预先穿一根约1.5 mm的钢丝，以方便穿电线或电缆。将钢丝与所要穿入的电线或电缆可靠连接后，一边抽拉钢丝，一边将电线或电缆送入管内。穿管时不能生拉硬拽，以免拉断电线或电缆的线芯。

4）在连接转弯处线管前，应将线管接头处用专用工具套（攻）螺纹，然后用与线管规格相符合的专用弯头进行螺纹连接、固定；当90°弯头连续达到3个或3个以上时，应考虑设置接线箱（盒），以方便穿导线。管口应加防护措施。

5）在连接线管与线槽、接线箱（盒）之前，应将线管接头处用专用工具套（攻）螺纹；当线管穿入线槽、接线箱（盒）时，用锁紧螺母将其（双面）锁紧、固定，管口露出的高度宜为5~8 mm，管口露出的丝扣宜为2~4扣。管口应加防护措施，如图4-1-5所示。

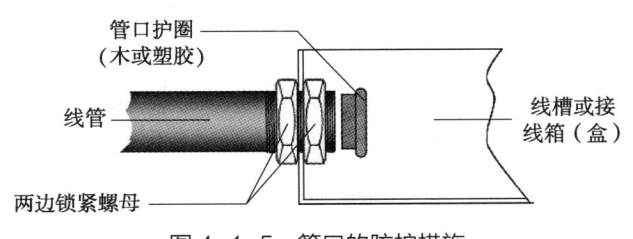

图4-1-5 管口的防护措施

6）需要将金属线管直接弯曲时，应采用专用工具进行弯曲，弯曲后的线管外部不应有扁瘪、破裂、变形等机械性损伤。弯扁程度不大于线管外径的10%，弯曲半径不小于线管外径的6倍，垂直弯曲夹角应不小于90°。

7）在敷设垂直不靠墙和悬空的线管之前，应做一定高度的支架用来固定，且支架间距应不大于2 m。

8）金属线管不允许直接焊接在支架或设备上，当电梯设备表面有明配的金属线管时，其应随设备外形敷设，还应有防振动和摆动措施，要求敷设得牢固、平整、美观。

9）金属线管严禁对口熔焊连接，且镀锌和壁厚不大于2 mm的钢导管不得套管熔焊连接。

（6）非金属线管敷设要求。敷设非金属线管时，应做到布置合理、排列整齐、安装牢固、无破损、管口平整光滑；当管与管、管与盒（箱）等器件采用插入法连接时，接合面应涂专用胶黏剂，接口应密封牢固；敷设后应横平竖直；固定点间距均匀，且不大于 3 m。非金属线管不宜直接敷设在地面上。

（7）所有线管在建筑物变形缝处应设补偿装置。

三、线槽、线管布线方法及要求

1. 线槽布线方法及要求

（1）根据随机图样，在线槽内敷设相应的电缆、电线。敷设前应先清除槽口、连接转角处的毛刺，以及线槽内的杂物和积水。

（2）穿入电缆、电线的槽口、连接转角处应有保护措施，线槽出入口两端应封闭。

（3）同一配电回路的所有相导体、中性导体和保护导体（PE 线等）应敷设在同一金属线槽内。

（4）同一电源的不同回路中，无抗干扰要求的线路可敷设于同一线槽内；敷设于同一线槽内有抗干扰要求的线路应用隔板隔开，或采用屏蔽电线且屏蔽护套一端接地。例如，当动力电缆、电线与控制信号线路的电缆、电线需要敷设在同一大线槽内时，应将其先分别安装在小线槽内，做好接地后再置于大线槽内。

（5）电缆、电线在线槽内应有一定余量，但不得有接头，且电缆、电线应按回路编号分段绑扎，绑扎点间距应不大于 0.5 m。

（6）敷设于线槽内的导线总截面积（包括绝缘层）应不大于线槽内净截面积的 60%；线槽配线时宜留有 10% 左右的备用线，其长度应与盒（箱）内最长的电线相同。

（7）线槽转角处应有电缆、电线的保护措施，如图 4-1-6 所示。

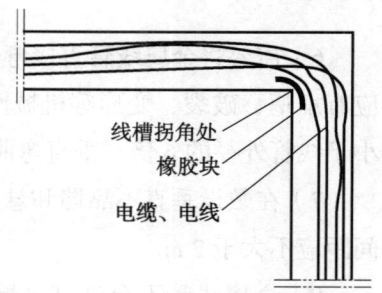

图 4-1-6 线槽转角处的保护措施

2. 线管布线方法及要求

（1）三相或单相交流单芯电缆、电线不得单独穿于钢线管内。

（2）在爆炸危险环境内，照明线路的电缆、电线额定电压不得低于 750 V，且必须穿于钢线管内。

（3）将电缆、电线穿管前，应先清除管口的毛刺、管内的杂物和积水，并套上线管护口，防止穿、拉电缆、电线时管口刮破电缆、电线的绝缘层。检查线管的连接、管卡的安装是否牢固。

（4）将电缆、电线穿入线管后，管口应有保护措施；不进入接线盒（箱）的垂直线管在穿入电缆、电线后，其管口应密封。

（5）当金属线管需要切割或弯曲时，应采用机械方式进行加工处理，严禁采用电焊、气焊等方式进行切割和弯曲。

（6）不同回路、不同电压等级的交流与直流回路的电线不应穿于同一金属线管内；同一交流回路的电线应穿于同一金属线管内，且管内电线不得有接头。动力回路和控制回路的电线应分开敷设，微信号线路和电子线路应按产品设计要求采用屏蔽线单独布线，并采取防干扰措施。

（7）敷设于线管内的电线总截面积（包括绝缘层）应不大于线管内净截面积的40%；线管配线时宜留有10%左右的备用线，其长度应与盒（箱）内最长的电线相同。

四、线槽、线管的接地保护

1. 所有电气设备、导管、线槽的外露可导电部分的接地要求

（1）所有电气设备、导管、线槽的外露可导电部分均必须可靠接地。

（2）镀锌的钢导管、可挠性导管和金属线槽不得熔焊跨接接地线，用专用接地卡固定的跨接接地线应是黄绿相间的双色绝缘铜芯导线。

（3）当非镀锌钢线管采用螺纹连接时，连接处的两端可熔焊跨接接地体（直径≥5 mm 的金属导体）；当镀锌钢线管采用螺纹连接时，连接处的两端可用专用接地卡固定跨接接地线。

（4）金属线槽不得作为设备的接地导体，当无设计要求时，金属线槽全长中应至少有两处与接地干线连接。

（5）非镀锌金属线槽间连接板的两端跨接铜芯接地线的，以及镀锌金属线槽间连接板的两端不跨接接地线的，连接板两端应有不少于两个的带有防松螺母或防松垫圈的固定螺栓。

非镀锌金属线管的接地方法如图 4-1-7 所示。

（6）可将每根金属导管、每节金属线槽作为一个整体，用一个接地支线（设备）分别与接地干线的接线端进行连接，但每根金属导管、每节金属线槽之间必须有可靠的机械连接。

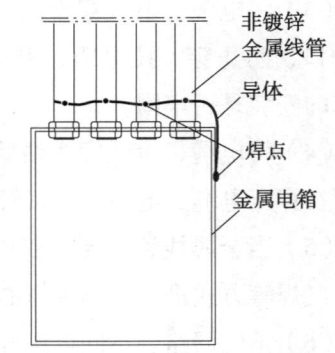

图 4-1-7 非镀锌金属线管的接地方法

2. 接地支线接地要求

（1）每根接地支线应分别直接接至接地干线接线柱上，不得互相连接后再接地。正确的接地方法示例如图 4-1-8 所示，错误的接地方法示例如图 4-1-9 所示。

（2）每台电梯进线时，保护地线（PE）应直接接入接地总汇流排上，不得通过其他设备间接接入。

（3）供电电源自进入机房或者机器设备间起，中性线（N）与保护地线（PE）应始终分开。

（4）每台电梯保护地线的每一回路支线都应从电梯控制柜（屏、箱）内的接地汇流排引出，成为一个独立系统，互不干扰。保护地线严禁通过其他设备串联连接。

（5）接地干线接线端应有明显的接地标识，每个接线端上不要超过两根接线。

（6）接地线宜采用单股或多股铜芯导线，多股铜芯导线应配有合适的铜接头，搪锡后再压接；接地线连接时应有固定防松装置，连接后应无松动、脱落、断线等现象。

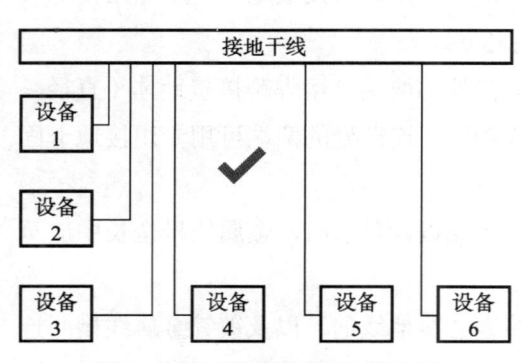

图 4-1-8 正确的接地方法示例

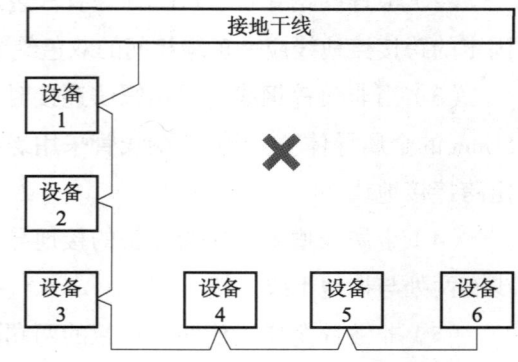

图 4-1-9 错误的接地方法示例

3. 保护地线的截面积要求

电梯保护地线截面积应符合电梯设备的使用要求，保护地线应用铜芯导线，其截面积应不小于 4 mm², 并满足表 4-1-2 的要求。

表 4-1-2 保护地线截面积要求   mm²

设备供电相线的截面积 S	外部保护地线的最小截面面积 S_p
$S \leqslant 16$	S
$16 < S \leqslant 35$	16
$S > 35$	$S/2$

五、接线、接线端子的压接、紧固方法及要求

1. 根据随机图样，连接电源总开关与控制屏的线，连接控制屏与曳引电动机、制动器线圈、编码器的线，连接控制屏与限速器开关的线，连接控制屏与上行超速保护装置的线。

2. 用插件连接时，代号应一一对应。

3. 电梯电气装置配置的导线应使用额定电压不小于 500 V 的绝缘铜芯导线。

4. 导线与电源总开关、控制屏等设备连接前，应将导线沿接线端子方向梳理整齐，并按顺序绑扎成束，每根导线的两端应有明确的接线编号或标识，方便查线和维修。

5. 当用多股铜芯导线连接接线端子或设备时，应将每股导线的铜芯搪锡，并用专用工具将导线与其相匹配的铜接头进行压接，不得将多股导线的铜芯剪断以减小截面积，因为这样会影响导线、电梯设备及电气部件的安全使用。所有导线连接时应有防松装置。

6. 当用单股铜芯导线连接接线端子或设备时，应将所有单股导线端部弯成圆圈后进行连接，且所有导线连接处应有防松装置。

7. 导线与三相电源、单相电源接线端子的连接部位应有明显标识，三相电源线的接线顺序应正确无误，接线端应有足够的安全防护措施；导线与中性线的连接部位应有明显标识（N）；导线与保护地线的连接部位应有明显标识（PE）。

8. 黄绿相间的双色绝缘铜芯导线是保护接地专用线，严禁将保护接地线接入开关或熔断器上，严禁将保护接地线作为电源线使用。

六、线管、电缆的布线及接线流程

1. 量出所需的线管长度，锯断。在线管一头用板牙套螺纹，在线槽开孔处凿孔。

2. 将线管穿入线槽，在线槽处用与线管规格相符合的专用接头或分线盒等进行螺纹连接固定，在转弯处用与线管规格相符合的专用弯头进行螺纹连接、固定。

3. 当线管与地面有间隙时需要填实，且用管卡将线管固定。

4. 将电缆一端从线槽的线管处穿入，在靠近限速器处穿出。

5. 将电缆另一端通过线槽敷设至控制屏。

6. 根据接线图分别在控制屏和限速器上接线。若控制屏端是插件，则将对应该插件编号的电缆插入。

课程 4-2 井道设备安装调试

学习单元 1 层站召唤、显示装置的安装

一、层站召唤、显示装置安装位置的确认方法

层站召唤、显示装置的预留孔应由土建施工单位按照电梯土建图上的位置和尺寸等要求负责完成。电梯施工单位在安装前应查看预留孔位置和尺寸等与图样是否一致，如不一致，应由土建施工单位负责整改。

二、层站召唤、显示装置的安装要求

1. 单独的层站显示装置应安装在层门门框上方的中心部位，离地面的高度符合电梯土建图要求，安装后水平度偏差不大于3‰。

2. 层站显示装置安装后，其中心线与层门中心线的偏差应不大于5 mm。

3. 层站召唤装置安装在电梯土建图规定的墙体上，离地面的高度一般宜为 1 200～1 400 mm。

4. 各层站召唤装置距层门边框约 200 mm 或按电梯土建图要求，偏差不大于 10 mm。

5. 并联电梯共用的层站召唤、显示装置是一体的，应设置在两台电梯的中间部位，方便乘梯人员操作。

6. 并联电梯各层站召唤、显示装置的高度偏差应不大于 2 mm。

7. 层站召唤、显示装置的面板要垂直、平整，面板与墙体或装饰件之间要严密，间隙在 1 mm 以内。层站召唤、显示装置的箱体需要接地，以消除静电。

8. 其余要求参照各企业层站召唤、显示装置产品的验收标准。

学习单元 2　井道接线盒的安装

一、井道接线盒的作用

对于高层建筑，电梯提升高度会很大，其电缆的自重也会很大，因此提升高度大的电梯电缆常采用线槽布线（圆电缆）至中间井道接线盒，且中间井道接线盒至轿厢为随行电缆（扁电缆）。中间井道接线盒的作用是将从控制柜或上部接线箱接下来的电缆与随行电缆连接，这样随行电缆的自重将大大减轻。减轻随行电缆的自重可以提高其使用寿命及降低轿厢的总重量。

二、井道接线盒的安装方法及要求

1. 根据电梯土建图在机房确认井道固定电缆的出入孔位置。在机房地面的井道固定电缆出入孔处，放一线锤至底坑，该线锤离井道侧壁约 25 mm，并在底坑将其稳固（或用墨斗线在井道侧壁上弹一根垂线至井道底部），随后在井道顶端沿着线锤（或垂线）方向，在井道侧壁上安装电缆线槽或电缆，电缆线槽或电缆不得与任何电梯运动部件发生摩擦、碰撞。

2.安装中间井道接线盒时,也应沿着线锤(或垂线)方向进行,具体的安装高度应按随机资料确定。用膨胀螺栓或膨胀管、螺钉将接线盒固定在井道侧壁上,用接地线对接线盒进行电气连接。井道内如有分支盒、楼层分接线盒,其安装要求同中间井道接线盒;同时,分支盒、楼层分接线盒的安装位置要充分考虑各电气部件的位置,以便于排管布线,原则上分支盒、楼层分接线盒应与层门开关门装置在同一水平面上。

学习单元 3　限速器张紧装置的安装调试

一、限速器张紧装置的类型及作用

1. 限速器张紧装置的类型

如图 4-2-1 所示的限速器张紧装置的配重在张紧轮的下面,如图 4-2-2 所示的限速器张紧装置的配重在张紧轮的侧面。前者适合井道空间较紧张的场合,后者适合底坑空间较紧张的场合。

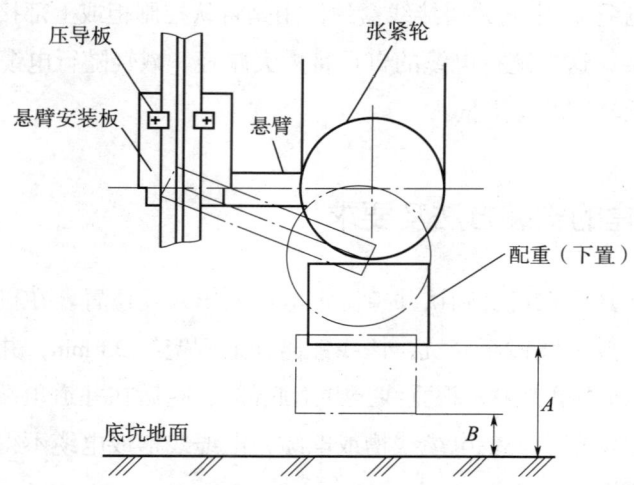

图 4-2-1　限速器张紧装置的配重在张紧轮的下面

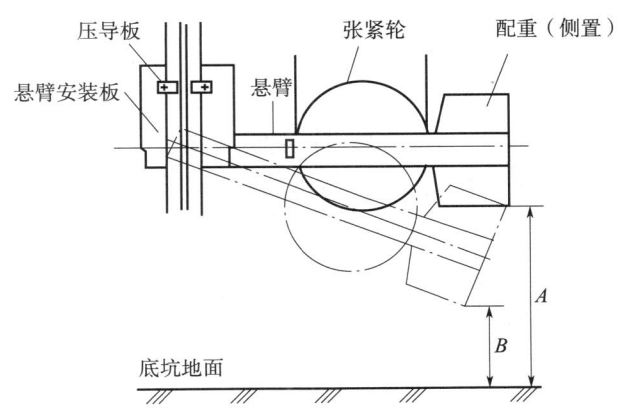

图 4-2-2　限速器张紧装置的配重在张紧轮的侧面

限速器张紧装置的底部与井道底坑地面的距离是有一定要求的,当限速器绳伸长导致这个距离由 A 变为 B 时,张紧装置的安全开关动作,电梯停运,需要调整该距离至 A 方可恢复电梯的运行。

2. 限速器张紧装置的作用

国家标准 GB 7588—2003 规定：限速器应由限速器绳驱动；限速器绳应用张紧轮张紧,张紧轮（或其配重）应有导向装置；限速器绳断裂或过分伸长,应有一个电气安全装置使电动机停止运转。由此可见,限速器张紧装置的作用是张紧限速器绳,使限速器绳伸长至一定尺寸时,电气装置动作,电动机停止运转。

二、限速器张紧装置的安装方法及要求

1. 将张紧轮的悬臂安装板用压导板固定在底坑内相应的导轨上（靠近限速器的一根）,并在配重下部垫入临时支撑物。

2. 将限速器绳一端从限速器靠近导轨的一侧放入井道至底坑,如图 4-2-3 所示。在机房将限速器绳挂在限速器上,防止其下滑；将限速器绳翻卷过来,将其另一端放至底坑。

3. 如图 4-2-4 所示,把距轿厢导轨较远一侧的限速器绳另一端穿过张紧轮,用两个钢丝绳绳夹将限速器绳两端固定在一起。

4. 将限速器绳上拉到轿厢直梁侧限速器拉杆附近,将下端限速器绳与拉杆用绳夹固定。松开固定限速器绳两端的绳夹,将上端限速器绳穿过拉杆上端的配件并用绳夹固定,各绳夹间距离如图 4-2-5 所示。注意,松开绳夹时,要防止限速器绳下坠。

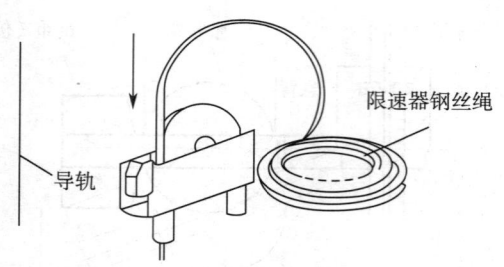

图 4-2-3 限速器绳放绳示意图

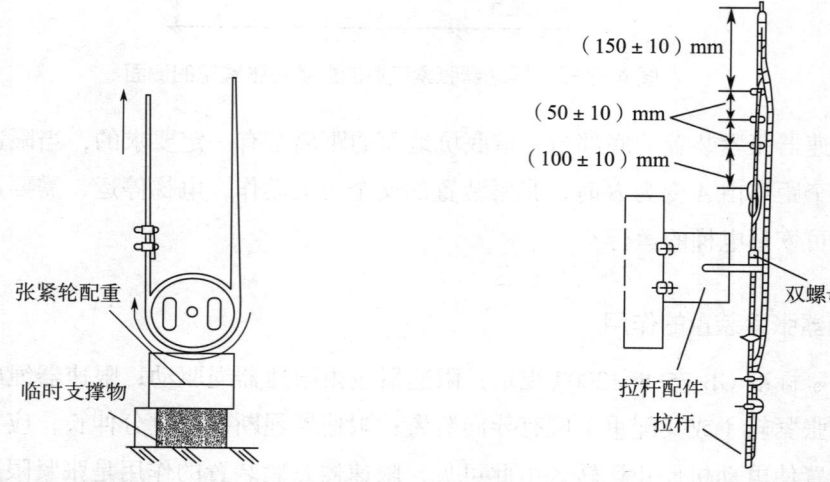

图 4-2-4 用两个钢丝绳绳夹固定限速器绳两端　　图 4-2-5 限速器绳与拉杆固定示意图

5. 拆去张紧轮配重下面的临时支撑物，确认张紧轮悬臂的水平度符合要求；切断不需要的末端限速器绳，并按要求对限速器绳进行包扎、缠绕（5圈以上）、固定。

6. 注意保证 A 的尺寸，即底坑地面到张紧轮配重底面的距离符合要求，具体尺寸参照随机图样调整。

三、限速器张紧装置的调整

安装后限速器绳伸长会使张紧轮悬臂下降，当 B 小于随机图样的规定值时，需要通过截短限速器绳来使 B 满足随机图样的规定值，否则会引起安全开关误动作，造成电梯急停。

学习单元4 层门部件的安装

一、电焊机的使用方法及要求

1. 电焊机的输出接线（见图 4-2-6）

（1）电焊钳通过连接线与电焊机上的电焊钳连接端口进行连接。
（2）接地夹通过连接线与电焊机上的接地夹连接端口进行连接。
（3）将焊件放置到焊剂垫上，将接地夹夹在焊件的一端。
（4）用电焊钳夹住电焊条的夹持端，准备焊接。

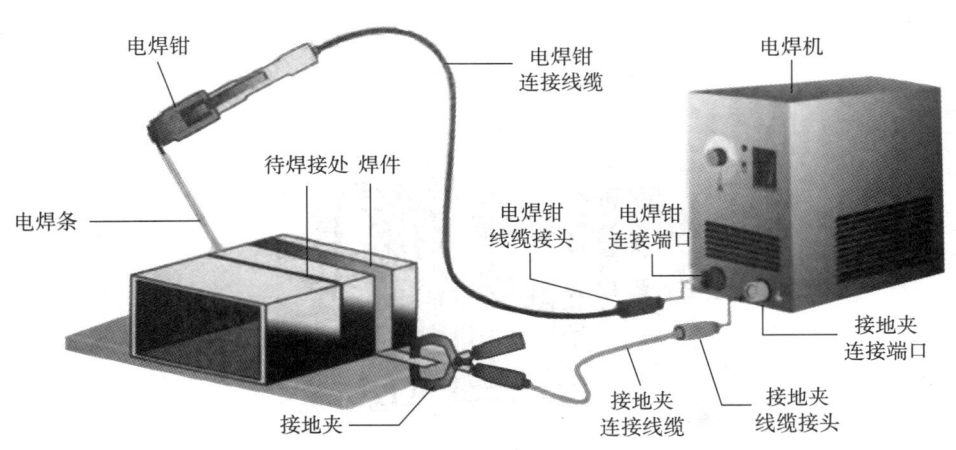

图 4-2-6 电焊机的输出接线

2. 电焊机的接地（见图 4-2-7）

将电焊机的外壳进行保护性接地或接零（接地装置可以使用铜管或无缝钢管，其接地电阻应小于 4 Ω，将其埋入地下的深度应大于 1 m），即用一根接地线的一端连接接地装置，用另一端连接电焊机的外壳接地端。每月检查一次电焊机接地状况是否良好。

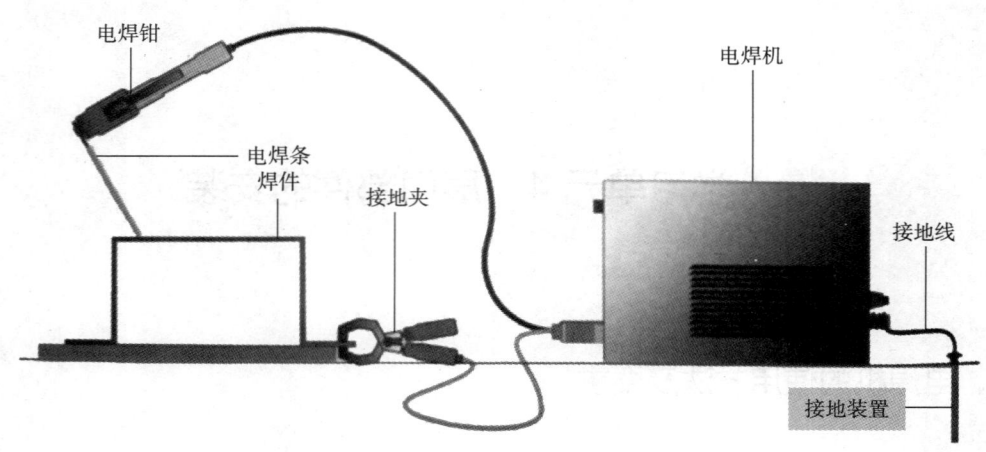

图 4-2-7 电焊机的接地

3. 电焊机的输入接线（见图 4-2-8）

将电焊机与配电箱通过电源线进行连接，并且保证电源线的长度为 2~3 m，在配电箱中应当设有过载保护装置、刀开关等，可以对电焊机的供电进行单独控制。

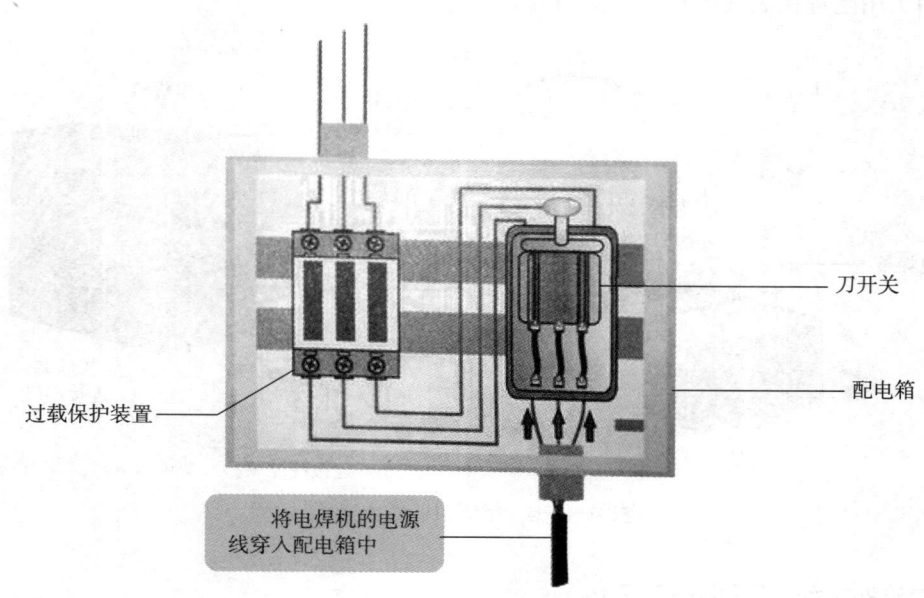

图 4-2-8 电焊机的输入接线

4. 电焊机的使用要求

（1）电焊机应平稳地放置在通风、干燥处。

（2）焊接面罩应不漏光、未破损。焊接人员和辅助人员均应按规定穿戴好个人劳动防护用品，并设置挡光屏以隔离焊件发出的辐射热。

（3）电焊机、电焊钳、电源线以及各接头部位要连接可靠、绝缘良好，不允许接线处发生过热现象，电源线端头不得外露，应用绝缘布包扎好。

（4）电焊机与电焊钳之间的导线长度不得超过 30 m，如有特殊需要，最多可延长至 50 m。导线有受潮、断股现象时应立即更换。

（5）电焊线通过道路时，必须架高或穿入防护管内埋设在地下；通过轨道时，必须从轨道下面穿过。

（6）在使用直流电焊机前，应擦净换向器上的污物，保持换向器与电刷接触良好。

（7）交流电焊机的使用要求

1）初级、次级线路接线应准确无误。输入电压应符合设备规定，严禁接触初级线路的带电部分。

2）次级抽头连接铜板必须压紧，接线柱应有垫圈。合闸前应详细检查接线螺钉及其他元件是否松动或损坏。

5. 焊接后注意事项

（1）完成焊接作业后，应立即切断电源，关闭电焊机开关，分别清理、归整好电焊钳电源线和接地线，以免合闸时造成短路。

（2）焊接过程中若发现自动停电装置失效，应及时停机断电进行检修。

（3）清除焊缝渣时，要戴上防护眼镜，注意头部应避开焊渣飞溅的方向，以免受伤，也不能对着在场人员敲打焊渣。

（4）在露天作业完后，应将电焊机遮盖好，以免淋雨。

（5）不进行焊接（如移动、修理、调整、工作间隙休息）时应切断电源，以免发生事故。

二、冲击钻的使用方法及要求

1. 钻孔时，首先应根据钻孔直径选择相应规格的钻头，并根据事先划定的标记进行钻孔。冲击钻钻头应保证垂直于混凝土墙面，同时应避免钻头过度抖动，防止所钻孔径过大影响安装强度。当遇到混凝土内的空洞或钢筋时，应及时在允许范围内调整钻孔位置。钻孔后，应去除孔洞内的混凝土粉末。孔洞四周的混凝土不允许出现裂纹等损坏现象。

2. 由于钻头遇到墙内钢筋会产生强大的旋转力，因此钻孔时应选择平坦、合适的站立位置，且必须使用安全带。

三、层门系统的结构

层门设在层站入口处，根据需要每层可设置一个或多个层门。层门类型主要有水平滑动门和垂直滑动门，本书主要以水平滑动门为主。水平滑动门又分为中分门和旁开门。层门系统一般由门扇、门套（门框）、地坎、悬挂装置、门锁装置等组成，如图4-2-9所示。

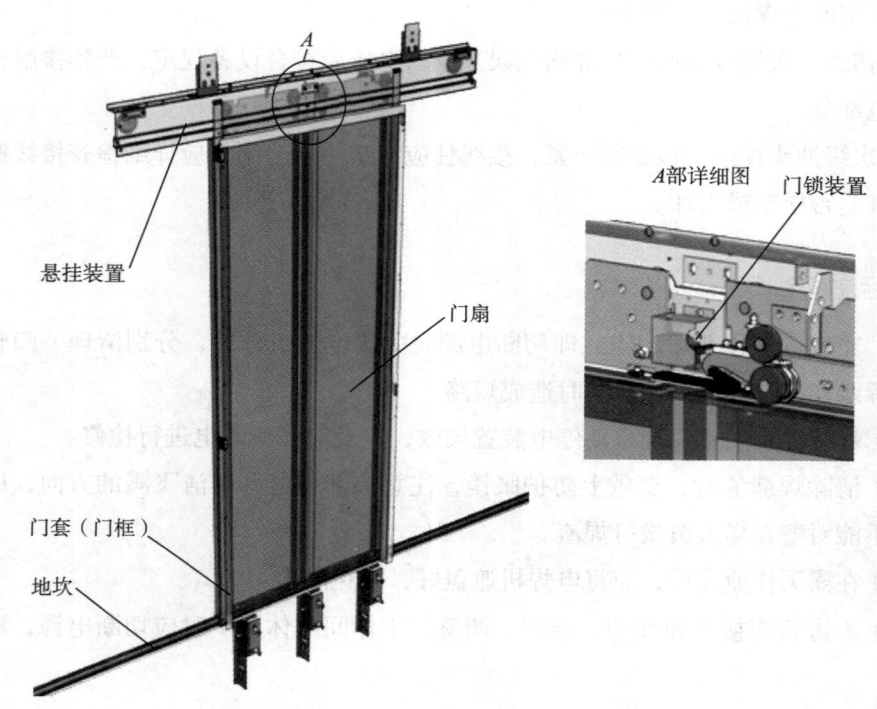

图4-2-9 层门系统结构示意图

四、层门地坎的安装

1. 确定层门地坎标高线

根据建筑物的标高线，在有层门预留孔洞的墙上引出标高线，然后在层门地坎上画出中心线，根据中心线分出开门距线并画线。

2. 安装层门地坎的方法

（1）在工艺规定的位置打入膨胀螺栓，用膨胀螺栓固定地坎托架固定座，如图 4-2-10 所示。

（2）将地坎托架固定在托架固定座上，如图 4-2-11 所示。

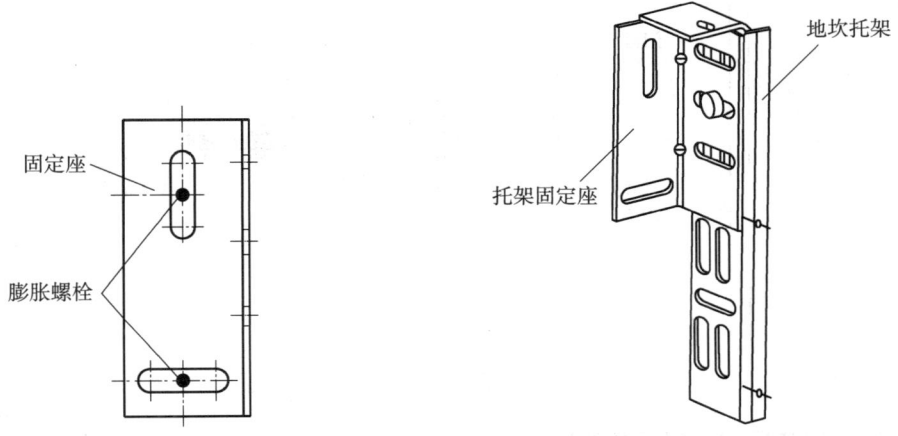

图 4-2-10　地坎托架固定座的安装　　　　图 4-2-11　地坎托架的安装

（3）把已安装托板的层门地坎放在地坎托架（钢牛腿）上，并与之固定，如图 4-2-12 所示。

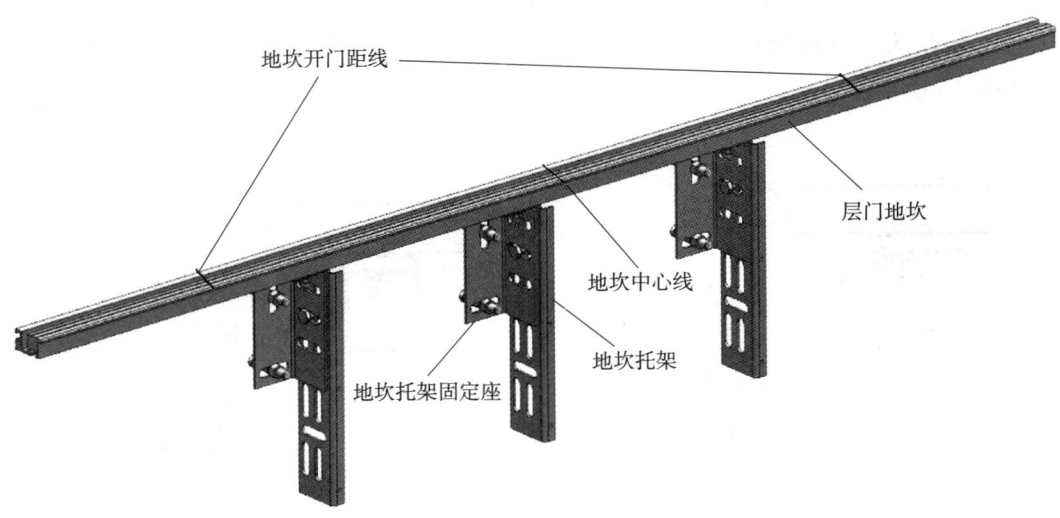

图 4-2-12　层门地坎的安装

五、层门门套的安装

1. 层门门套由门额和旁套（立柱）组成，先通过螺栓将门额与旁套拼装在一起，要求拼装处平整且旁套之间的尺寸与开门距一致，之后紧固装配螺栓，如图4-2-13所示。

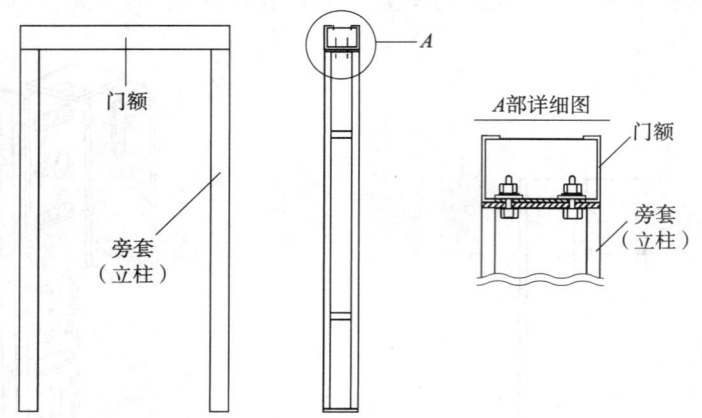

图4-2-13　层门门套拼装示意图

2. 把拼装好的层门门套放进层门预留孔洞，通过地坎安装座使旁套下端与层门地坎相连接，旁套下端内表面之间的距离与层门地坎的开门距应一致，如图4-2-14所示。

3. 将墙部的预留钢筋（地脚螺栓）与层门门套的装配支撑件进行焊接固定，如图4-2-15所示。

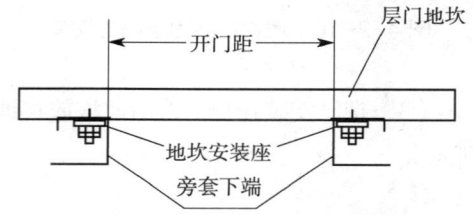

图4-2-14　层门门套与层门地坎连接示意图

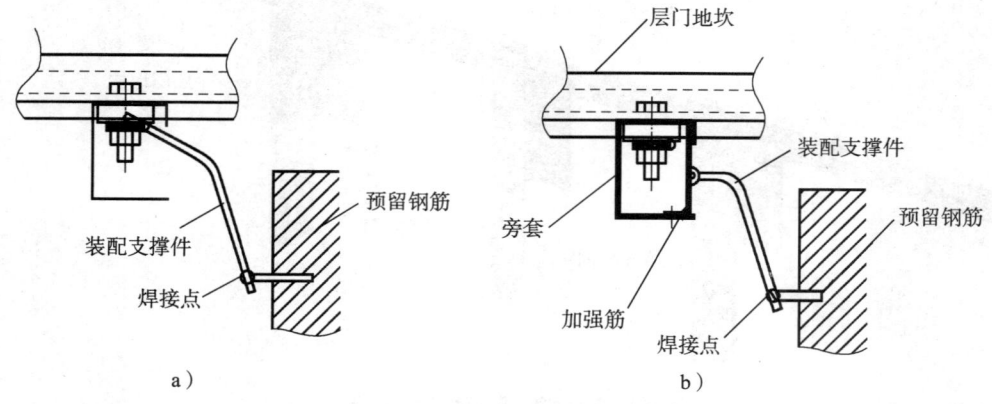

图4-2-15　立柱与门洞钢筋点焊示意图
a）下部　b）上部

六、层门悬挂装置的安装

1. 将层门装置悬挂件固定在层门门套的端部,如图 4-2-16 所示。

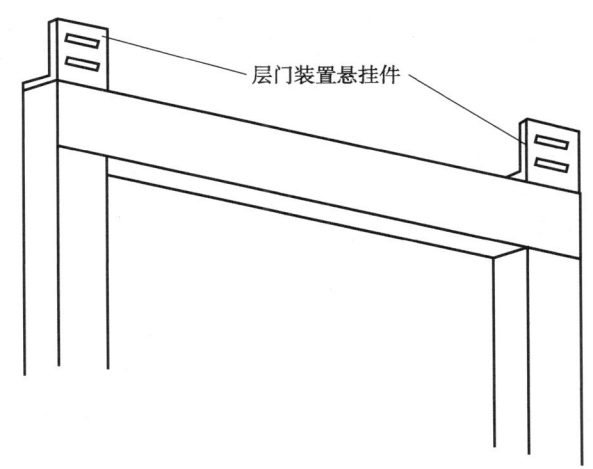

图 4-2-16　层门装置悬挂件端部示意图

2. 将层门悬挂装置插入层门装置悬挂件,用螺栓临时固定,调整层门悬挂装置的中心与出入口的中心,直至两者重合,如图 4-2-17 所示。

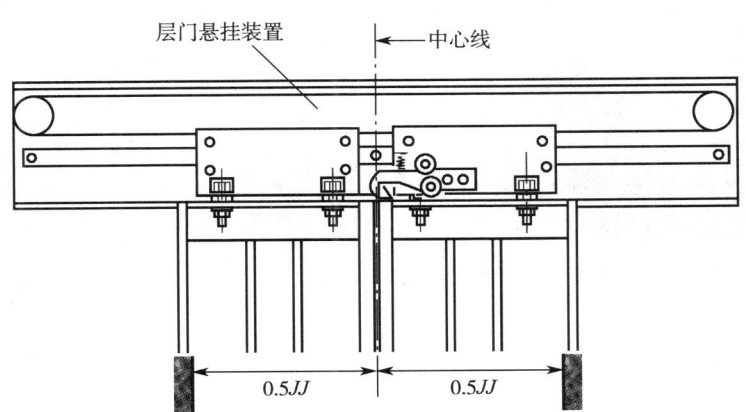

图 4-2-17　层门悬挂装置的中心与出入口的中心重合

3. 在墙上固定安装板,在安装板上有孔的位置打入膨胀螺栓,装入压板用螺栓固定,如图 4-2-18 所示。

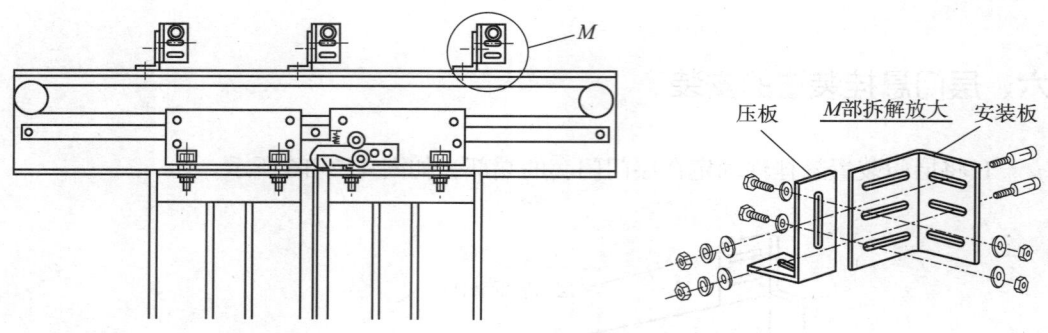

图 4-2-18　层门装置安装方法示意图

七、层门门扇及开锁装置的安装

1. 层门门扇的安装

（1）将层门门扇上端的安装孔对准门挂板的螺栓孔，放入适量的门垫片，旋进连接螺栓，如图 4-2-19 所示。检查层门门扇下端是否与层门地坎平行，若不平行则调整门扇，使其与地坎平行。

（2）在门扇下部安装门滑块，如图 4-2-20 所示。

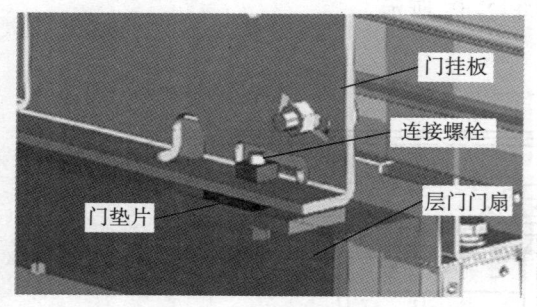

图 4-2-19　层门门扇安装示意图

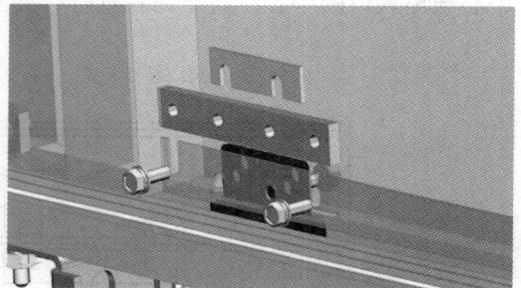

图 4-2-20　门滑块安装示意图

2. 紧急开锁装置的安装

（1）将紧急开锁装置安装在层门或层门门套的固定位置上。

（2）将解锁钢丝绳或顶杆安装在规定位置。

（3）确保用三角钥匙开锁时层门能打开。

（4）层门关闭后，检查门锁锁钩深度是否不小于 7 mm，如图 4-2-21 所示。在门锁锁钩深度不小于 7 mm 的条件下，门锁安全触点才允许接通；若门锁锁钩深度未达到 7 mm，门锁安全触点不允许接通。

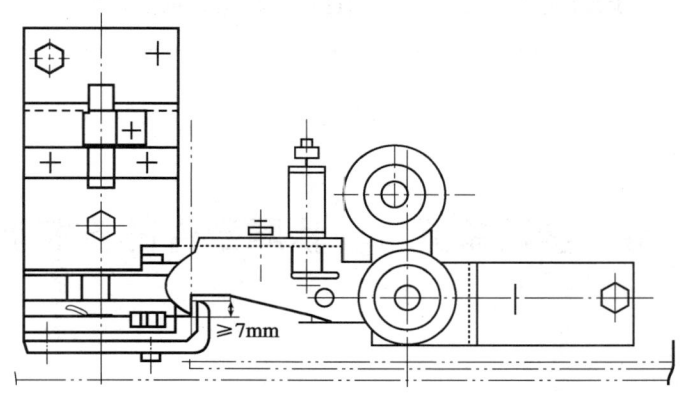

图 4-2-21　门锁锁钩深度示意图

八、层站召唤、显示装置和井道接线盒的安装

1. 层站召唤、显示装置的安装

（1）用卷尺（规格为 3 m）复核层站召唤、显示装置预留孔的位置及尺寸大小。

（2）将呼梯盒及显示盒放入预留孔，用木楔块固定。

（3）将呼梯盒面板和显示盒面板通过螺栓（或卡口）安装在呼梯盒和显示盒上。

（4）用线锤测量召唤、显示装置的垂直度，目测面板与墙面的间隙。

2. 井道接线盒的安装

（1）将细钢丝从机房电缆入口放至底坑，其上端固定在机房电缆入口处，下端挂上线锤，扶稳。

（2）根据随机资料确定井道接线盒在井道内的垂直位置。

（3）根据井道接线盒安装孔的尺寸，在井道侧壁用冲击钻钻孔，打入膨胀管，用螺钉固定。

（4）借助细钢丝目测井道接线盒的垂直情况。

课程 4-3　轿厢对重设备安装调试

■ 学习单元 1　轿厢部件的安装调试

一、手拉葫芦起吊轿架部件的方法

1. 安装时有脚手架，轿厢拼装位置在顶层

（1）在导轨施工结束后、拼装轿厢前，先拆除样架木和样架木上的细钢丝，然后拆除顶层以上部分的脚手架及篦笆、踏板。

（2）在机房曳引机孔位置设置起吊梁（16 mm 工字钢或 ϕ100 mm×4 mm 圆钢管），在起吊梁上设置起吊索，起吊索通过曳引机孔进入井道。将手拉葫芦挂在起吊索上，在井道外顶层层站处的下梁上，对称地挂上两根吊索并用手拉葫芦的吊钩钩住。

（3）慢慢起吊下梁，当下梁上的吊索张紧时，观察两根吊索与手拉葫芦形成的夹角，要求小于 60°。若夹角太大，则应调整。

（4）在下梁上系一根绳子，由一名作业人员拉住该绳，注意作业人员不要靠近井道。当下梁脱离层站地面并逐渐进入井道后，慢慢松绳，直至下梁平稳地吊置在井道中间。

（5）松开手拉葫芦，使下梁下降至所要求的位置。

2. 安装时无脚手架，轿厢拼装位置在底层

（1）在底部导轨施工结束后、拼装轿厢前，要先清理井道底部影响拼装的杂物。

（2）在已安装好的最上档的轿厢导轨左、右支架上分别挂上吊索，并把手拉葫芦

挂在左、右吊索上。

（3）其余步骤与安装时有脚手架的步骤（3）、（4）、（5）相同。

二、轿底部件的安装调试

1. 在拼装轿厢前，要先拆除上梁与下梁之间的脚手架（无脚手架除外）。

2. 将轿底侧着竖起，并移到层门处，选定吊挂点，用两根能承载 1 t 的环形吊带作为吊环，使用手拉葫芦起吊轿底，将其吊移至安装位置；慢慢松手拉葫芦，放下轿底，将轿底缓缓地移到下梁上，如图 4-3-1 所示，并用螺栓将轿底暂时固定在下梁上。

3. 使轿厢地坎与层门地坎的间距为（30+3）mm，两地坎的平行度误差不超过 1 mm，并使轿底中心对准层门地坎中心，校正轿底的水平度，紧固下梁与轿底之间的连接螺栓。

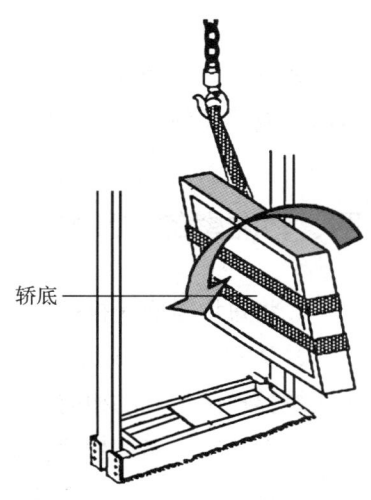

图 4-3-1　轿底吊装就位示意图

4. 如图 4-3-2 所示，用斜拉杆将轿底与直梁连接。斜拉杆与轿底的紧固方法是先用手拧上内侧螺母，再用扳手旋紧（旋紧程度见随机资料相关要求），然后将弹簧垫圈、外侧螺母拧上并旋紧。

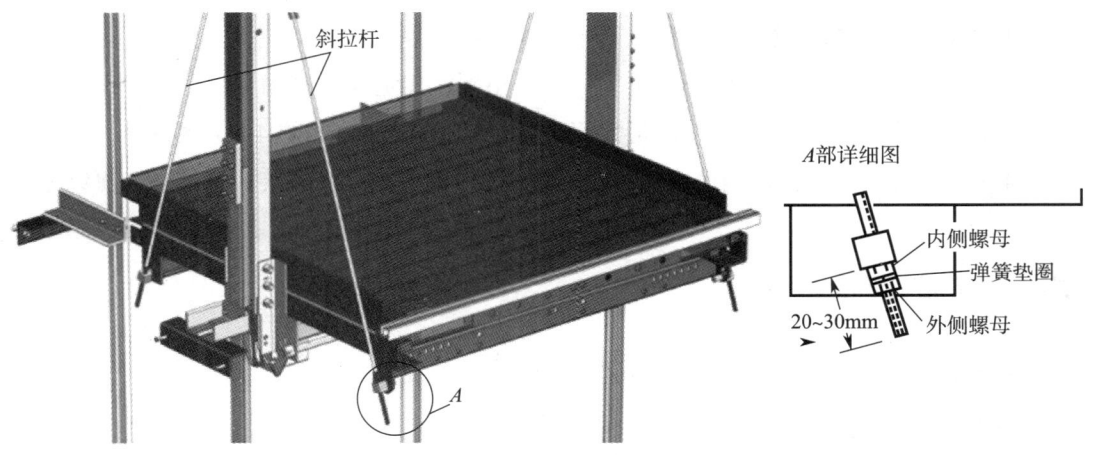

图 4-3-2　轿底组装示意图

三、轿顶的安装

轿顶的安装有两个方案，如果直梁长度够长就选择方案一，反之则选择方案二。

方案一：待轿厢壁安装好以后，将轿顶抬起，放在轿厢壁顶上，通过螺栓将轿顶与轿厢壁连接。

方案二：将轿顶抬起至上梁下方，用起吊绳将轿顶吊在上梁下，待轿厢壁安装好以后，放下轿顶，通过螺栓将轿顶与轿厢壁连接。

四、轿厢壁的安装与调整

1. 将每块轿厢壁板拼接处的保护膜除去。
2. 从轿厢转角开始拼接，先将组成转角的后壁板与侧壁板（两块）在轿外组合，再用螺栓连接轿底的相应位置，三个壁板之间也用螺栓连接。
3. 在轿顶与轿厢壁连接后，校正轿厢壁的垂直度，并调整轿厢壁接缝处的高低差（应不超过 0.5 mm）。旋紧组装轿厢所用的所有螺栓。
4. 根据随机资料安装轿厢与轿架间的防振装置。

五、轿内操纵箱的安装调试

1. 将轿厢壁上轿内操纵箱预留孔周围的保护膜除去。
2. 将轿内操纵箱安装在轿厢壁上，一般用小螺栓固定或用搭扣夹住。
3. 轿内操纵箱面板与轿厢壁的最大间隙应不大于 1 mm，如图 4-3-3 所示。
4. 目前，很多电梯的轿内操纵箱与轿厢壁做成一体，这时无须专门安装轿内操纵箱。

六、风机的安装调试

1. 根据随机图样确定风机安装位置，一般在轿顶处。
2. 一般通过螺栓将风机固定在指定位置。
3. 要求螺栓固定牢靠，不能遗漏隔振设施，外壳无变形、无碰擦风叶等现象且可靠接地。

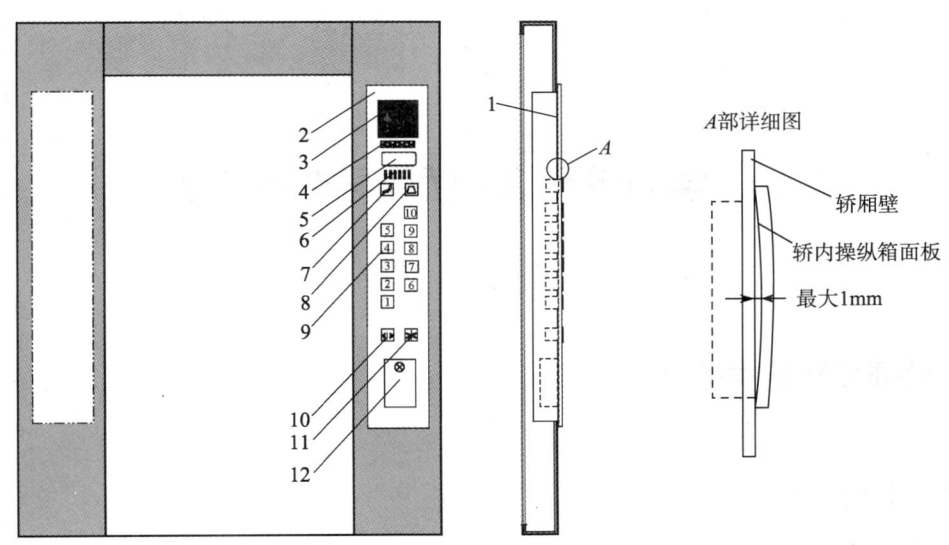

图 4-3-3　轿内操纵箱安装要求示意图
1—轿内操纵箱　2—轿内操纵箱面板　3—轿内显示装置　4—轿厢应急照明灯　5—电梯铭牌　6—对讲孔
7—通话按钮　8—警铃按钮　9—楼层指令按钮　10—开门按钮　11—关门按钮　12—暗盒盖

七、照明设备的安装调试

目前，轿厢一般采用 LED 灯、日光灯、筒灯等照明灯，灯座出厂时都已安装在轿顶上，常用的灯座有螺旋灯座和插口灯座，现场只需要将照明灯直接旋或插在灯座上即可。

八、装饰顶的安装调试

1. 装饰顶主要是用来美化轿顶的，与轿顶照明设备构成一个整体。
2. 安装人员一般在轿内安装装饰顶，可采用搭扣固定的形式，或将装饰顶直接安放在轿顶的翻边搭接处。
3. 装饰顶的安装要求是与轿顶连接处无明显缝隙，电梯运行时无抖动，固定牢靠。

学习单元2 轿厢导靴的安装

一、轿厢导靴的类型及作用

1. 轿厢导靴的类型

轿厢导靴分为滑动导靴和滚轮导靴。滑动导靴又有弹性滑动导靴和刚性滑动导靴之分，一般用弹性滑动导靴较多。

2. 轿厢导靴的作用

轿厢导靴设置在轿架上，其靴衬在轿厢导轨上滑动或滚动，是使轿厢沿导轨运行的导向装置。

二、轿厢导靴的安装方法

1. 滑动导靴的安装方法

下面以某型号弹性滑动导靴为例介绍滑动导靴的安装方法。

（1）在轿架刹住的情况下，让导靴的靴衬刚好碰到导轨工作面，用螺栓将导靴固定在轿架的规定位置上。

（2）将螺母1松到如图4-3-4所示的位置，用压紧螺母固定。

（3）确认X尺寸（某工厂设定的X范围为1~2.5 mm）。当X尺寸不符合工厂设定的范围要求时，应调整轿架，以使X尺寸在工厂设定的范围内。

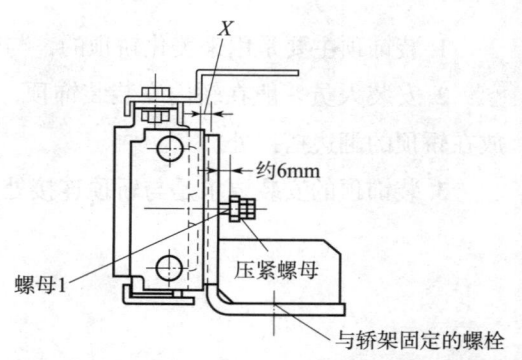

图4-3-4 某型号弹性滑动导靴的安装方法

其他型号的滑动导靴安装方法见产品随机资料或安装说明书。

2. 滚轮导靴的安装方法

滚轮导靴有多种样式，结构基本类同。某型号滚轮导靴的侧面和正面分别如图 4-3-5 和图 4-3-6 所示，其结构如图 4-3-7 所示。下面介绍其安装方法。

图 4-3-5　某型号滚轮导靴侧面

图 4-3-6　某型号滚轮导靴正面

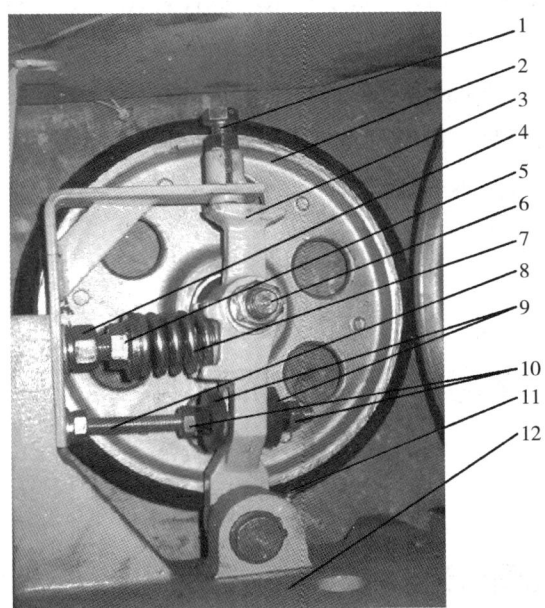

图 4-3-7　某型号滚轮导靴的结构

1—顶置螺栓　2—工作滚轮　3—滚轮摆臂　4—锁紧螺母　5—调压螺杆　6—轮轴油嘴　7—压缩弹簧　8—静止螺杆　9—胶垫螺母　10—调节锁紧螺母　11—摆臂轴油嘴　12—导靴座

（1）这种滚轮导靴的工作滚轮可微调节，在安装前先将3个工作滚轮的顶置螺栓旋松。

（2）再将锁紧螺母旋松，使调压螺杆后退。

（3）然后将静止螺杆上的调节锁紧螺母和胶垫螺母一起松开。

（4）让滚轮摆臂向后摆动，当工作滚轮的工作面已离开工作区域时，可暂时旋紧顶置螺栓，顶紧滚轮摆臂顶端，使滚轮摆臂被暂时固定而不能前摆。

（5）此时，滚轮导靴的工作滚轮处于打开状态，导靴座可卡进导轨，在相应的安装位置穿入螺栓紧固导靴座即可。

（6）然后再一次旋松顶置螺栓，并旋出调压螺杆使其顶紧压缩弹簧，使滚轮摆臂向前摆动，使工作滚轮的工作面接触导轨工作面；再将调压螺杆旋出 1/2 圈，就加上了顶面预紧力，然后旋紧锁紧螺母。

（7）调整胶垫螺母与滚轮摆臂的间距。

1）将阻止滚轮摆臂前摆的胶垫螺母（右侧的）旋至胶垫平面与滚轮摆臂之间还剩 1 mm，接着将调节锁紧螺母与胶垫螺母并紧。

2）将阻止滚轮摆臂后摆的胶垫螺母（左侧的）旋至胶垫平面与滚轮摆臂之间还剩 1 mm，也将调节锁紧螺母与胶垫螺母并紧。这样，工作滚轮就有 ±1 mm 的调节间距了。

为了防止轿厢运动时顶置螺栓松脱，影响滚轮摆臂的正常摆动，在将顶置螺栓旋松后必须将它的螺母旋紧。调整好的工作滚轮应用手盘动，感觉稍微有阻滞感即可（各工作滚轮的阻滞感应基本一致）。

学习单元3　轿顶电气部件接线

一、轿顶电气接线图识读

轿顶电气接线图如图 4-3-8 所示，一般根据随机资料确定各电缆代号及接线要求。

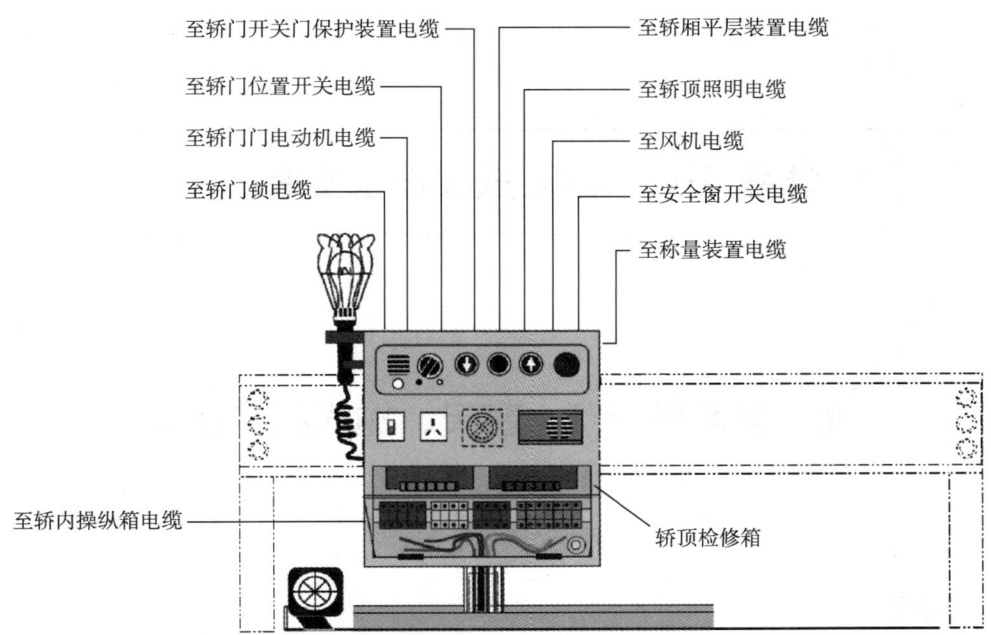

图 4-3-8　轿顶电气接线图

二、轿顶电缆的敷设方法及要求

1. 轿顶电缆或线槽应按照随机电气接线图所要求的走向进行敷设，尽量沿轿顶边缘及脚踩不到的地方敷设。

2. 要防止电缆的自重对接插件产生拉力。

3. 门电动机电缆与其他信号线不能绑扎在一起。

三、轿顶风机、照明设备的接线方法及要求

1. 将轿顶风机电缆、照明电缆一端的接插件分别与轿顶检修箱（接线箱）同名插件连接。

2. 按随机电气接线图，将轿顶风机电缆、照明电缆的另一端分别用尼龙压线帽与风机、照明设备连接。

课程 4-4　自动扶梯设备安装调试

学习单元 1　塞尺、抛光机的使用

一、塞尺

塞尺又称测微片、厚薄规、测隙规，由若干片不同厚度的薄钢尺片组成一组。它主要用来测量两接合面之间的缝隙。在每片尺片上都标有厚度，如图 4-4-1 所示。

1. 使用方法

（1）平面塞缝。平面塞缝的操作方法如图 4-4-2 所示，先将尺片前端一小段塞进缝内，左手拿尺套，右手食指（尽量靠近工件）压住尺片，靠手指与尺片之间的摩擦力（有时衬上细纱布）轻轻地往前推（这种方法主要用于 0.1 mm 以下的薄尺片）。

（2）弧面塞缝。弧面塞缝的操作方法如图 4-4-3 所示，具体方法与平面塞缝相同，但尺片要贴在弧面上。

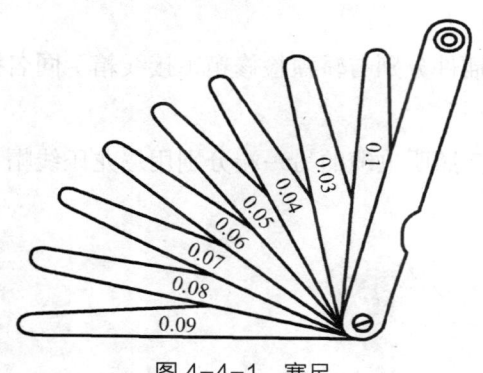

图 4-4-1　塞尺

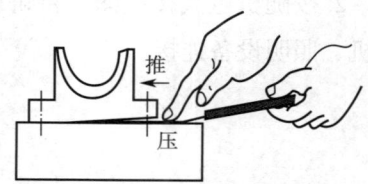

图 4-4-2　平面塞缝的操作方法

（3）立缝塞缝。立缝塞缝的操作方法如图 4-4-4 所示，左手拿尺套，右手拇指、食指两指尽量靠前捏住尺片，其他三指自然收拢，轻轻地试着向里插。

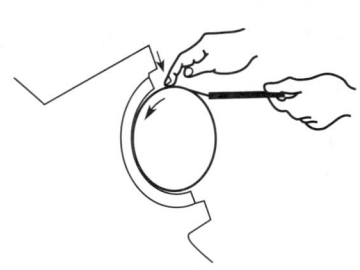
图 4-4-3　弧面塞缝的操作方法

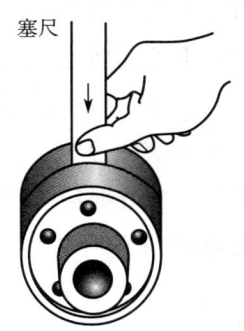
图 4-4-4　立缝塞缝的操作方法

2. 使用要求

（1）使用前必须确认塞尺是否经过校验，以及是否在校验有效期内。

（2）观察塞尺是否弯折、生锈，以免影响准确度。

（3）先将塞尺和工件上的污垢与灰尘都擦拭干净。

（4）使用塞尺时不能戴手套。

（5）不能用塞尺测量温度较高的工件。

（6）根据接合面的间隙情况选用塞尺片数，但片数越少越好。

（7）将塞尺插入间隙时，以稍感拖滞为宜。

（8）不允许在测量过程中弯折塞尺，也不允许用较大的力硬将塞尺插入被测量间隙，否则将损坏塞尺的测量表面或零件表面。

二、抛光机

自动扶梯安装过程中使用的抛光机一般为手持式抛光磨砂机。它是一种高效率的机械化手持电动工具，用于自动扶梯装饰部件的切割、除锈、去毛刺、打磨、抛光等工序。

1. 抛光机使用前检查

（1）工作前应先检查磨片有无缺损、裂纹，电源插头、插座、电源线等有无破损，防护罩是否安装且有效。必须在确认抛光机安全、可靠后方可使用。

（2）插入电源前，必须卸掉插在抛光机上的调整工具、并确认开关处于关闭状态。

2. 抛光机的使用方法

（1）在无负荷的状态下进行至少 30 s 的试转，确认无异常后方可开始使用。

（2）操作时必须将电源线置于抛光机的后端，以防触电或意外的发生。

（3）工作中必须双手握紧抛光机，要确保站稳，并正确穿戴个人劳动防护用品。

（4）工作中突然停电时，必须马上将开关设定在关闭位置。

（5）打磨、抛光时应均匀用力，严禁用力过大、过猛或撞击物件。

（6）工作结束必须先关闭开关，待抛光机完全停止转动后方可将其放下，并将磨片朝上。

3. 抛光机的安全注意事项

（1）严禁使用已受潮的磨片及有缺损、裂纹等缺陷的磨片。

（2）禁止在易燃易爆的场所（如油漆房等区域）使用抛光机。

（3）禁止对着他人操作抛光机，以免飞溅物伤人。

（4）禁止使用开关有故障的抛光机。

（5）相关辅助把手、防护罩等要齐全。

（6）使用前和使用过程中，抛光机一经发现缺陷、故障或异常，必须停用报修。

（7）严禁通过拉扯电源线的方式拔出插头，电源线必须远离高温环境、油液、锋利物品或抛光机的旋转部位，以防电源线损坏导致触电事故的发生。

（8）调整、更换零配件或存放设备前，都必须拔出电源线。

学习单元 2　护壁板的安装调试

一、护壁板的类型及作用

1. 护壁板的类型

护壁板一般分为透明型护壁板和非透明型护壁板。透明型护壁板一般为钢化玻璃材料制成的，非透明型护壁板通常为不锈钢材料制成的。

2. 护壁板的作用

护壁板是位于扶手带下方，装在内侧盖板与外侧盖板之间的装饰护板，用来确保朝向梯级一侧的扶手装置是光滑、平齐的，同时用来支撑扶手盖板（或扶手导轨）。

二、护壁板的安装方法及要求

由于自动扶梯型号不同，因此各制造商生产的护壁板的安装方法也不尽相同。本学习单元主要介绍某种透明型护壁板的安装方法。

1. 检查玻璃保持器的位置

（1）除了弯曲段外，自动扶梯在出厂前已完成了其他所有玻璃保持器的装配和调整，因此，通常情况下在安装现场不要旋松图 4-4-5 中标"◆"的螺栓。

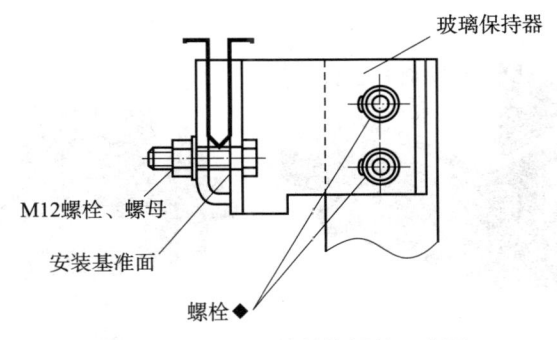

图 4-4-5　不要旋松的螺栓示意图

（2）安装玻璃夹具及玻璃护壁板前，应根据随机图样检查所有玻璃保持器的位置，确认桁架上、下部水平段及中部直线段玻璃保持器的位置正确，如图 4-4-6 所示，尤其是上、下部水平段玻璃保持器的位置。自动扶梯在出厂时，对玻璃保持器的定位已设有垂直、水平方向的两条定位线，如图 4-4-7 所示。若发现位置不正确，应先调整到位后再进行安装。

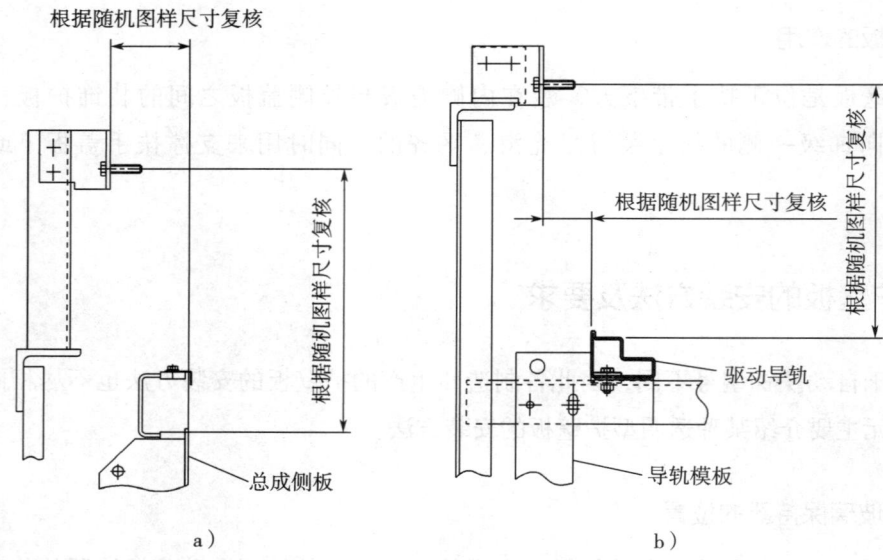

图 4-4-6 与玻璃保持器相关的需要复核的尺寸示意图
a）上、下水平段　b）中部直线段

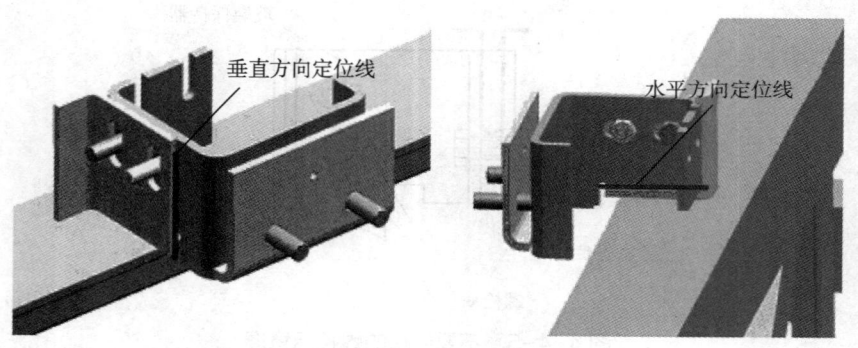

图 4-4-7 玻璃保持器定位线

2. 安装玻璃夹具

如图 4-4-5 所示，以安装基准面为基准，现场装配玻璃夹具。先略微旋紧 M12 螺母以夹住玻璃夹具，然后在每个玻璃保持器的位置将玻璃下衬垫放入玻璃夹具中。放置玻璃下衬垫的时候要将其单边翘起，使其开口尽量张开，以便于放入玻璃护壁板，如图 4-4-8 所示。

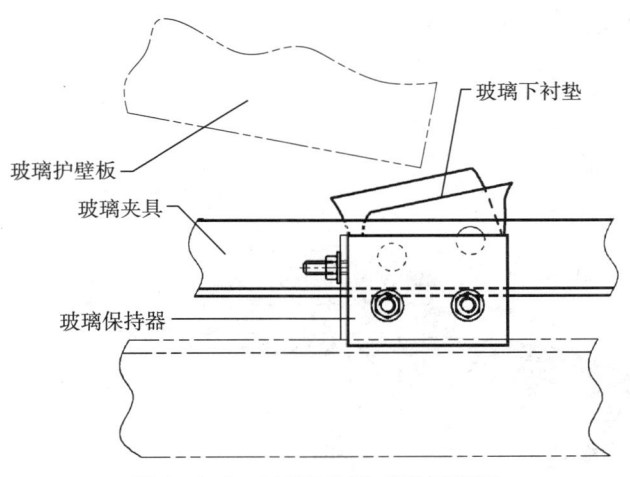

图 4-4-8　玻璃下衬垫安装示意图

安装玻璃夹具时，先按图 4-4-9 所示，将上、下弯曲段玻璃夹具安装到位，注意保证图中标"★"的尺寸符合随机图样要求，然后将 $M—M$ 视图中的六角螺母旋紧，防止在调整上、下弯曲段玻璃护壁板时，玻璃夹具移动。

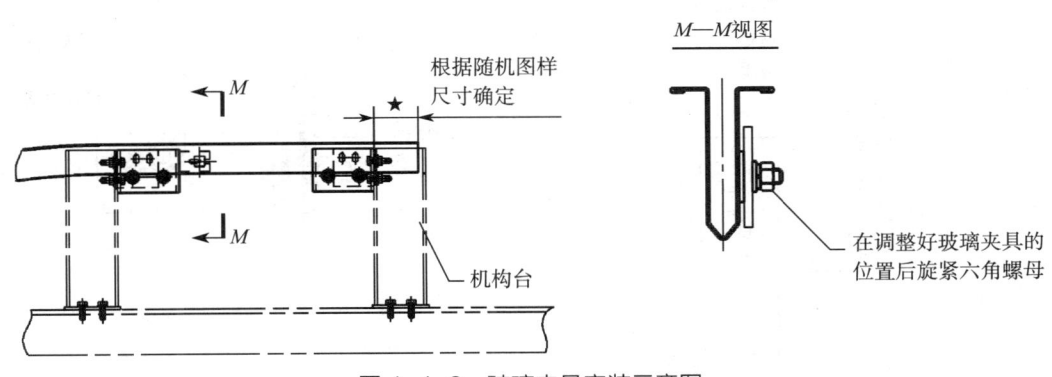

图 4-4-9　玻璃夹具安装示意图

3. 安装上、下弯曲段玻璃护壁板

（1）如图 4-4-10 所示，放入上弯曲段玻璃护壁板，以水平段第一个玻璃保持器外侧平面到玻璃护壁板下缘的水平距离 A（具体见随机图样）为基准，调整上弯曲段玻璃护壁板。下弯曲段玻璃护壁板的安装方法参考上弯曲段玻璃护壁板。

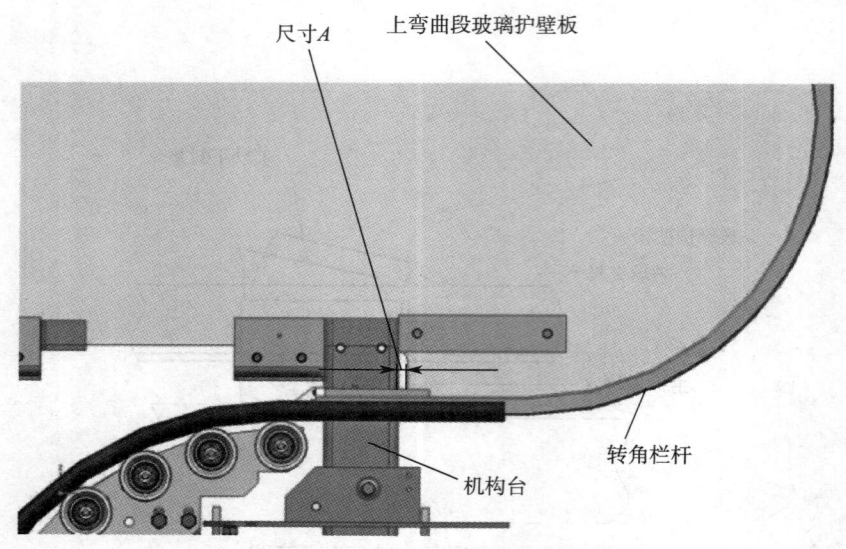

图4-4-10 放入上弯曲段玻璃护壁板示意图

（2）分别旋紧转角支撑件、机构台上玻璃压板处的M12螺母，固定玻璃压板，如图4-4-11和图4-4-12所示。

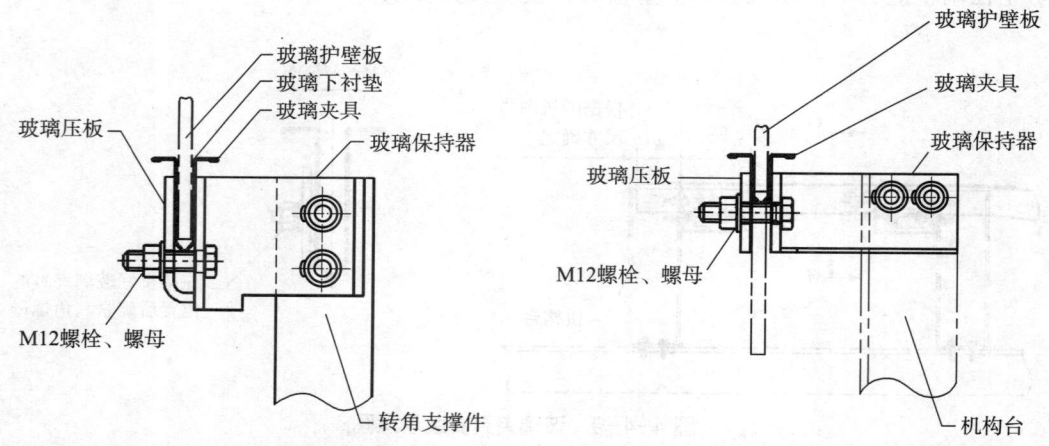

图4-4-11 上弯曲段玻璃护壁板分体示意图一　　图4-4-12 上弯曲段玻璃护壁板分体示意图二

4. 安装中间直线段玻璃护壁板

在安装上、下弯曲段玻璃护壁板和扶手转角栏杆后，从下到上依次安装中间直线段玻璃护壁板。注意，玻璃护壁板有铅垂玻璃护壁板和直角玻璃护壁板两种，如图4-4-13所示。

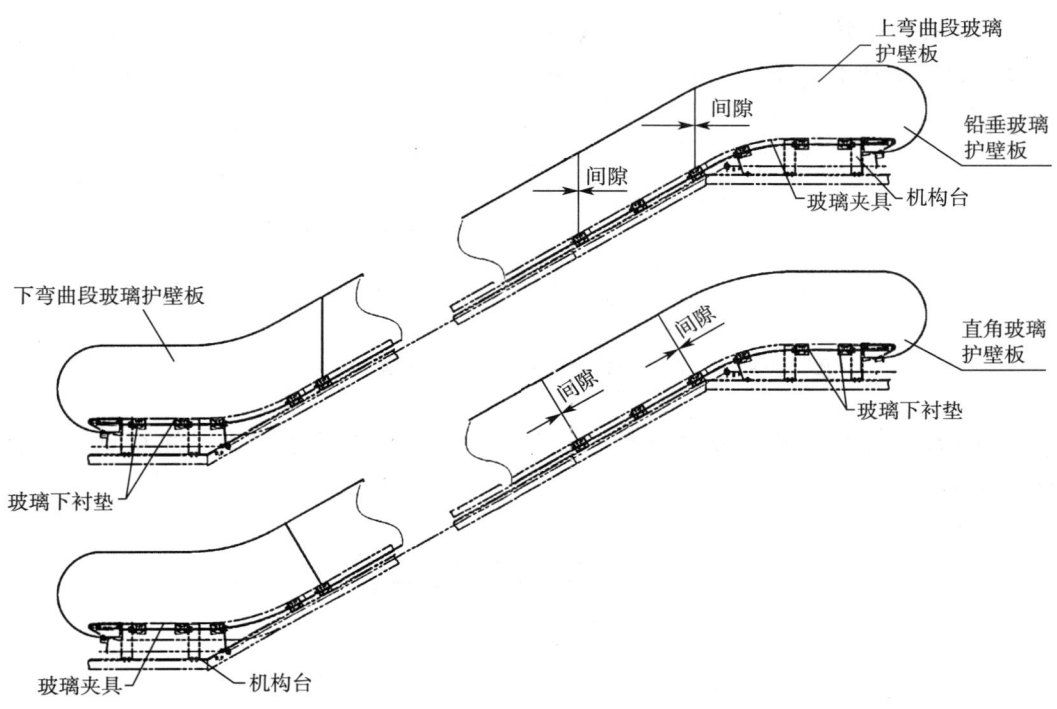

图 4-4-13 安装中间直线段玻璃护壁板示意图

5. 安装扶手转角栏杆

自动扶梯的扶手转角栏杆的安装应该在完成上、下弯曲段玻璃护壁板的安装后进行。

（1）在玻璃护壁板的上、下转角处贴上双面胶带，安装扶手转角衬垫和填料，如图 4-4-14 所示。

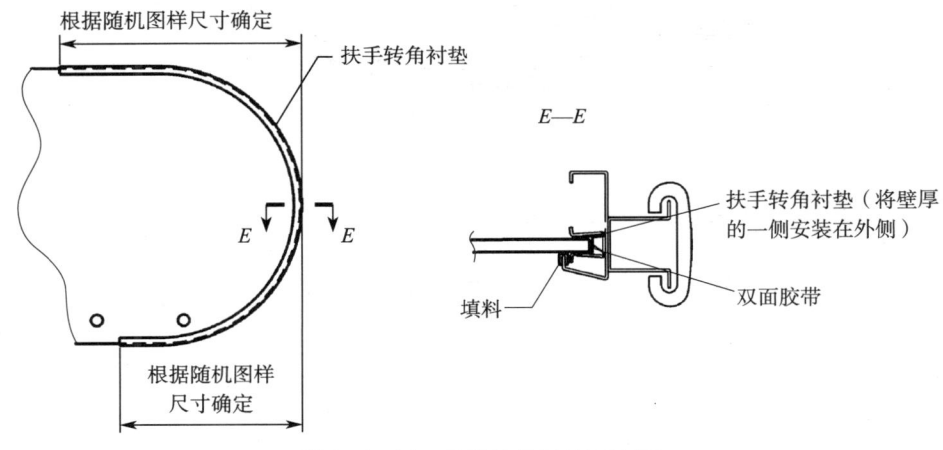

图 4-4-14 安装转角衬垫示意图

（2）在扶手转角栏杆上端距离弯曲段导轨接头 50 mm 的位置 A、B，各安装一个玻璃夹具，玻璃夹具的厚度根据随机资料确定，如图 4-4-15 所示。将玻璃夹具切断时要做倒角。

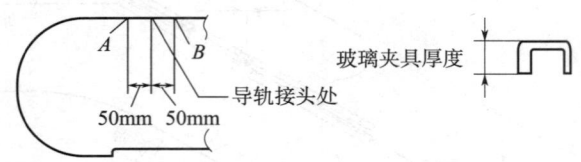

图 4-4-15　在扶手转角栏杆上端安装玻璃夹具的示意图

（3）将扶手转角栏杆从玻璃护壁板前方插入，移动扶手转角栏杆并使之满足图 4-4-16 中的尺寸要求。

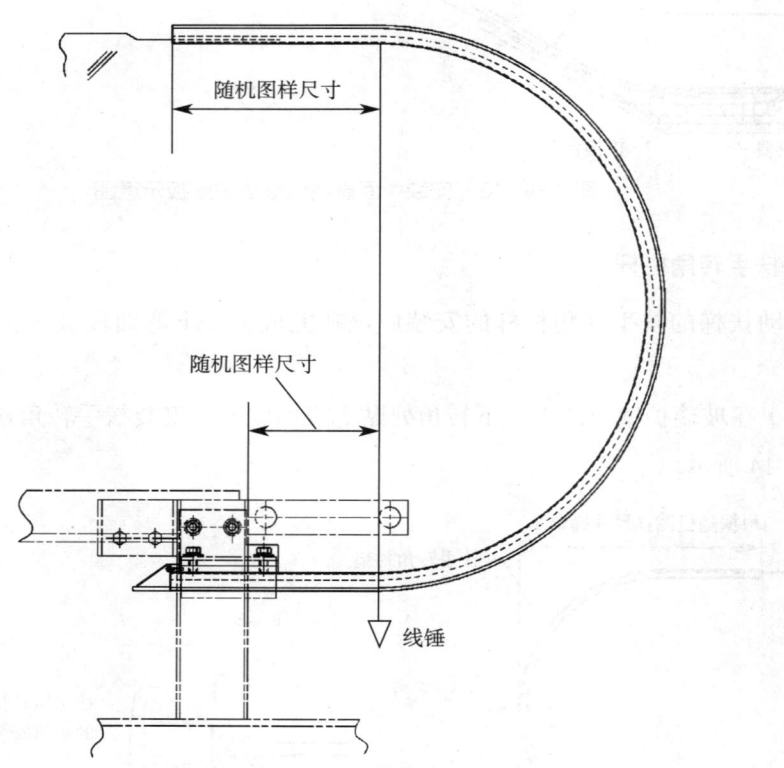

图 4-4-16　扶手转角栏杆与机构台的尺寸要求

（4）安装扶手转角栏杆下方的导向件，如图4-4-17所示。

（5）紧固螺栓、螺母等紧固件。

（6）对于两台或两台以上并排且紧靠在一起的自动扶梯，各扶手转角栏杆前端应保持平齐，偏差应不大于10 mm。

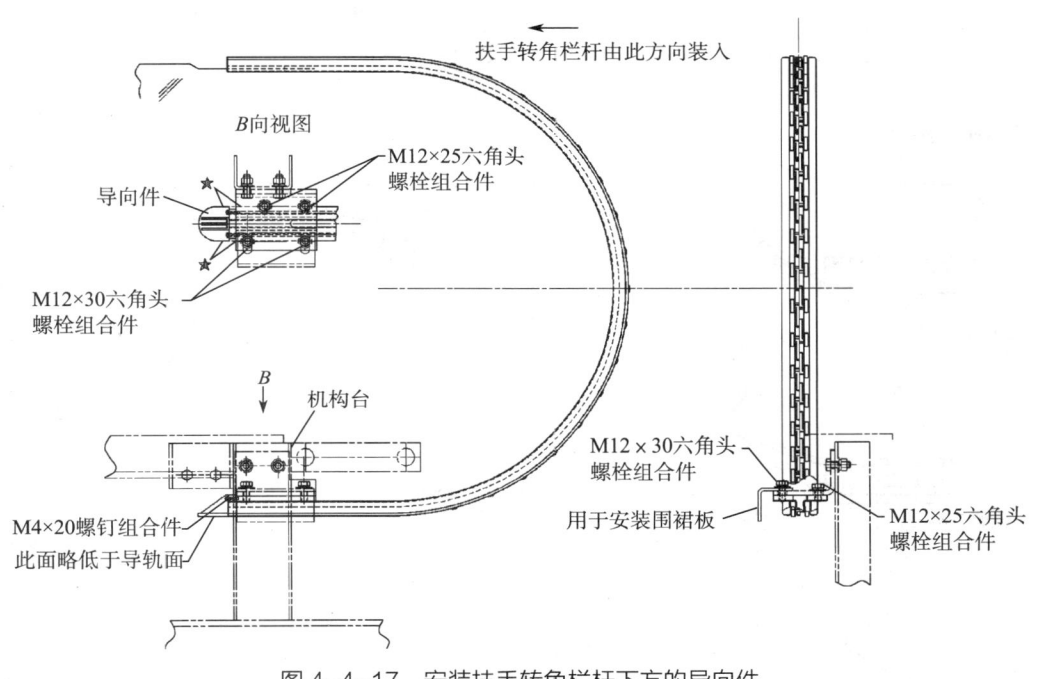

图4-4-17 安装扶手转角栏杆下方的导向件

三、护壁板间隙和平整度的调整

1. 根据实际玻璃护壁板尺寸计算中间直线段玻璃护壁板长度，再测量中间直线段空当距离，然后确定玻璃护壁板平均间隙。注意，玻璃护壁板的上、下端间隙均需要进行测量，若上、下端间隙相差较大，则应在安装玻璃护壁板时应适当进行调整。

2. 对于中间直线段玻璃护壁板，将相邻玻璃护壁板的高低差调整到2 mm以下（见图4-4-18中的D部详细图），上部内侧的平面差调整到10 mm以下（见图4-4-18中的$C—C$），下部内侧的平面差调整到2 mm以下（见图4-4-18中的$B—B$），然后紧固玻璃压板。

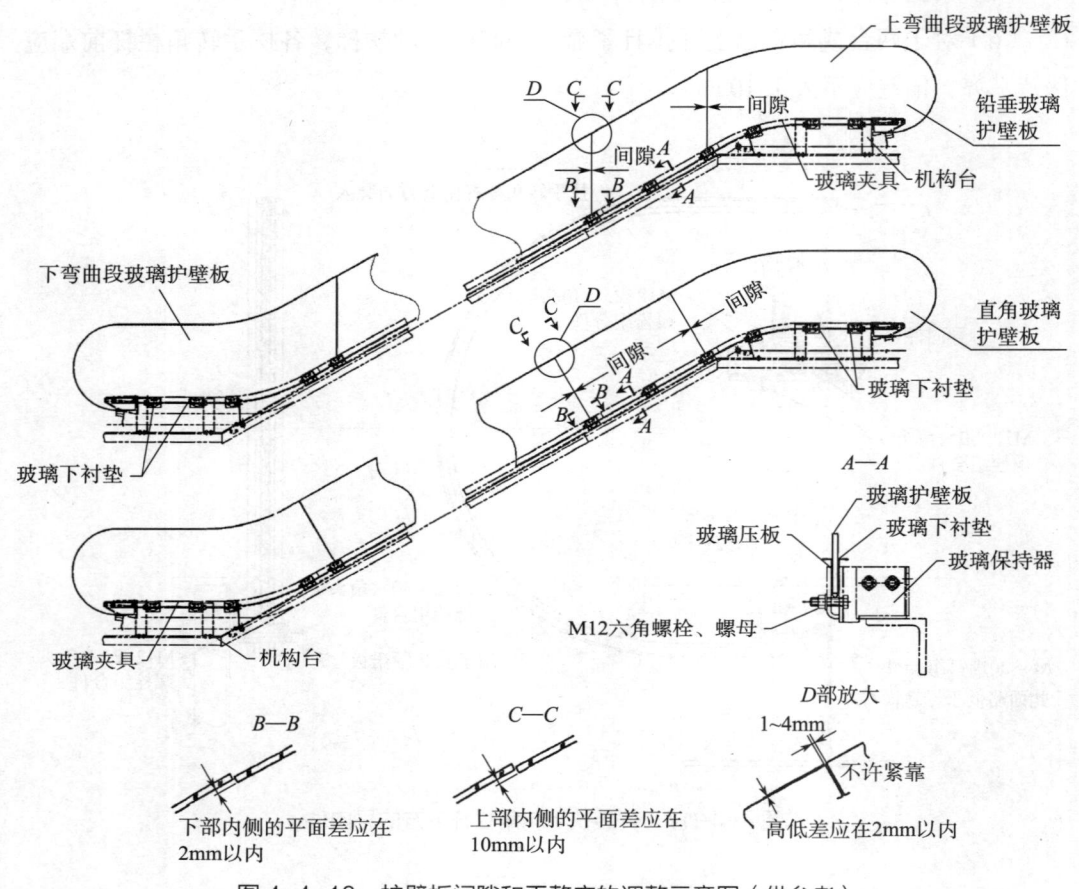

图 4-4-18 护壁板间隙和平整度的调整示意图（供参考）

3. 调整各玻璃护壁板之间的间隙至 1~4 mm，并使其基本相等（见图 4-4-18 中的 D 部详细图）。如果有的玻璃护壁板间隙大于 4 mm，则必须按次序重新调整所有玻璃护壁板的间隙，直至全部符合 1~4 mm 的间隙要求。同时，各玻璃护壁板之间的上、下端间隙差应不大于 2 mm（或符合随机资料要求）。

4. 调整扶手转角栏杆垂直度，扶手转角栏杆垂直度偏差应在 2‰ 以下，即在图 4-4-19 中，$|A_1-A_2| \leq 1$ mm。另外，扶手转角栏杆应与整个栏杆系统在同一平面内，不应有外倾或内倒现象。

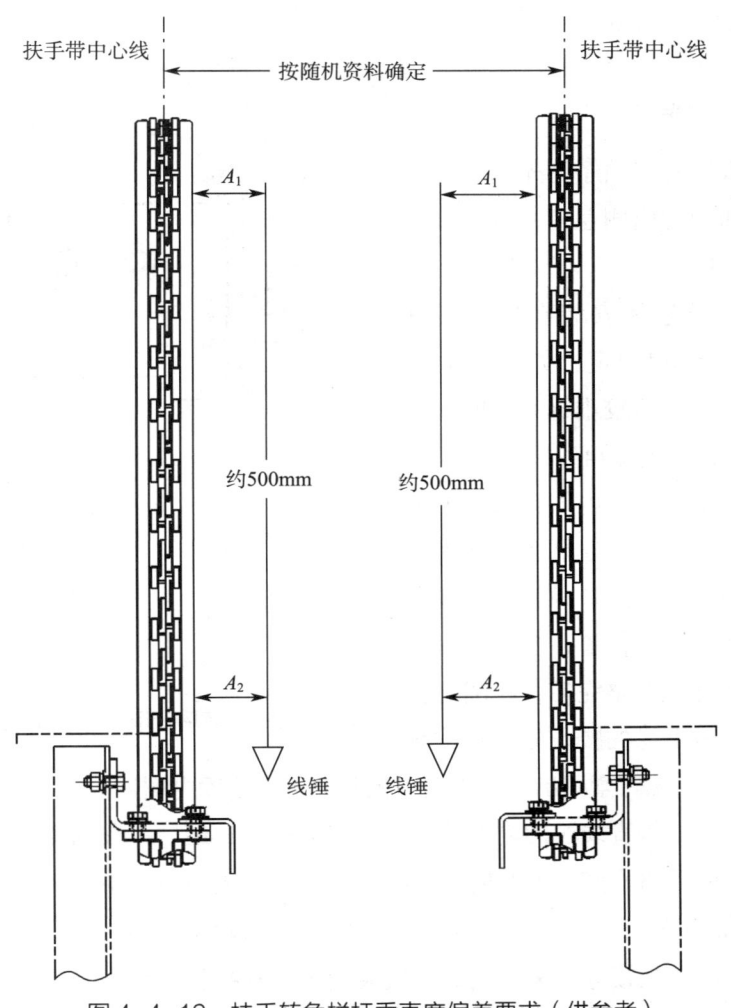

图 4-4-19 扶手转角栏杆垂直度偏差要求（供参考）

■ 学习单元 3　内、外侧盖板的安装调试

一、内、外侧盖板的安装方法及要求

内、外侧盖板的安装是在自动扶梯调试运行并调整后进行的，由于自动扶梯型号不同，因此各制造商生产的内、外侧盖板的安装方法也不尽相同。本学习单元只以某

型号产品为例介绍一种方法。

1. 内侧盖板的安装方法

内侧盖板的安装顺序为先安装出入口、上下弯曲段的内侧盖板，再安装直线段的内侧盖板。

（1）将玻璃嵌条安装在玻璃夹具上，通过齿形互扣固定，如图4-4-20所示，因为装好之后较难拆卸，所以应先修整玻璃嵌条的两端再安装。

（2）将扶手出入口内侧盖板和上下弯曲段内侧盖板插入玻璃嵌条，仔细安装，按需调整扶手出入口内侧盖板和上下弯曲段内侧盖板的位置，要求与对应的外侧盖板平齐。调整完后，在围裙板上对应内侧盖板下缘的腰孔处放置特殊螺母，用M5沉头螺钉紧固出入口内侧盖板和上下弯曲段内侧盖板。

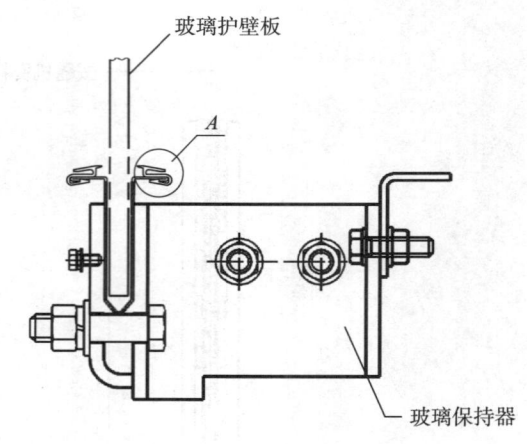
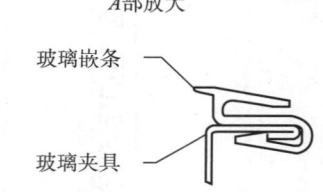

图4-4-20　玻璃嵌条安装在玻璃夹具上的示意图

（3）从下往上将直线段的内侧盖板嵌入玻璃嵌条，最后一段内侧盖板应根据实际需要的长度截断后再安装。安装时，在围裙板上对应内侧盖板下缘的腰孔处放置特殊螺母，用M5沉头螺钉紧固内侧盖板，如图4-4-21所示。

（4）在内侧盖板接缝处需要用螺栓安装内侧盖板托板（在非接缝处无须使用内侧盖板托板），如图4-4-22所示。

2. 外侧盖板的安装方法

（1）根据外侧盖板的排列情况以及外侧盖板反面的螺栓位置，确定外侧盖板托板的安装位置，用相应规格的螺栓、平垫圈、弹簧垫圈、螺母将外侧盖板托板安装在玻璃保持器上，如图4-4-23所示。如果遇到靠墙或者无法搭脚手架的情况，可在玻璃保持器安装之后、玻璃护壁板安装之前，安装外侧盖板托板及外侧盖板。

（2）外侧盖板的安装顺序为先安装出入口、上下弯曲段的外侧盖板，再安装直线段的外侧盖板。

（3）将玻璃嵌条安装在玻璃夹具上，通过齿形互扣固定，因为装好之后较难拆卸，所以应先修整玻璃嵌条的两端再安装。

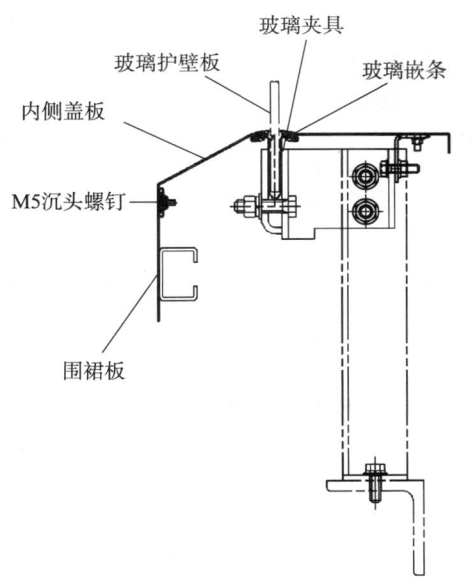

图 4-4-21 内侧盖板的安装示意图

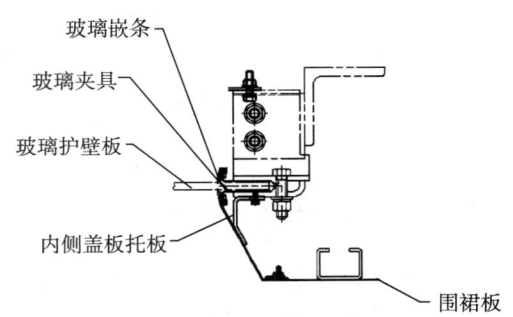

图 4-4-22 内侧盖板托板的安装示意图

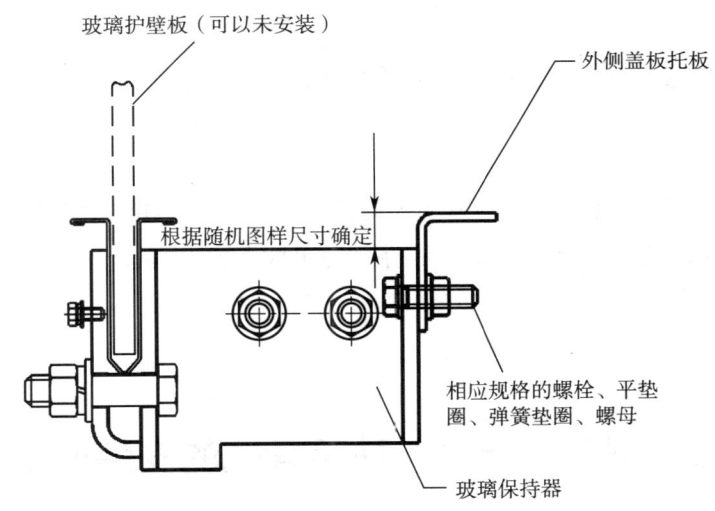

图 4-4-23 外侧盖板托板的安装示意图

（4）将扶手出入口外侧盖板和上下弯曲段外侧盖板插入玻璃嵌条，调整扶手出入口外侧盖板和上下弯曲段外侧盖板的位置直至没有明显接缝，紧固连接上下弯曲段外侧盖板与外侧盖板托板的 M4 螺母。

（5）从下往上把直线段的外侧盖板嵌入玻璃嵌条，最后一段外侧盖板根据实际需要的长度截断后安装。注意，接缝处都应在玻璃保持器上。紧固连接直线段外侧盖板与外侧盖板托板的 M4 螺母，如图 4-4-24 所示。

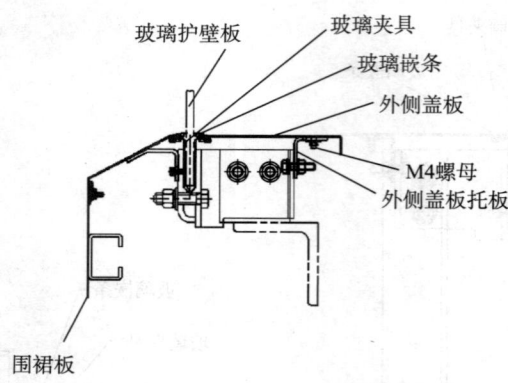

图 4-4-24　外侧盖板的安装示意图

3. 内、外侧盖板的安装要求

（1）安装玻璃嵌条前需要确认端头平齐，切断时也需要确保端头平齐。

（2）注意，内侧盖板应与外侧盖板对齐，各接缝处都应在玻璃保持器上，内、外侧盖板与对应托板要贴紧。

二、内、外侧盖板间隙和平整度的调整

1. 内、外侧盖板与玻璃嵌条的接缝处要做倒角。
2. 接缝处应平齐、紧密，不应有明显的高低差，接缝处间隙应不大于 0.3 mm。
3. 当安装温度低于 20 ℃时，玻璃嵌条间隙可放大到 1 mm。

学习单元 4　扶手导轨的安装调试

一、扶手导轨的作用及类型

1. 扶手导轨的作用

扶手导轨是使扶手带按一定轨迹运行的装置，起导向作用。

2. 扶手导轨的类型

扶手导轨按材料可分为铝合金型和不锈钢型，按有无照明功能可分为照明型和非照明型。

二、扶手导轨的安装方法及要求

扶手导轨的安装在护壁板安装后进行。由于自动扶梯型号不同，因此各制造商生产的扶手导轨的安装方法也不尽相同。本学习单元介绍已安装玻璃护壁板的某种扶手导轨的安装方法。

1. 玻璃夹具的安装

将玻璃夹具按以下要求嵌入玻璃护壁板，如图 4-4-25 所示。

（1）在距离往路段扶手导轨接头 20 mm 处，将玻璃夹具嵌入玻璃护壁板。

（2）在距离上、下弯曲段扶手导轨与转角扶手导轨接头 50 mm 处，将玻璃夹具嵌入玻璃护壁板。

（3）在玻璃护壁板接缝部位，跨越玻璃护壁板接缝嵌入玻璃夹具。

（4）除上述部位外的其他位置，在玻璃护壁板上每隔 500 mm 嵌入 1 个玻璃夹具。

（5）如果玻璃夹具一边厚、一边薄，那么厚的一边装在外侧。

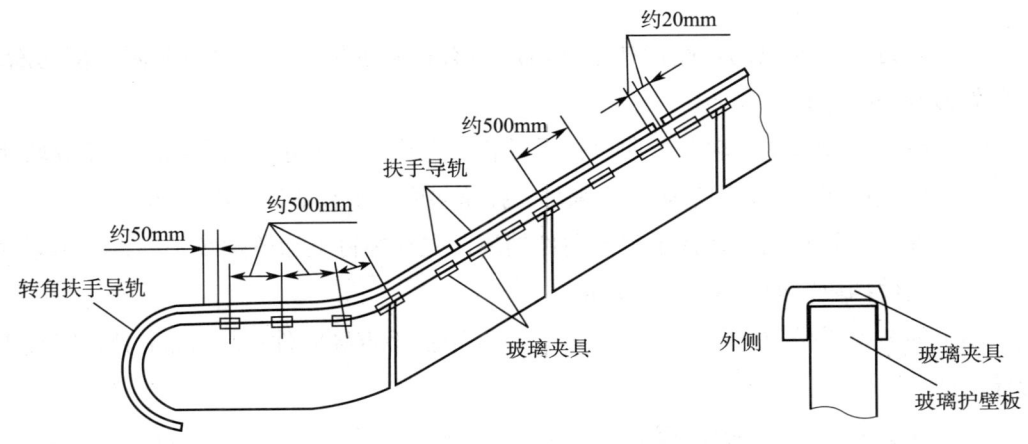

图 4-4-25　将玻璃夹具嵌入玻璃护壁板的示意图（供参考）

2. 往路段扶手导轨的安装

（1）如图4-4-26所示，用枕木垫在往路段扶手导轨上，敲击枕木，敲击力应传递到玻璃夹具处，扶手导轨被敲入的程度应以沿该扶手导轨平齐方向看不到玻璃夹具的端面为宜，特别是在上、下弯曲段扶手导轨处。不允许直接敲击扶手导轨。

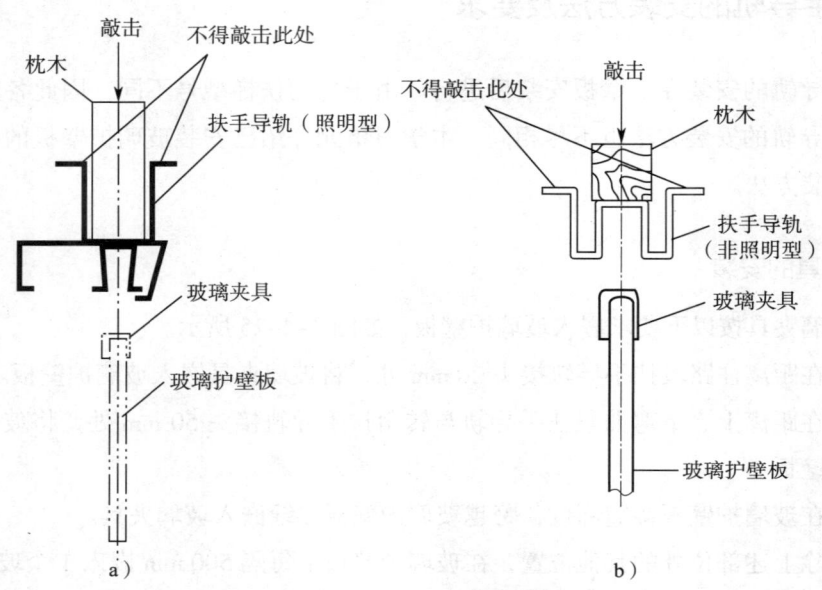

图4-4-26　往路段扶手导轨的安装
a）照明型　b）非照明型

（2）靠近上弯曲段的往路段扶手导轨应留有切割余量，装配时按实际长度切断，切断处做0.5 mm倒角。

（3）将直线段扶手导轨与弯曲段扶手导轨、直线段扶手导轨与直线段扶手导轨用扶手导轨连接件连接，并通过螺栓、螺母、弹簧垫圈、平垫圈固定在一起。

（4）在扶手导轨上安装扶手带导向件挡块，先在螺钉上涂覆螺纹锁固剂，再紧固扶手带导向件挡块，如图4-4-27所示。

（5）安装扶手带导向件，如图4-4-27，在距扶手带导向件挡块2 mm处切断扶手带导向件。

（6）扶手带导向件要整段截取，不要截得太短，也不要用多段拼接起来。

（7）扶手带导向件两端必须做倒角，且不应有毛刺。倒角长度约为5 mm，倒角不能太尖，如图4-4-28所示，否则容易造成扶手带导向件突出，进而损坏扶手带。

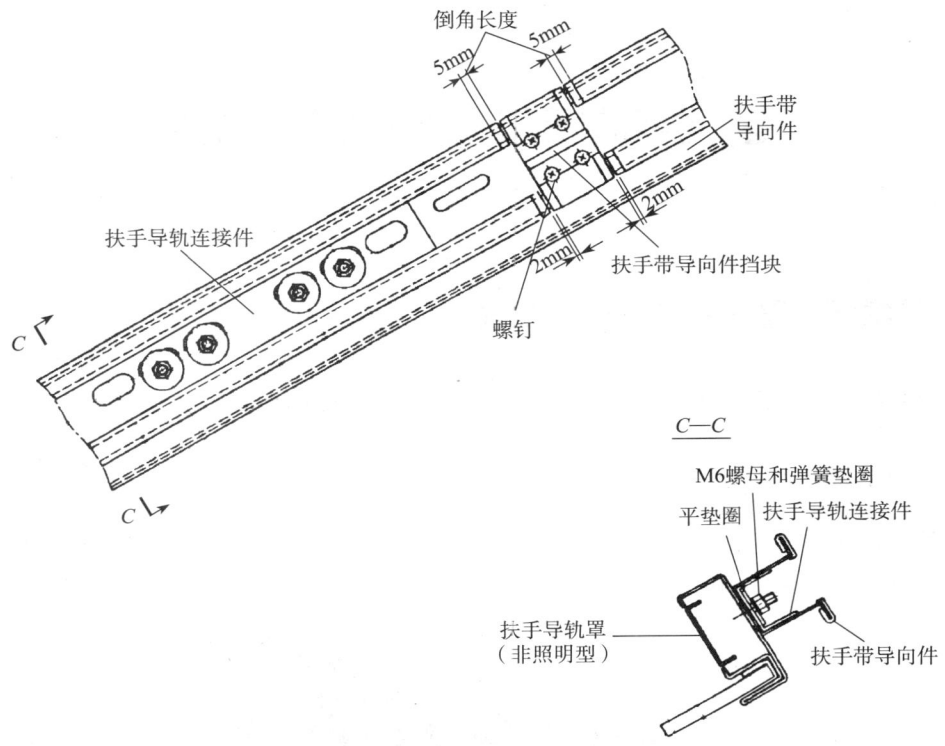

图 4-4-27 扶手导轨连接件、扶手带导向件挡块、扶手带导向件安装示意图

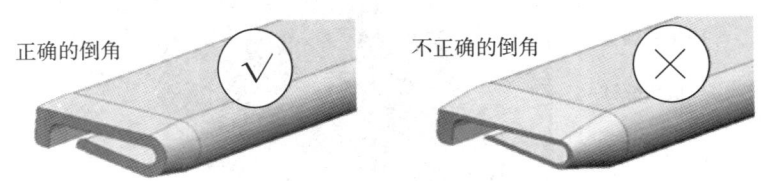

图 4-4-28 扶手带导向件倒角示意图

3. 转角栏杆的安装

具体安装步骤见护壁板的安装调试。

三、扶手导轨间隙和平整度的调整

扶手导轨接头处应紧密,左右高低差通常不应超过 0.5 mm。如果高低差较大,要在扶手导轨接头处做倒角。检查所有接头处,如果有毛刺则需要用砂纸磨平,必要时用抛光机对磨平处进行抛光。

学习单元5 防护装置的安装

一、防攀爬装置的安装方法及要求

防攀爬装置是指阻止人员爬上扶手装置外侧以防其跌落的装置。

1. 防攀爬装置的安装方法

各自动扶梯供应商生产的防攀爬装置结构、安装方法不尽相同,此处以某型号防攀爬装置(见图4-4-29)为例进行介绍。

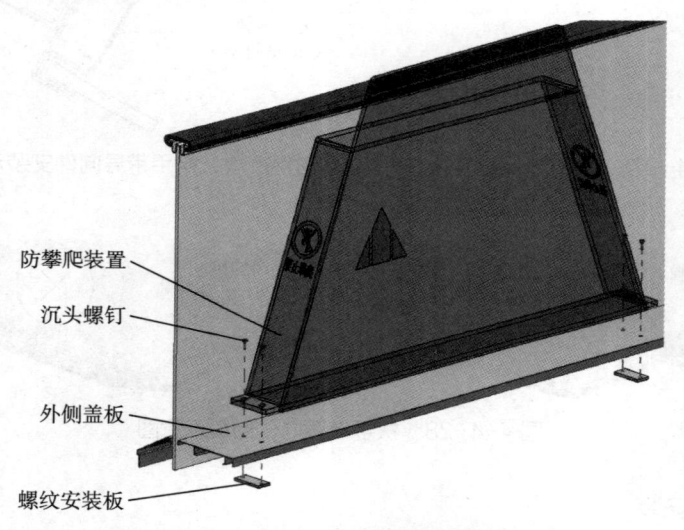

图4-4-29 某型号防攀爬装置示意图

(1)在现场对外侧盖板进行开孔,共4处,开孔尺寸(a、b、c、e)见随机资料,如图4-4-30所示。

(2)用沉头螺钉和螺纹安装板将防攀爬装置安装在外侧盖板上。

2. 防攀爬装置的安装要求

(1)当有多台并排布置的自动扶梯需要安装防攀爬装置时,应确保其安装高度基本一致。

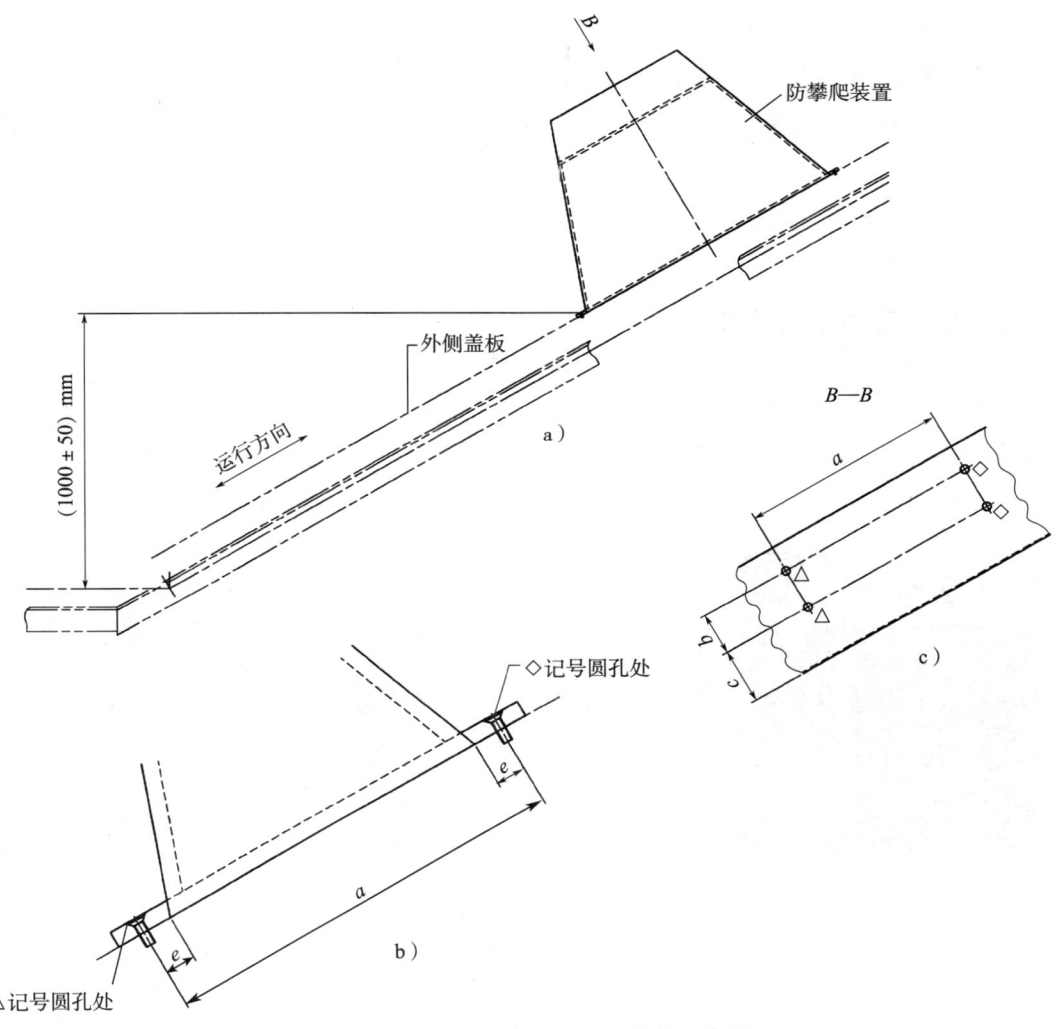

图 4-4-30　防攀爬装置开孔及安装示意图
a）整体示意图　b）局部示意图　c）外侧盖板开孔示意图

（2）防攀爬装置应安装牢固。

（3）安装时不得损坏防攀爬装置的表面。

二、防护挡板的安装方法及要求

在自动扶梯或自动人行道与楼板交叉处，以及各交叉布置的自动扶梯或自动人行道之间，如果可能对乘客造成伤害，则应采取相应的防护措施，即设置一个垂直的防护挡板。

1. 防护挡板通常为一块无孔、无锐利边缘的三角板,其高度应不小于 0.3 m。

2. 防护挡板一般采用吊挂的形式安装。

3. 在建筑物或交叉布置的自动扶梯上,设置两个吊挂点,将防护挡板吊挂在吊挂点上即可。

4. 防护挡板的安装位置要求是其下沿距扶手带下缘至少 25 mm。

三、防夹装置的安装方法

为了防止衣物、鞋子和其他物品被夹入围裙板与梯级之间,需要沿着梯级在围裙板上安装防夹装置。防夹装置有毛刷和橡胶型材两种形式,如图 4-4-31 所示。

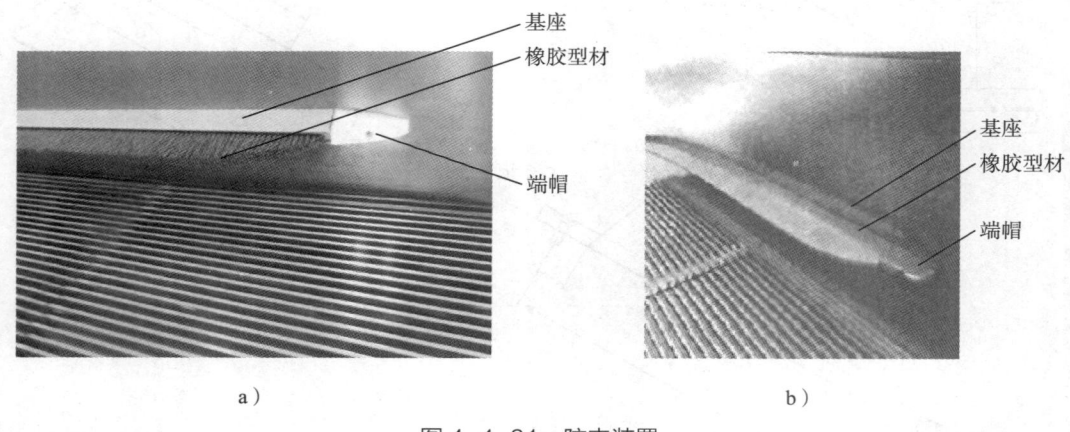

图 4-4-31 防夹装置
a) 毛刷形式 b) 橡胶型材形式

1. 防夹装置的基座已在工厂完成定位安装,现场应先检查基座拼接处是否平整,若用手摸有高低差,则需要调整基座,直至平整。

2. 将毛刷或橡胶型材穿入相应长度的基座中。

3. 在两端头,将端帽卡入基座,封住毛刷或橡胶型材端部,用螺栓将端帽固定在围裙板上,如图 4-4-32 所示。

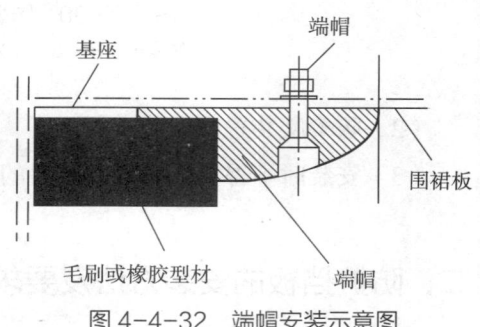

图 4-4-32 端帽安装示意图

模块 5 诊断修理

- 课程 5-1　机房设备诊断修理
- 课程 5-2　井道设备诊断修理
- 课程 5-3　轿厢对重设备诊断修理
- 课程 5-4　自动扶梯设备诊断修理

课程 5-1　机房设备诊断修理

■ 学习单元 1　困人救援

一、困人救援规范

1. 救援人员到达现场的首要任务就是安抚被困乘客，通过通话装置告诉乘客轿厢壁有通风孔，没有窒息危险，以缓解乘客焦躁、紧张的情绪。

2. 切断电梯电源。

3. 救援人员快速到达电梯停靠楼层，用三角钥匙打开层门门锁，将层门门扇拨开不大于 250 mm，查看轿厢所处位置。

4. 当轿厢地坎与层门地坎高度差小于 400 mm 时，直接打开层门、轿门，协助乘客撤出。

5. 如果轿厢地坎与层门地坎高度差超过 400 mm，应停止救援作业并关闭层门、轿门。利用手动紧急操作装置或紧急电动运行电气操作装置，使轿厢地坎与层门地坎高度差小于 400 mm，再打开层门实施救援。若此时轿厢地坎高于层站，要防止乘客撤离时从轿厢地坎之下、层门地坎之上的空当滑落井道。

二、机房内确认轿厢开锁区域的方法

1. 当进行手动紧急操作时，一般通过观察机房钢丝绳的平层标记确定轿厢开锁区域。

2. 当采用紧急电动运行模式时，一般通过观察控制柜专用数码发光管发出的信号确定轿厢开锁区域，具体信号形式见产品的随机资料。

三、手动紧急操作装置的使用方法

当进行手动紧急操作时，要确定轿门、层门是关闭的。

1. 方法一（适用蜗轮蜗杆曳引机）

（1）切断电梯主电源。

（2）应急救援人员到达机房后，使用挂在主机附近的开闸与盘车工具，将盘车轮套进电动机轮轴。

（3）应由两人配合操作，一人用开闸工具打开抱闸，另一人转动盘车轮，同时观察钢丝绳上的平层标记，当该标记到达开门区域时，松开开闸工具使抱闸动作，则主机恢复制动状态，轿厢制停于开门区域。

2. 方法二（适用永磁同步曳引机）

（1）切断电梯主电源。

（2）利用轿厢、对重的重量不平衡移动轿厢。尝试微微打开主机抱闸，轿厢、对重不平衡会使轿厢向上或向下溜车，此时观察钢丝绳上的平层标记，当发现该标记到达就近平层开门区域时，复位主机抱闸，使主机恢复制动状态，轿厢制停于开门区域。

3. 方法三（适用永磁同步曳引机）

（1）切断电梯主电源。

（2）当轿厢、对重的重量平衡时，轿厢无法溜车，则需要先打破平衡。可由一位工作人员在靠近轿厢的上一层站打开层门后往轿顶上扔沙袋，或在底坑拉拽补偿链，以打破平衡；由另一位工作人员微微打开主机抱闸，待轿厢、对重不平衡而使轿厢向上或向下溜车时，观察钢丝绳上的平层标记，当发现该标记到达就近平层开门区域时，复位主机抱闸，使主机恢复制动状态，轿厢制停于开门区域。

四、紧急电动运行电气操作装置的使用方法

当采用紧急电动运行模式时，要确定轿门、层门是关闭的。

1. 方法一

（1）将紧急电动运行电气装置连接到控制柜或层站操作面板的专用插座上。

（2）将紧急电动运行开关置于"ON"。

（3）将紧急电动运行电气装置上的自动/手动切换开关置于"手动"。

（4）同时按住上行按钮和运行按钮，使轿厢向上运动。

（5）同时按住下行按钮和运行按钮，使轿厢向下运动。

2. 方法二

（1）打开控制柜或层站操作面板，将门机开关置于"OFF"。

（2）将自动/手动切换开关置于"手动"。

（3）按住上行按钮，使轿厢慢车向上运动。

（4）按住下行按钮，使轿厢慢车向下运动。

五、三角钥匙的使用方法及使用规范

1. 三角钥匙的使用方法

（1）使用前准备工作。检查层门三角钥匙上是否附带中文警示牌，并已深刻理解警示语的含义。

（2）开启电梯层门前必须确认的事项

1）确认周边环境安全。

2）确认电梯轿厢中的人员没有紧靠轿门。

3）确认电梯未运行。

4）确认电梯的层门门锁回路没有短接。

5）确认电梯轿厢位置。

（3）开启电梯层门时必须遵守的事项

1）用三角钥匙打开层门门锁，开启层门时，操作者必须注意自己身体重心的位置，用力时防止身体向井道侧前倾，一定要"一慢、二看、三操作"。

2）打开层门时，先将门扇拨开 50 mm 左右，再采用指令信号法，手指向层门开口部位，目视井道方向，大声说"轿厢位置确认"或"底坑位置确认"。

3）打开层门时，必须确认轿厢位置或底坑位置是否满足安装维护作业或紧急救援的安全条件。只有当轿厢位置满足安装维护作业或紧急救援的安全条件时,才允许继续将电梯层门完全打开。

满足安装维护作业安全条件的轿厢位置是指从层站外能够安全进入轿顶、轿厢、底坑实施安装维护作业的位置。

进行紧急救援时应关注轿厢位置:如果轿厢地坎与层门地坎高度差超过 400 mm,应停止救援并关闭层门、轿门;当调整轿厢的位置使轿厢地坎与层门地坎高度差小于 400 mm 时,方可打开层门进行救援。

4)层门完全打开后,应采取可靠措施将层门固定在开启状态,防止因层门自动强迫关门而导致夹伤。

5)如果层门维持打开状态,必须有人监护并设置有效的隔障和警示牌,避免发生跌落事故。

6)在层门关闭后,再次确认其已经锁闭。

2. 三角钥匙的使用规范

(1)三角钥匙是电梯安装维修人员开启电梯层门的专用工具,三角钥匙使用不当及非专业人员持有三角钥匙开启电梯层门会损坏电梯设备和危及人员的生命安全。

(2)三角钥匙使用者必须是经培训考核合格,取得电梯相关证书且从事一线作业的人员。

(3)三角钥匙严禁私拿、私藏、私用、赠送、转让、转借。

学习单元 2　主电源故障的诊断

一、万用表的使用

1. 常见的万用表

万用表是电梯安装维修中常用的测量仪表,主要用于测量电压、电流、电阻等。万用表按显示方式分为指针式万用表和数字式万用表。由于数字式万用表相对指针式万用表来说，具有显示清晰、便于携带、使用简单等优点，因此它的使用已经成为一种趋势。某型号数字式万用表如图5-1-1所示。

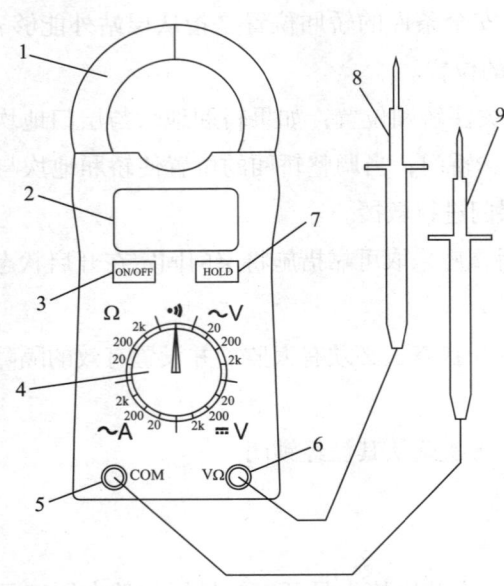

图 5-1-1　某型号数字式万用表
1—电流测量钳口　2—数字显示屏　3—电源按钮　4—旋转开关　5—公共端
6—VΩ测量端口　7—数据保持按钮　8—红色表笔　9—黑色表笔

2. 数字式万用表的使用方法

（1）数字式万用表的挡位及量程选择说明。数字式万用表的品牌及种类很多，在使用数字式万用表之前，应认真阅读说明书，熟悉它的开关、端口、挡位、量程等。以图5-1-1所示的数字式万用表为例，其功能挡位及量程选择是通过旋转开关的旋转来实现的，它有5种功能挡位，每个功能挡位下又有若干个量程。其功能挡位与图形符号的对应关系见表5-1-1。

表 5-1-1　某型号数字式万用表的功能挡位与图形符号的对应关系

序号	功能挡位	图形符号
1	交流电压挡	∼V
2	直流电压挡	⎓V
3	交流电流挡	∼A
4	电阻挡	Ω
5	通断挡	•)))

（2）用数字式万用表测量电压的方法

1）将黑色表笔插入公共端口，将红色表笔插入 VΩ 测量端口。

2）测量前，应根据测量需求选择交流电压挡或直流电压挡，并根据被测电路电压大小选择量程。若不清楚被测电路电压的大小，应先用最高量程测量，然后再根据测量结果换用低量程，以获得更精确的读数。

3）测量时表笔应置于被测电路的两端，当测量交流电压时不用区分正负极，而测量直流电压时应区分正负极。当把黑色表笔放在被测电路的低电压端，把红色表笔放在被测电路的高电压端时，数字显示屏将显示正电压；反之，数字显示屏显示负电压。

4）读取数字显示屏上显示的数值和单位。

（3）用数字式万用表测量电阻的方法

1）将黑色表笔插入公共端口，将红色表笔插入 VΩ 测量端口。

2）测量电阻前，应切断被测电路的电源，禁止带电测量，而且必须把被测电路从原电路中脱开后再测量，避免原电路影响测量结果。

3）应根据被测电路电阻值的大小选择量程，若不清楚被测电路电阻值的大小，应先用最高量程测量，然后再根据测量结果换用合适的量程，以获得更精确的读数。

4）读取数字显示屏上显示的数值和单位。

（4）用数字式万用表的电流测量钳口测量交流电流的方法

1）当使用电流测量钳口测量交流电流时，应拔掉表笔。

2）测量前应根据被测导线电流的大小选择量程，若不清楚被测导线电流的大小，应先用最高量程测量，然后再根据测量结果换用合适的量程，以获得更精确的读数。

3）测量时应将被测的那根导线放入钳口中央，切忌把数字式万用表挂在导线上。错误的交流电流测量方法如图 5-1-2 所示。

4）读取数字显示屏上显示的数值和单位。如果需要读取某一时刻的准确数值，可按下数据保持按钮，锁定数字显示屏上显示的数值，以便于读出测量结果。

（5）数字式万用表的使用注意事项

1）数字式万用表应定期校验，不可使用未经校验的数字式万用表。

2）读取测量结果时应注意显示的单位。

3）在测量过程中，不可用手触摸表笔

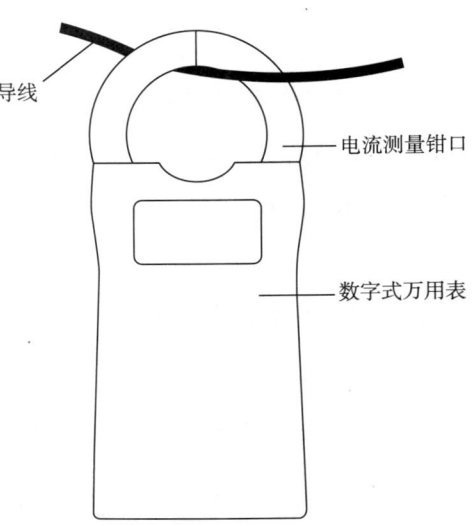

图 5-1-2　错误的交流电流测量方法

的金属部分。

4）不可在测量的同时切换挡位或量程，应先中断测量，再进行挡位或量程的切换。

二、电梯主电源断相

1. 电梯主电源断相的危害

断相是指电源有一相或多相断开，但不是所有的相都断开的现象。一种电梯主电源断相的情况如图 5-1-3 所示，L2 相断开了，此时如果合上用户侧断路器和主断路器，会造成曳引机断相启动，其启动电流将远超额定电流，最终会因为出现过电流而烧毁曳引机。

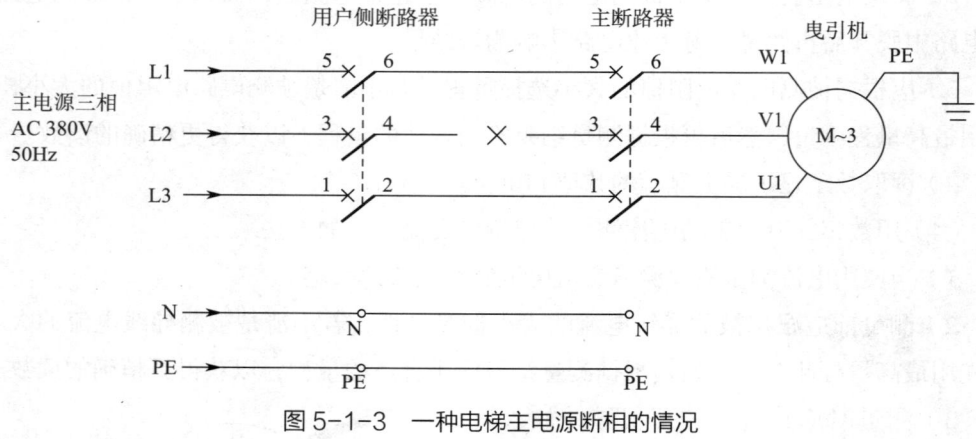

图 5-1-3　一种电梯主电源断相的情况

2. 电梯主电源断相的诊断

一般采用电压测量法来诊断电梯主电源断相的情况，下面以图 5-1-3 为例，对这种电梯主电源断相进行诊断的流程如图 5-1-4 所示。

三、电梯主电源错相

1. 电梯主电源错相的危害

电梯上有一些设备的运行情况与电源相序有关，如曳引机的运转方向就与相序相关。如果因意外发生主电源错相，则会导致曳引机反向运转，造成人身伤害或设备损

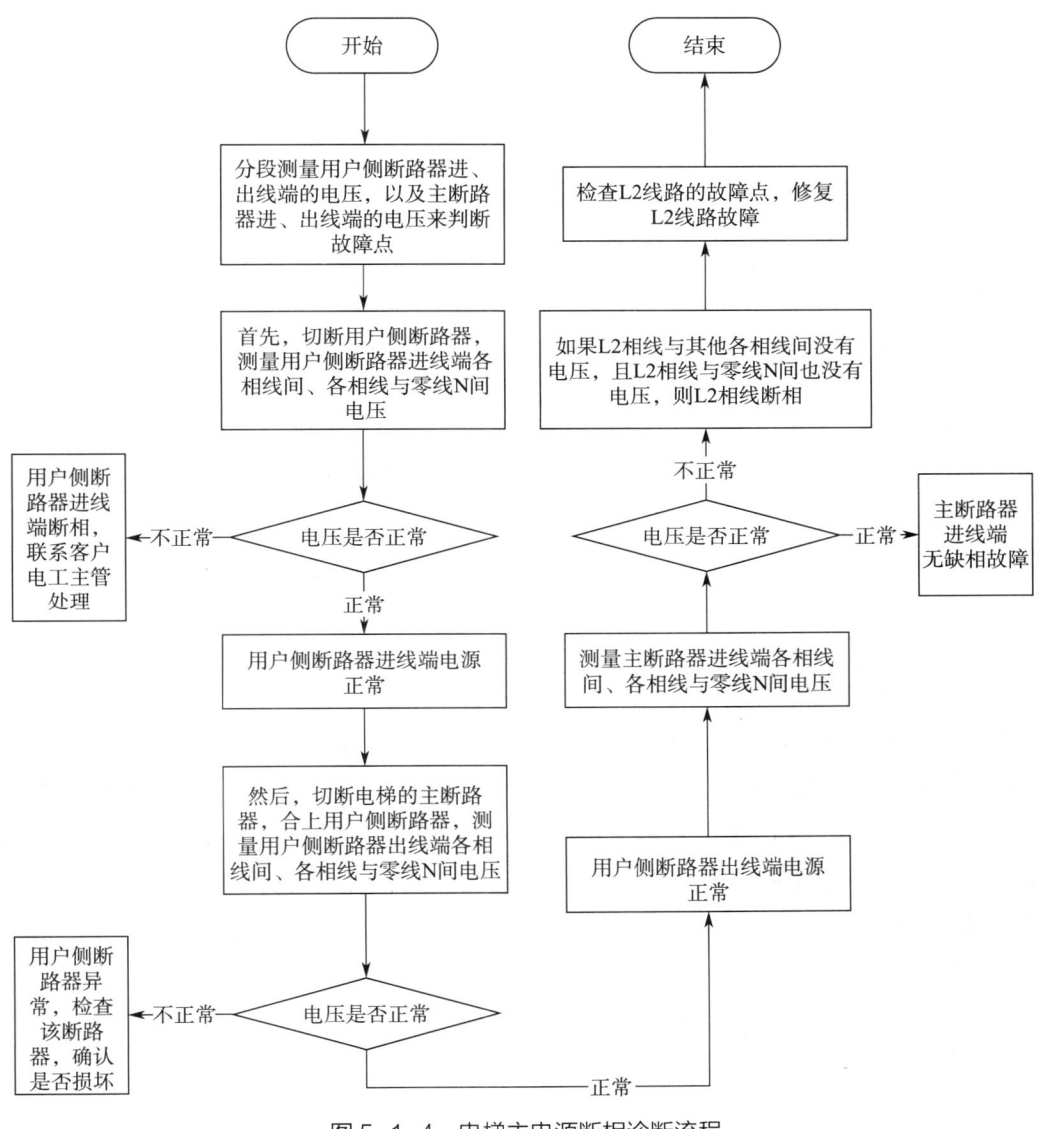

图 5-1-4 电梯主电源断相诊断流程

坏。因此，电梯控制系统应具有相序保护功能，在主电源意外错相时，应能检测出错相并能使电梯停止运行。

2. 电梯主电源错相的诊断

通过常规的万用表不能检测出电梯主电源错相，必须通过专用的相序检测设备。如图 5-1-5 所示，该主电源线路中包含了一个相序检测设备——相序检测继电器。当相序检测继电器检测到电源错相时，它的 13 和 14 端口内部的触点会断开，切断电梯安全回路，使电梯停止运行。

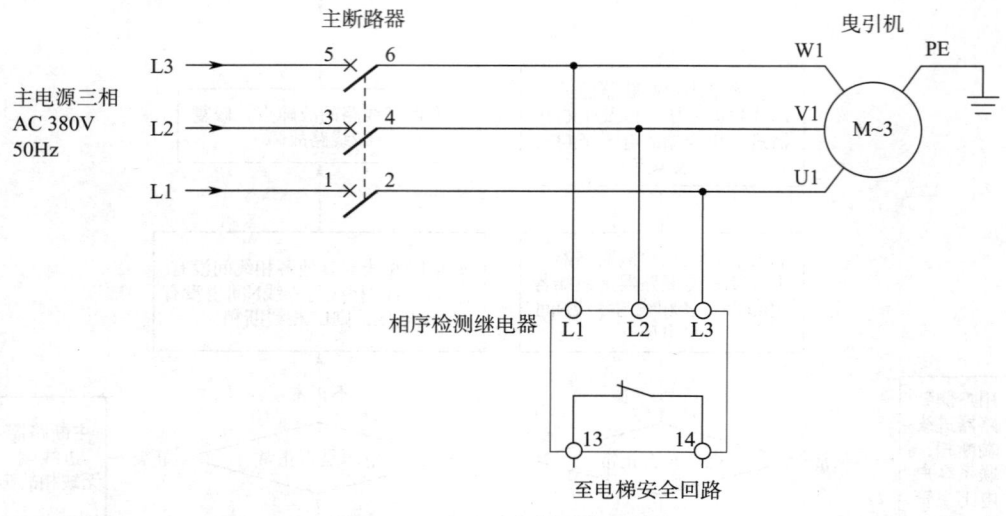

图 5-1-5　一种电梯主电源线路

3. 电梯主电源错相的修复

修复错相的方法是互换主断路器上任意两根相线的位置。以图 5-1-5 所示的主电源线路为例，当主电源错相时，互换主断路器上任意两根相线的位置，就可以修复错相。互换 L1 和 L2、L1 和 L3 或者 L2 和 L3 的效果都是一样的，都可以修复错相。但是，如果把三根相线的位置都调换了，如把 L1、L2、L3 的顺序调整成 L2、L3、L1，则并不能修复错相。

四、主断路器的故障诊断、更换及接线

1. 主断路器的故障诊断

主断路器常见的故障有两种：一种是触点不断开故障，即拉闸时全部或部分触点不能断开；另一种是触点不闭合故障，即合闸时全部或部分触点不能闭合。使用数字式万用表测量电压或电阻都可以诊断出主断路器的故障。

（1）采用电压测量法来诊断主断路器故障

1）使用数字式万用表的交流电压挡，测量主断路器进线端的相线间电压，确认各进线端电压正常。

2）在主断路器处于合闸位置时，分别测量主断路器各出线端与各进线端的电压，进线端有电而出线端没有电的触点存在不闭合故障。

3）在主断路器处于拉闸位置时，测量主断路器各出线端的电压，出线端仍有电的触点存在不断开故障。

（2）采用电阻测量法来诊断主断路器故障

1）确认用户侧断路器（即主断路器的上一级断路器）断开后，再拆下主断路器上所有的连接线。

2）分别在主断路器合闸和拉闸的时候，使用数字式万用表的电阻挡或通断挡测量对应进线端和出线端之间的电阻值，主断路器合闸时不导通的触点存在不闭合故障，主断路器拉闸时仍导通的触点存在不断开故障。

2. 主断路器的更换及接线

（1）确认新断路器的参数与原断路器匹配，并使用数字式万用表确认新断路器正常。

（2）选择合适的拆卸及安装工具。

（3）穿戴电工防护装备。

（4）切断电梯内部的各负载开关。

（5）切断旧主断路器。

（6）通知客户电工主管切断用户侧断路器，同时在用户侧断路器上设置警示牌并上锁，避免出现突然意外通电的危险情况。

（7）记录原断路器的接线方式。

（8）确认电源已断开后，拆下原断路器的连接线。

（9）拆下旧主断路器。

（10）安装并固定新主断路器。

（11）按前面记录的接线方式接上连接线。

（12）确认接线正确后，切断新主断路器电源，通知客户电工主管取下用户侧断路器上的警示牌和锁后再送电。

（13）合上新主断路器，用数字式万用表测量主断路器出线端电压，确认电压正常，没有断相。

（14）查看相序检测设备，确认没有错相。

（15）逐一合上电梯内部的各负载开关，进行测试运行。

五、主电源故障救援案例

某一在用电梯突发主电源故障,有人被关在轿厢内,请将被困人员救出轿厢,并排除主电源故障。

1. 救援被困人员

(1)救援人员到达现场,通过机房内的通话装置与轿厢内乘客取得联系,安抚被困乘客。告诉乘客轿厢有通风孔,没有窒息危险。确认电梯轿门、层门均已关闭。

(2)通过控制柜特定的数码显示装置及机房钢丝绳平层标记,快速判定轿厢位置。

(3)利用紧急电动运行电气操作装置,使轿厢到达最近的平层开门区域,结果电梯不动。

(4)切断电梯电源。

(5)利用手动紧急操作装置,手动松闸,使轿厢到达最近的平层开门区域。

(6)救援人员快速到达停梯楼层,用三角钥匙打开层门门锁,将层门拨开不大于 250 mm,确认轿厢地坎与层门地坎高度差小于 400 mm 后,再完全打开层门、轿门,协助乘客撤出。

2. 排除主电源故障

(1)用数字式万用表测量主电源断路器进线侧的三相电压,正常。

(2)通电,用数字式万用表测量主电源断路器出线侧的三相电压,不正常。

(3)断电,将主电源断路器的进线侧与出线侧的接线柱拆除。

(4)用数字式万用表检测主电源断路器每一路的进出电阻值,发现有一路电阻值无限大。

(5)拆下主电源断路器,安装新主电源断路器,进线侧与出线侧的电线重新接在断路器的接线柱上。

(6)通电,测量进线侧与出线侧的三相电压,正常。

(7)回到轿厢,操作指令按钮,确认电梯运行正常。

课程 5-2　井道设备诊断修理

学习单元 1　井道位置信息装置的更换

一、轿顶的安全操作

1. 进入轿顶

（1）一位工作人员将电梯运行至顶层，进入机房，操作电梯紧急电动运行电气操作装置，使电梯下行直至轿顶与层站地面大致平齐。

（2）另一位工作人员用三角钥匙打开层门，确认轿顶与层站地面大致平齐。

（3）将层门固定在开启状态。

（4）按下轿顶上的紧急停止按钮（采用指令信号法确认操作内容）。

（5）将自动/检修切换开关置于"检修"（采用指令信号法确认操作内容）。

（6）打开轿顶照明设备，确认照明条件良好。

（7）确认轿顶防护栏牢固。

2. 在轿顶进行操作

当轿顶的操作装置启用后，在机房控制柜进行的操作就无效了。

（1）进入轿顶，按下轿顶紧急停止按钮并关闭层门，注意应站在安全的位置。

（2）执行维护工作。

（3）如果需要移动轿厢，按以下方法进行：将自动/检修切换开关置于"检修"；复位轿顶紧急停止按钮；按下上行按钮或下行按钮的同时，按下确认按钮，使轿厢向上或向下移动。

3. 离开轿顶

（1）在完成维护工作之后，在轿顶与层站地面平齐处打开层门，按下轿顶紧急停止按钮至停止状态。

（2）将自动/检修切换开关置于"自动"，离开轿顶进入层站。

（3）复位轿顶紧急停止按钮；关闭层门，确认不使用三角钥匙无法从层站外打开层门。

二、井道位置信息装置的作用

井道位置信息装置主要有平层装置及终端装置。平层装置由平层感应器和平层隔磁板（遮光板）组成。终端装置包含端站停止装置（限位开关）和极限开关。

1. 平层装置的作用

平层装置的作用是在平层区域内使轿厢达到平层准确度要求。

2. 端站停止装置（限位开关）和极限开关的作用

端站停止装置（限位开关）的作用是当轿厢到达端站时，强迫其减速并停止。

极限开关的作用是当轿厢超越端站停止装置（限位开关）时，在轿厢或对重未接触缓冲器前，强迫切断主电源和控制电源。该装置是非自动复位的安全装置。

三、井道位置信息装置的拆除

工作人员进入轿顶并操作电梯到合适位置，之后进行井道位置信息装置的拆除。

1. 平层感应器和平层隔磁板（遮光板）的拆除

平层感应器一般安装在轿架的感应器支架上。拆除平层感应器时，先切断控制柜的主电源，再拆除平层感应器与轿顶检修箱的电缆，最后拆除平层感应器与感应器支架的连接螺栓，单个平层感应器即可拆除。

平层隔磁板（遮光板）一般安装在平层隔磁板（遮光板）支架上。只要拆除平层隔磁板（遮光板）与平层隔磁板（遮光板）支架的连接螺栓，平层隔磁板（遮光板）即可拆除。

2. 端站停止装置（限位开关）和极限开关的拆除

端站停止装置（限位开关）和极限开关一般安装在井道上、下端站附近的专用开关支架（线槽）上。切断控制柜的主电源，拆下支架背面的罩壳（线槽盖板），拆除与端站停止装置（限位开关）和极限开关相连接的电缆，拆下专用开关支架（线槽）上的连接螺栓，端站停止装置（限位开关）和极限开关即可拆除。

四、井道位置信息装置的安装、检查及调整

1. 平层感应器和平层隔磁板（遮光板）的安装、检查及调整

（1）先切断控制柜的主电源，通过螺栓将新平层感应器与感应器支架连接，再接上平层感应器与轿顶检修箱的电缆，单个平层感应器即安装完成。同样，通过螺栓将新平层隔磁板（遮光板）安装在平层隔磁板（遮光板）支架上，平层隔磁板（遮光板）即安装完成。

（2）与传感器配合起作用的遮光板或隔磁板安装在井道轿厢导轨一侧，如图5-2-1所示，当轿厢到达层站（所停层）门区时，遮光板或隔磁板进入了U形感应器空隙内，随即发出门区信号至控制系统，为轿厢的准确平层及开门提供位置信息。

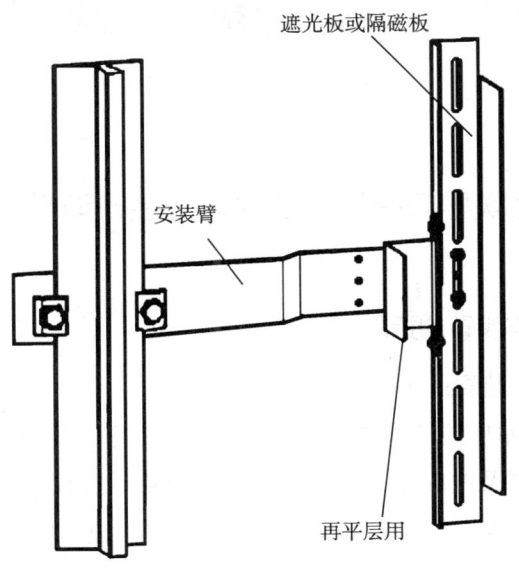

图5-2-1　遮光板或隔磁板安装示意图

（3）平层感应器和平层隔磁板（遮光板）的安装要可靠。平层隔磁板（遮光板）垂直度偏差不大于 1‰，与感应器两侧的间隙基本一致。用检修运行方式使轿厢停在某一层平层位置，以轿顶传感器为基准，调整遮光板或隔磁板，并可靠固定。同时，调整所有楼层的遮光板或隔磁板，保持其安装轨迹在同一直线上，使电梯运行时遮光板或隔磁板能正常地通过轿顶传感器。

（4）平层位置调整。遮光板或隔磁板的安装位置对轿厢的平层质量影响很大，要通过逐站的校核、调整，使各站平层精度达到 5 mm 之内。

2. 端站停止装置（限位开关）和极限开关的安装、检查及调整

（1）先切断控制柜的主电源，通过螺栓将新端站停止装置（限位开关）或极限开关固定在专用开关支架（线槽）上，再接上电缆，单个端站停止装置（限位开关）或极限开关即安装完成。

（2）开关碰轮与撞弓应可靠接触，在任何情况下，碰轮边与撞弓边的距离应不小于 5 mm，即开关碰轮的行程不小于 5 mm，如图 5-2-2 和图 5-2-3 所示，图中其他尺寸应符合随机资料要求。

学习单元 2　层门、轿门导向装置故障的排除

一、层门、轿门地坎导向装置的拆除、安装及调整

1. 层门、轿门地坎导向装置的拆除

（1）层门地坎导向装置的拆除

1）顶层及中间层站层门地坎导向装置的拆除。工作人员进入轿顶并操作轿厢到合适位置，之后进行顶层及中间层站层门地坎导向装置的拆除。在门扇下部拆除层门地坎导向装置与层门的连接螺栓，如图 5-2-4 所示，层门地坎导向装置即可取出。

2）底层层门地坎导向装置的拆除。工作人员进入底坑，关闭层门，拆除层门地坎导向装置与层门的连接螺栓，层门地坎导向装置即可拆除。

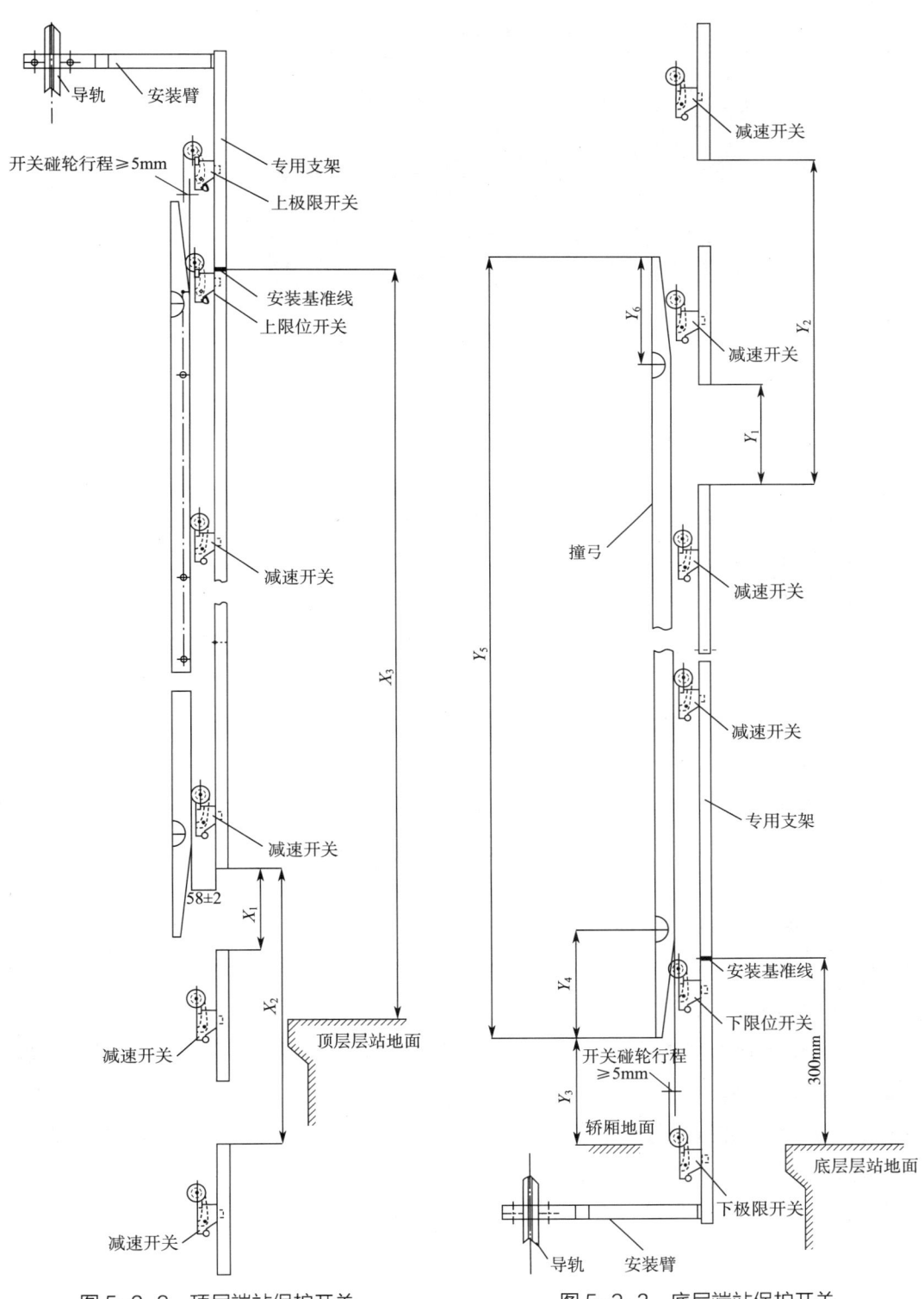

图 5-2-2 顶层端站保护开关　　图 5-2-3 底层端站保护开关

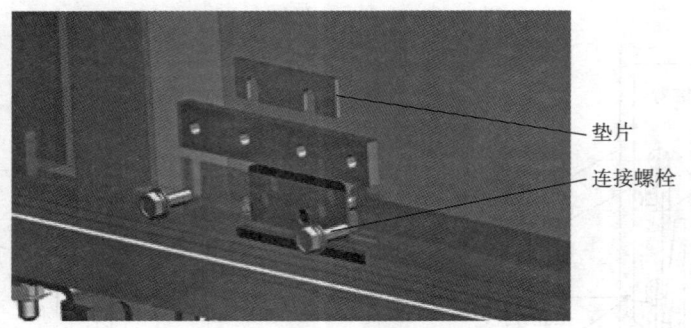

图 5-2-4　层门地坎导向装置拆除示意图

 相关链接

底坑的安全操作

1. 进入底坑

（1）操纵电梯使轿厢离开最底层，以便工作人员能从最底层层站进入底坑。

（2）用三角钥匙打开底层层门（采用指令信号法确认底坑位置）。

（3）进入底坑，操作停止运行开关，切断电气安全回路（采用指令信号法确认操作内容）。

（4）关闭层门并确认层门锁闭。如果层门维持打开状态，必须有人监护并设置有效的隔障和警示牌，避免发生跌落事故。

（5）执行底坑内部件的维护作业。

2. 离开底坑

（1）离开底坑进入层站，复位底坑停止运行开关（采用指令信号法确认操作内容）。

（2）关闭层门并确认层门锁闭。

（2）轿门地坎导向装置的拆除

1）一位工作人员进入轿顶操作电梯，使其运行至轿厢地坎高于底层层门地坎300 mm 左右的位置。

2）另一位工作人员打开层门，在保证轿厢护脚板完好的前提下，将层门固定在开启状态。

3）在门扇下部拆除轿门地坎导向装置与轿门的连接螺栓，轿门地坎导向装置即可取出。

2. 层门、轿门地坎导向装置的安装

在拆除层门、轿门地坎导向装置后的位置，将新的地坎导向装置塞入地坎，用连接螺栓将地坎导向装置固定在层门、轿门上。

3. 层门、轿门地坎导向装置的调整

调整层门、轿门地坎导向装置的垫片数量，保证层门、轿门地坎导向装置在自然状态下与地坎槽边缘无摩擦。

二、层门、轿门地坎槽异物排除方法

必要时可将地坎导向装置拆除，等地坎槽异物排除后，再将地坎导向装置重新安装。地坎槽专用清扫工具如图 5-2-5 所示。在层门、轿门地坎导向装置拆除后的位置处，用专用的清扫铲子将地坎槽异物铲松，再用专用的清扫毛刷将异物扫出地坎槽。

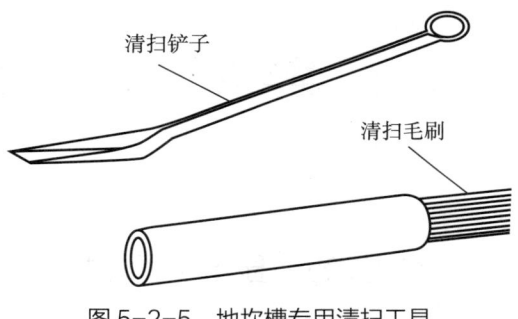

图 5-2-5　地坎槽专用清扫工具

三、层门、轿门门导轨异物排除方法

1. 层门门导轨异物排除方法

（1）工作人员进入轿顶，操作电梯到合适位置，即在轿顶可进行层门门导轨异物排除，且能手动打开层门的位置。

（2）用专用的清扫铲子将层门门导轨异物铲松，再用专用的清扫毛刷将异物扫出门导轨，最后用布清洁门导轨。将层门手动开启、关闭，保证门导轨无异物卡门。

2. 轿门门导轨异物排除方法

（1）一位工作人员进入轿顶，操作电梯运行至轿厢地坎低于二层层门地坎 700 mm 左右的位置。

（2）另一位工作人员打开层门，确认在层站可对轿门门导轨进行操作。

（3）用专用的清扫铲子将轿门门导轨异物铲松，再用专用的清扫毛刷将异物扫出门导轨，最后用布清洁门导轨。通过轿顶开关将轿门开启、关闭，保证门导轨无异物卡门。

课程 5-3　轿厢对重设备诊断修理

■ 学习单元 1　轿内按钮、显示装置的更换

一、轿内按钮、显示装置的拆卸

轿内按钮、显示装置一般安装在轿内操纵箱（见图 5-3-1）上，拆卸这些设备前需要先打开操纵箱面板。首先，应切断相关线路电源，避免带电操作。然后，打开轿内操纵箱面板，拆下轿内按钮、轿内显示装置上的连接线，此时务必提前记录下原来的接线方式，防止安装按钮、显示装置时接错线。接着，观察轿内按钮的固定方式（见图 5-3-2），选择合适的工具并采用对应的拆卸方式拆卸。最后，妥善放置拆卸下来的固定件，防止丢失。

二、轿内按钮、显示装置的安装与检查

1. 切断相关线路电源，避免带电操作。

2. 查看待更换的轿内按钮、显示装置的型号、外观、安装方式、接线方式等是否与原来的一致，确认一致后才可进行安装。

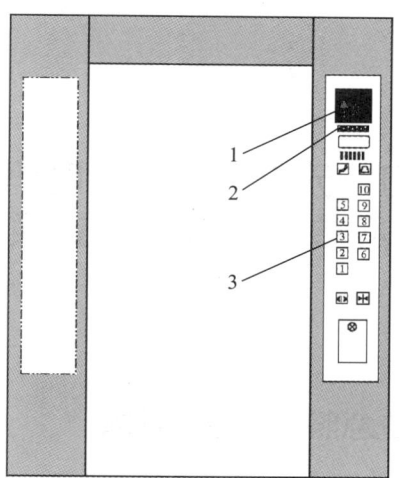

图 5-3-1 轿内操纵箱示意图
1—轿内显示装置　2—轿厢应急照明设备　3—轿内按钮

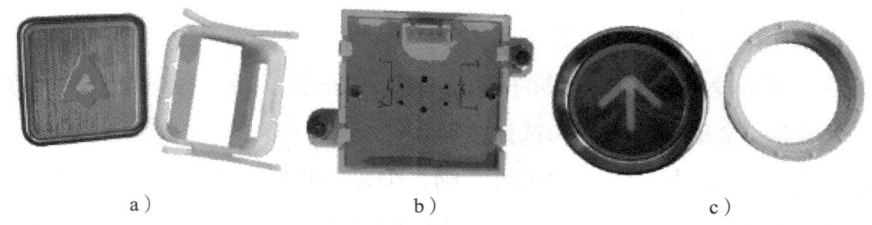

图 5-3-2 轿内按钮的固定方式
a）卡扣固定式按钮　b）螺柱固定式按钮　c）螺纹固定式按钮

3. 选用合适的工具把轿内按钮、显示装置小心地安装到对应的位置，并牢固地固定，此时务必确认轿内按钮、显示装置的内部电子元件没有碰到其他金属。

4. 按照拆卸时记录的接线方式恢复线路。

5. 进行通电测试。通过按钮选层，观察选层是否正常，按钮亮光是否正常。

6. 观察显示装置显示的楼层、方向等是否正确。

7. 确认轿内按钮、显示装置正常工作后，断开电源，对连接线进行必要的捆扎、固定，合上操纵箱面板。注意，合上操纵箱面板时，不能对线路和设备造成挤压、剪切。

8. 再次进行通电测试，确认一切正常后安装才算完成。

学习单元2　电梯轿厢照明设备、应急照明设备的更换

一、轿厢照明设备、应急照明设备的要求

1. 轿厢照明设备的要求

　　(1) 轿厢应设置永久性的电气照明设备。

　　(2) 其电源开关应独立于电梯主开关。

　　(3) 轿厢照明设备应提供足够的亮度，使轿厢地板、轿内操纵箱上的照度不小于 50 lx，方便乘客安全地进出轿厢和选择按钮。

　　(4) 轿厢照明设备如果采用白炽灯，则至少要有两只并联的灯泡。

　　(5) 对于采用自动门的电梯，当电梯不使用时，可以在门关上后关闭轿厢照明设备。

2. 应急照明设备的要求

　　轿厢内应设置应急照明设备，在正常照明电源发生故障的情况下，应自动接通紧急照明电源。常见的应急照明设备如图 5-3-3 所示。电梯应有自动再充电的紧急照明电源，在正常照明电源中断的情况下，它至少能供 1 W 灯泡用电 1 h。

图 5-3-3　常见的应急照明设备

二、电梯装饰顶及轿厢照明设备、应急照明设备的拆卸

拆卸装饰顶及轿厢照明设备、应急照明设备时,应遵循电梯生产厂家提供的安装使用维护说明书的要求,同时需要注意以下事项。

1. 装饰顶的拆卸

(1) 因为装饰顶较重,而且安装位置较高,故拆卸前应准备合适的绝缘人字梯、照明设备、拆卸工具。

(2) 工作人员应穿绝缘工作鞋、戴工作手套,防止拆卸装饰顶时意外触电;同时佩戴安全帽,因为拆卸装饰顶时可能有物体掉落。

(3) 拆卸装饰顶应由两人及以上配合进行。

(4) 拆卸前应切断照明设备及应急照明设备的开关,避免带电操作。

(5) 根据装饰顶的结构和固定方式选择对应的拆卸方式,不可暴力拆卸。常见的装饰顶如图 5-3-4 所示。

(6) 妥善放置拆卸下的装饰顶,防止损坏。

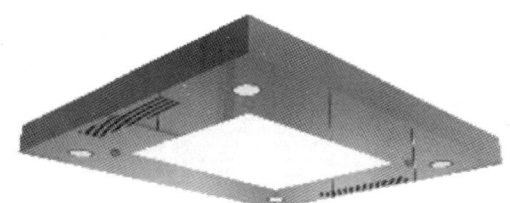 

图 5-3-4　常见的装饰顶

2. 轿厢照明设备的拆卸

(1) 拆卸前应准备合适的绝缘人字梯、照明设备、拆卸工具。

(2) 切断相关线路电源,避免带电操作,并穿戴绝缘工作鞋、工作手套,防止意外触电。

(3) 观察轿厢照明设备的类型,选择相应的工具和拆卸方式。

(4) 如果需要拆线,务必提前记录原来的接线方式,防止安装新照明设备时不知道怎么接线。

(5) 妥善放置拆卸下来的固定件,防止丢失。

3. 应急照明设备的拆卸

（1）轿内操纵箱内应急照明设备的拆卸方法参考轿内按钮、显示装置的拆卸方法。

（2）装饰顶上应急照明设备的拆卸方法参考轿厢照明设备的拆卸方法。

三、电梯装饰顶及轿厢照明设备、应急照明设备的安装与检查

1. 装饰顶的安装与检查

（1）因为装饰顶较重，而且安装位置较高，故安装前应准备合适的绝缘人字梯、照明设备、安装工具。

（2）工作人员穿绝缘工作鞋、戴工作手套，防止安装装饰顶时意外触电；同时佩戴安全帽，因为安装装饰顶时可能有物体掉落。

（3）安装装饰顶应由两人及以上配合进行。

（4）安装前应切断照明设备及应急照明设备的开关，避免带电操作。

（5）根据装饰顶的结构选择对应的安装方式，必须小心地安装，防止出现意外。

（6）在安装完成后，进行测试运行前，应检查装饰顶是否完全就位，固定是否牢固。

（7）进行测试运行，确认没有部件松动且无噪声。

2. 轿厢照明设备、应急照明设备的安装与检查

（1）查看待更换的轿厢照明设备、应急照明设备的型号、外观、安装方式、接线方式等是否与原来的一致，确认一致后才可进行安装。

（2）安装前应准备合适的绝缘人字梯、照明设备、安装工具。

（3）切断相关线路电源，避免带电操作，并穿绝缘工作鞋、戴工作手套，防止意外触电。

（4）选用合适的安装工具，把轿厢照明设备、应急照明设备小心地安装到对应的位置，并按照拆卸时记录的接线方式恢复设备线路。

（5）检查确认安装无误后，方可通电测试，检查更换的设备是否正常工作。

（6）因为轿厢照明设备、应急照明设备一般安装在轿内操纵箱内或者装饰顶上，所以还需要把轿内操纵箱或装饰顶恢复。再次关闭相关线路电源，对连接线进行必要的捆扎、固定，小心地恢复轿内操纵箱或装饰顶，不要对线路和设备造成挤压、剪切。

（7）再次进行通电测试，确认一切正常后，安装才算完成。

课程 5-4　自动扶梯设备诊断修理

学习单元 1　自动扶梯方向显示装置的更换

一、自动扶梯方向显示装置的要求

自动扶梯方向显示装置的要求为工作正常、显示准确。

二、自动扶梯方向显示装置的拆卸

由于各制造商生产的产品结构不同，因此自动扶梯方向显示装置的安装位置及安装方法也不尽相同。下面以某型号产品为例介绍其拆卸方法，该自动扶梯方向显示装置安装在扶手转角栏杆上，如图 5-4-1 所示。

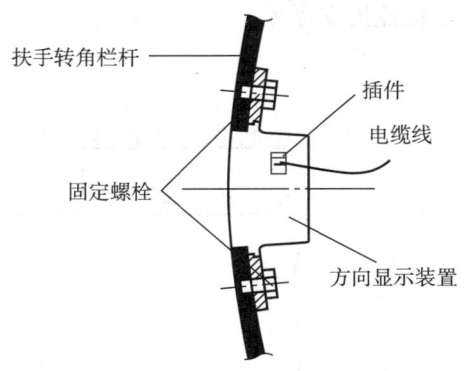

1. 在自动扶梯上、下两端的开口区域分别架设、固定安全防护围栏，并设置"例行保养，禁止通行"的警示牌。

2. 打开机房盖板，断电，盖上机房盖板。

3. 拆除扶手转角栏杆处的内侧盖板和护壁板，就能看到该装置。

图 5-4-1　某型号自动扶梯方向显示装置的安装示意图

4. 拆除自动扶梯方向显示装置的固定螺栓，取下该装置。

5. 拆下自动扶梯方向显示装置的后盖，将电缆线与其插件进行分离。

6. 回收旧的自动扶梯方向显示装置。

三、自动扶梯方向显示装置的安装与检查

1. 打开新自动扶梯方向显示装置的后盖，将电缆线与其插件进行连接，盖上后盖。
2. 通过固定螺栓将新自动扶梯方向显示装置固定在扶手转角栏杆上。
3. 在自动扶梯上检查该装置与转角栏杆开孔处的间隙，要求前后左右一致，紧固固定螺栓。
4. 安装扶手转角处的护壁板和内侧盖板。

学习单元2　梳齿板异物卡阻故障的诊断修理

一、梳齿板的拆卸

梳齿板结构如图 5-4-2 所示。梳齿板的头部是梳齿，梳齿板通过开槽盘头螺钉安装在梳齿支撑板上。用一字或十字螺钉旋具旋下开槽盘头螺钉，即可拆下梳齿板。

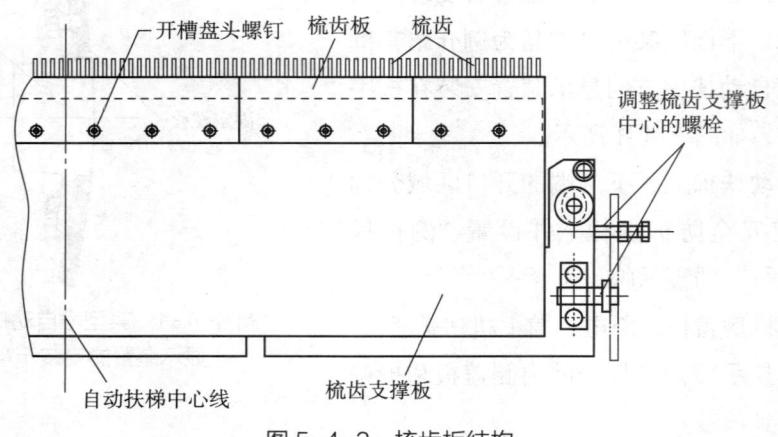

图 5-4-2　梳齿板结构

二、梳齿板异物排除方法

拆下梳齿板后,清洁梳齿板及梳齿间的异物,用专用的清扫铲子去除梳齿与梯级啮合处的异物及梯级与梳齿支撑板上的异物。

三、梳齿板的安装

梳齿板异物排除后,将梳齿板通过开槽盘头螺钉固定在梳齿支撑板上。

四、梳齿板尺寸的调整

由于各自动扶梯制造商的产品结构不同,因此梳齿板尺寸的调整方法也不尽相同。下面以某型号产品为例介绍一种梳齿板的安装方法。当梳齿板安装完成后,拆去梳齿支撑板两边的围裙板,先通过图 5-4-2 所示的调整梳齿支撑板中心的螺栓,使梳齿处在梯级槽的中间位置;再调整图 5-4-3 所示的梳齿板前端、后端高度调节螺栓,当调整至符合梳齿相关尺寸要求后,把固定螺栓的螺母锁紧,安装拆下的围裙板。

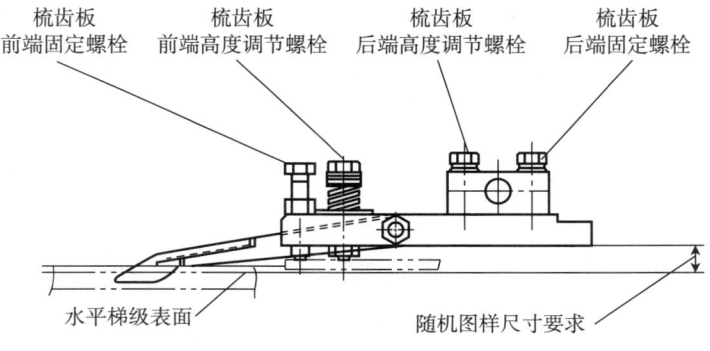

图 5-4-3 梳齿板调节螺栓示意图

学习单元3 扶手导轨异物卡阻故障的诊断修理

一、扶手带的松弛方法

由于各自动扶梯制造商的产品结构不同，因此自动扶梯扶手带张紧装置的安装位置及安装方法也不尽相同。下面以某型号扶手带张紧装置为例（见图5-4-4），介绍扶手带的松弛方法。

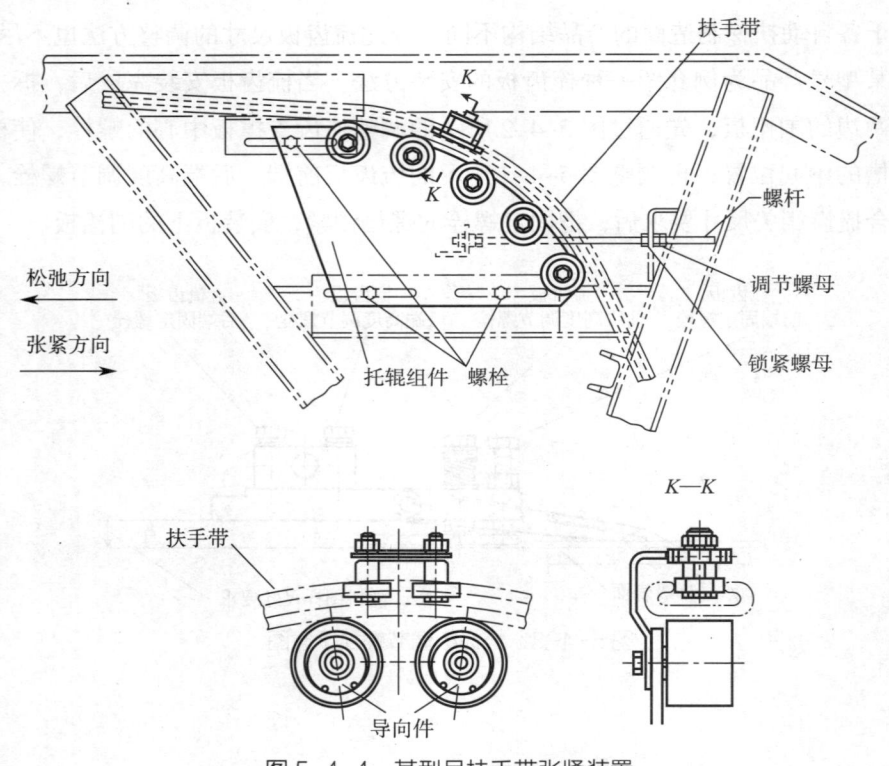

图 5-4-4 某型号扶手带张紧装置

1. 断电。
2. 拆除扶手带张紧装置处的内侧盖板和护壁板，找到扶手带张紧装置。
3. 将3处螺栓旋松但不取下。

4. 旋松调节螺母，旋紧锁紧螺母，使整个托辊组件向松弛方向移动，扶手带即松弛。

二、从扶手导轨上拆扶手带的方法

1. 松弛扶手带张紧装置。
2. 在自动扶梯下部直线段用专用扳手（见图 5-4-5）将扶手带耳部轻轻地打开，如图 5-4-6 所示。

图 5-4-5　专用扳手

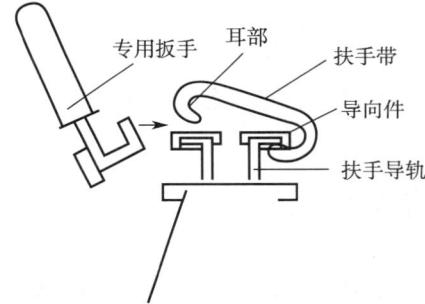

图 5-4-6　将扶手带耳部轻轻地打开

3. 将扶手带连续装卸专用工具（见图 5-4-7）插入已打开的扶手带耳部，取出专用扳手，双手紧握专用工具手柄向自动扶梯上部移动，并向上用力，将扶手带从扶手导轨脱出，如图 5-4-8 所示。

图 5-4-7　扶手带连续装卸专用工具

图 5-4-8　将扶手带从扶手导轨脱出

使用扶手带连续装卸专用工具时，尽量保持该工具与扶手导轨平行，尽可能不接触扶手导轨和导向件。

三、扶手导轨异物排除方法

1. 从扶手导轨上拆下扶手带。
2. 用吸尘器或刷子清洁扶手带内侧。
3. 清洁扶手导轨及转角栏杆。
4. 清除附在扶手带和扶手导轨上的异物。

四、在扶手导轨上安装扶手带的方法

1. 在自动扶梯下部将扶手带外侧耳部套入扶手导轨,将专用扳手插入扶手带里侧耳部,用力打开,再插入扶手带连续装卸专用工具,取下专用扳手,双手紧握该工具手柄,向自动扶梯上部移动,同时尽量向里侧用力,使扶手带套入扶手导轨。
2. 有时扶手带不能完全套入扶手导轨,需要用手从上部轻轻地敲打。

五、扶手带的张紧要求及调整方法

扶手带的张紧要求因产品而异,以某型号扶手带为例:测量中部直线段全部间隔1.2 m的两个相邻托辊间扶手带的自然下垂距离,可以在两头拉尼龙线或者钢丝绳作为测量基准,下垂距离宜为8~12 mm,如图5-4-9所示。

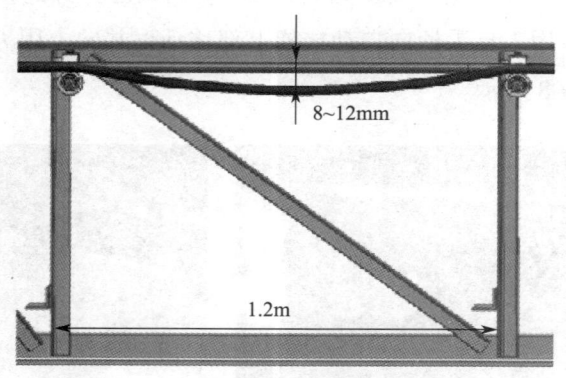

图5-4-9 某型号扶手带张紧要求示意图

扶手带的调整方法如下:先旋松锁紧螺母,再旋紧调节螺母,使整个托辊组件往张紧方向移动,直至达到张紧要求;将锁紧螺母锁紧,将3处螺栓旋紧;装上护壁板和内侧盖板。

模块 6 维护保养

- 课程 6-1 机房设备维护保养
- 课程 6-2 井道维护保养
- 课程 6-3 轿厢对重设备维护保养
- 课程 6-4 自动扶梯设备维护保养

课程 6-1　机房设备维护保养

 学习单元 1　编码器的维护保养

一、编码器的作用

编码器是一种检测电梯运行速度和轿厢位置的装置,目前常用的是光电编码器。光电编码器具有输出精度高、机械寿命长、无误动作等特点。它是由光栅盘和光电检测装置组成的,安装在电动机非负载侧轴端。

二、编码器的维护保养要求

编码器每半月维护保养一次。编码器的维护保养基本要求是清洁,安装牢固。

三、编码器的检查与调整

1. 切断主电源。
2. 检查编码器,确认其紧固在电动机轴上,且电梯运行时编码器无转动或振动。
3. 检查编码器连接线,确认其紧固且安装牢固。
4. 恢复主电源。
5. 辅助人员通过控制柜使电梯运行,维保人员确认电梯运行时编码器无转动或振动。

学习单元2 机房电气设备的维护保养

在进行机房电气设备的维护保养之前,需要切断主电源,待维护保养工作结束后,再恢复主电源。

一、控制柜的维护保养要求

控制柜的维护保养项目有半年进行一次和一年进行一次的。

控制柜半年维护保养一次的基本要求是控制柜内各接线端子接线紧固、整齐,线号齐全、清晰,控制柜各仪表显示正确。

控制柜一年维护保养一次的基本要求是接触器、继电器触点接触良好。

二、控制柜的检查、清洁及其接线端子的紧固

1.清洁各接插件、接插口,接插件应用防静电毛刷、吹尘器清洁,接插口可用餐巾纸擦净。注意,清洁时不要把接插件拔下来。

2.检查各接插件,如插件(见图6-1-1a)应插在插座(见图6-1-1b)上且两者连接紧密,插件和插座内的插针(见图6-1-2)应完好无损且与导线良好连接。

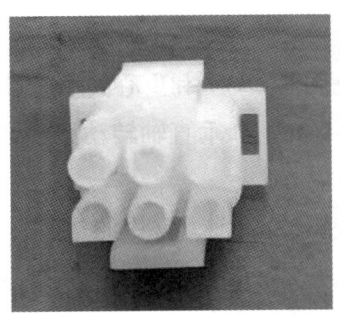
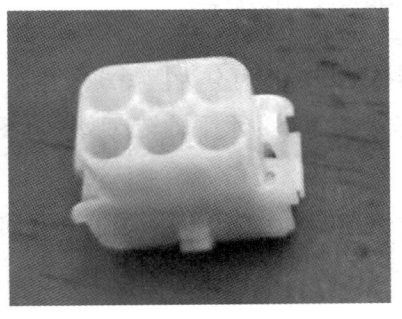

a)　　　　　　　　　　　b)

图6-1-1 插座和插件(未装插针)

a)插件　b)插座

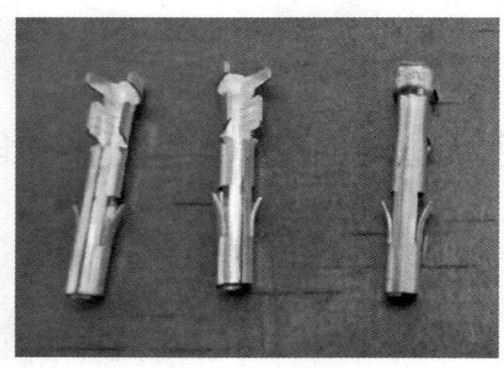

图 6-1-2 插针

3. 检查控制柜各接线端子，各接线端子应紧固且与线缆牢固连接。

三、机房其他电气设备接线端子的检查与紧固

检查机房限速器开关、电源箱（配电箱）接线端子，各接线端子应紧固且与线缆牢固连接。

学习单元 3　限速器销轴的润滑

一、限速器装置的形式

限速器按动作原理可分为摆锤式限速器（见图 6-1-3）和离心式限速器两种，其中离心式限速器又可分为水平轴转动型（见图 6-1-4a）和垂直轴转动型（见图 6-1-4b）两种。

限速器按功能可分为单向限速器和双向限速器。目前，常用的是离心式双向限速器，如图 6-1-5 所示。

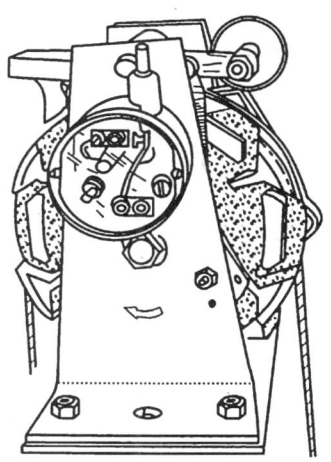

图 6-1-3 摆锤式限速器

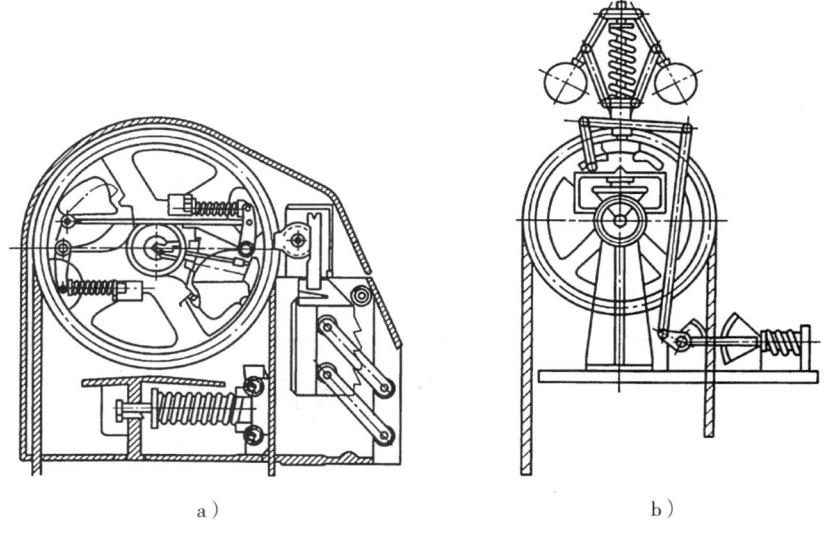

图 6-1-4 离心式限速器
a）水平轴转动型　b）垂直轴转动型

图 6-1-5 离心式双向限速器

二、限速器润滑油品要求

限速器轴承通常加 2 号航空润滑脂，限速器销轴通常加精制矿物油。若限速器供应商对润滑油品另有要求，则应选用随机资料规定的润滑油品。

三、限速器销轴润滑要求

限速器销轴每半月润滑一次。限速器销轴维护保养的基本要求是润滑、转动灵活，电气开关正常动作。

四、限速器销轴的润滑方法

润滑限速器销轴时，切断主电源，用加油壶（杯）对准限速器销轴的加油孔加 1~2 滴润滑油，用加油枪对准轴承加油孔加适量润滑脂。润滑后，需要清洁润滑部位的周边，限速器绳槽、限速器绳不得沾上润滑油或润滑脂。

课程 6-2　井道维护保养

■ 学习单元 1　层门自动关闭装置的维护保养

一、层门自动关闭装置的形式及保养要求

当轿厢处在开锁区域以外时，无论层门由于何种原因开启，都应有一种装置能确保层门自动关闭，这个装置就是层门自动关闭装置。层门自动关闭装置的形式有重锤

式和弹簧（卷簧）式。层门自动关闭装置每半月维护保养一次，基本要求是状态正常。

二、层门自动关闭装置的检查与调整

1. 维保人员进入轿顶，操作电梯到合适位置，即在轿顶可操作层门自动关闭装置的位置，且能手动打开层门。
2. 清洁、检查层门自动关闭装置的重锤、导管、弹簧等部件。
3. 将层门分别打开 80%、50%、20%，放手后层门应能自动关闭，门锁锁钩应闭合。
4. 若层门自动关闭装置有卡死、受阻现象，则检查门导轨、地坎槽有无异物，若有异物应去除。

学习单元 2　对重块的维护保养

一、电梯平衡系数的含义、要求

电梯平衡系数表示由对重平衡额定载重量的量。
电梯平衡系数的数学表达式为：

$$q=(W_1-W)/Q$$

式中　q——电梯平衡系数；
　　　W_1——对重重量，kg；
　　　W——轿厢重量，kg；
　　　Q——电梯额定载重量，kg。
国家标准要求各类电梯的平衡系数应为 0.4~0.5。

二、对重块数量的检查

1. 维保人员进入轿顶，操作轿厢与对重交会。

2. 根据电梯安装时记录的对重块数量，清点对重架内对重块的实际数量，两者应一致。若两者数量不一致，需要查明原因。

三、对重块压板的检查与紧固

1. 维保人员进入轿顶，操作轿厢与对重交会。
2. 检查对重块的安放是否稳定，检查对重架内的对重块压板是否压紧，若对重块压板有松动现象，则需要压紧调节螺栓，以防止对重块在电梯运行过程中抖动或窜动。

■ 学习单元3　层门的维护保养

操作轿厢检修运行，维保人员站在轿顶上，由上至下逐层进行层门的维护保养，最底层层门的大部分维护保养工作应在轿厢内、打开轿门的情况下进行，此时轿厢与层门相对位置合适。

一、层门与相关部件的间隙要求

1. 各层层门滚轮与轿厢地坎的间隙应保持在 5~10 mm。
2. 中分门门扇在对接处的平面度偏差应不大于 1 mm，门缝的尺寸在整个可见高度上应不大于 2 mm。
3. 各门扇与门套的间隙、各门扇与门扇的间隙、各门扇与地坎的间隙应符合以下规定：客梯为 1~6 mm，货梯为 1~8 mm。建议这些间隙以 3~4 mm 为宜。

二、层门间隙的检查与调整

1. 维保人员进入轿顶，操作电梯到合适位置，即在轿顶可操作层门装置且能手动打开层门的位置。

2. 通过调整门扇与层门门挂板之间垫片的数量，保证层门和地坎的间隙、层门与门套的平齐度及中间门缝达到要求。

3. 通过旋松门扇与门挂板的连接螺栓，将门扇朝门套方向推或拉，调整门扇与门套间隙达到要求。

4. 通过调整层门锁与层门装置之间垫片的数量，使层门滚轮与轿厢地坎的间隙达到要求。该尺寸测量时需要辅助人员的协作。

学习单元 4 层门锁紧装置的维护保养

一、紧急开锁装置的检查与调整

1. 在轿顶，确认紧急开锁装置安装牢固，并清洁紧急开锁装置。

2. 按照三角钥匙的使用方法和使用规范，在层站处用三角钥匙开启层门，确认紧急开锁装置动作灵活、可靠，在层门关闭、上锁后，保证不能从外面开启层门。

二、层门锁紧装置的维护保养要求

层门锁紧装置的机械、电气部件每半月维护保养一次。

层门锁紧装置的机械部件维护保养基本要求是层门锁紧元件啮合长度不小于 7 mm；层门锁紧装置的电气部件维护保养基本要求是层门门锁电气触点清洁、接触良好，接线可靠。

三、层门锁紧装置的检查与调整

1. 检查层门门锁、电气联锁装置，在电气安全装置的触点接通前，层门锁紧元件的啮合长度应不小于 7 mm。层门锁紧装置的锁紧间隙应尽量小，且保证进钩及退钩时无撞击或摩擦。

2. 清洁门锁动触点的污垢，保持电气联锁装置干净、接触良好。

3. 操作电梯检修运行，人为用手拨开层门门锁电气触点（使层门门锁电气触点脱离），确认轿厢能立即制停。确保仅在层门门锁电气触点接通的情况下，电梯才能运行。

课程 6-3 轿厢对重设备维护保养

■ 学习单元 1 关门防夹人保护装置的维护保养

一、关门防夹人保护装置的作用与类型

关门防夹人保护装置又称轿门入口保护装置，其作用是当乘客在轿门关闭过程中通过入口被门扇撞击或将被撞击时，该保护装置应自动地使轿门重新开启。

关门防夹人保护装置的类型分为接触式和非接触式。接触式保护装置称为安全触板；非接触式保护装置分为光幕式、光电式、超声波式和电磁感应式。目前常用的是红外线光幕式。

二、关门防夹人保护装置的维护保养要求

关门防夹人保护装置每半月维护保养一次，基本要求是保证其功能有效。

三、关门防夹人保护装置的检查及调整

1. 随动电缆

检查关门防夹人保护装置（安全触板、门光幕）随动电缆的固定点，应无碰擦、

无干扰、无损伤。

2. 安全触板

（1）电梯在正常状态下关门，用手碰安全触板使其回缩，此时轿门应重新开启。

（2）电梯从底层向上检修运行约 300 mm，打开层门，用油杯对安全触板各连杆的轴销处加 1~2 滴精制矿物油，若是轴承则在各轴承处加 1~2 滴机械润滑油。

（3）调整微动开关与顶杆螺栓的间隙，使安全触板被碰触时，安全触板动作，轿门重新开启，保护微动开关不被损坏。

（4）检查固定安全触板的螺栓是否紧固。

（5）关闭层门，电梯检修运行至平层位置。

3. 门光幕发射部、接收器

（1）电梯在正常状态下关门，用手在门光幕中上下移动，此时轿门应重新开启。

（2）擦拭门光幕发射器、接收器，使其保持清洁。

（3）检查固定门光幕发射器、接收器的螺栓是否紧固。

学习单元 2　轿顶电气装置的维护保养

一、轿顶控制装置（轿顶检修箱）的维护保养要求

轿顶控制装置（轿顶检修箱）每半月维护保养一次，基本要求是保证其工作正常。

二、轿顶停止装置的维护保养要求

轿顶停止装置每半月维护保养一次，基本要求是保证其工作正常。

三、轿顶控制装置（轿顶检修箱）、轿顶停止装置的检查

1. 维保人员进入轿顶。
2. 按下上行（下行）按钮及运行按钮，确认电梯以检修速度上（下）行，放开上行（下行）按钮及运行按钮，电梯停运。
3. 按下轿顶停止装置的开关（红色），再按下上行（下行）按钮及运行按钮，确认电梯停运。

学习单元 3 平层准确度的测量与判断

一、平层准确度的要求

当电梯空载或有 100% 额定载重量时，平层准确度在 ±10 mm 范围内。

二、平层准确度的测量

维护保养时，轿厢应空载以额定速度单层、多层和全程上下各运行一次，在轿厢出入口宽度的中部，用直角尺和直尺测量层门地坎上表面与轿门地坎上表面间的垂直高度差。

三、平层准确度的判断

当层门地坎上表面与轿门地坎上表面间的垂直高度差大于 10 mm 时，则平层准确度不合格，需要调整轿厢平层感应装置或相关参数。

学习单元 4 轿内操纵箱的检查

一、轿内操纵箱的维护保养要求

轿内操纵箱每半月维护保养一次，基本要求如下：轿厢照明设备、风扇、应急照明设备、急停开关、轿内报警装置、对讲装置工作正常；轿内显示、指令按钮齐全、有效。

二、轿内报警装置功能的检查

按下轿内警铃按钮，确认井道内外报警功能正常（有响亮的报警音）。

三、轿内对讲装置功能的检查

分别按下轿内、轿顶、底坑的对讲通话按钮，确认与机房、监控中心通话正常，通话声音清晰。

四、轿内显示装置、指令按钮功能的检查

1. 逐个按下轿内操纵箱上的指令按钮，所有指令灯应点亮，按钮罩壳上的字应清晰、无缺损。当电梯按照指令停靠层站后，该层指令灯应熄灭。
2. 楼层数字、运行方向滚动显示功能应正常，且楼层数字应完整。

五、读卡器（IC 卡）装置功能的检查

在有读卡器装置的电梯里，按各楼层按钮，确认无效；再用各层 IC 卡分别刷一下读卡器，相应楼层按钮灯应自动亮，或按相应的楼层按钮后按钮灯应亮，电梯按照指

令停靠层站后，该层按钮灯应熄灭。

学习单元 5　导轨润滑系统的维护保养

一、导轨润滑保养要求

导轨每半月润滑保养一次，基本要求如下：装在导靴上的油杯应有齐全的吸油毛毡，油量适宜，油杯无泄漏。

二、导轨润滑装置的检查与维护

1. 导轨润滑装置一般为油杯（见图 6-3-1）。

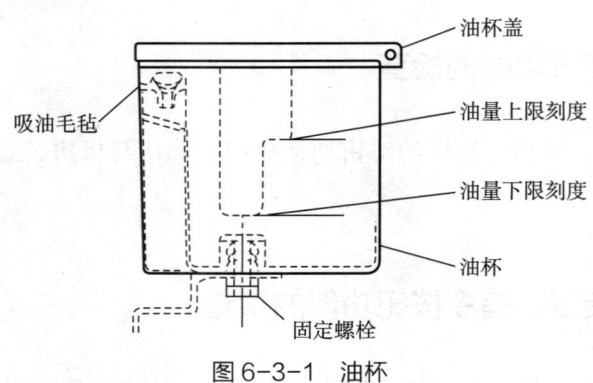

图 6-3-1　油杯

2. 用布擦拭导轨外表面，保持导轨工作面的清洁。
3. 确认油杯安装紧固，如果油杯倾斜或移位则调整油杯的安装位置。
4. 确认导轨表面有足够的润滑油。
5. 擦干净油杯上的污渍、油迹；确认电梯运行时油杯不碰撞导轨；如果油杯破裂或损坏，则应及时更换。

6. 如果吸油毛毡不能为导轨加油，则应及时调整；如果吸油毛毡变形或脏了，也应及时更换。

三、导轨润滑装置的油量检查

在油杯内加相应规格的润滑油，不要超过油量上限刻度。

课程 6-4　自动扶梯设备维护保养

学习单元 1　自动扶梯盖板、防护罩的开启

一、自动扶梯上、下机房盖板的开启

自动扶梯上、下机房盖板又称检修盖板，开启上、下机房盖板必须使用专用扳手。

1. 在开启上、下机房盖板前，在上、下两端的开口区域分别架设及固定安全防护围栏，并设置"例行保养，禁止通行"的警示牌。

2. 在开始工作之前，如有必要可以切断向电动机和控制装置供电的电源。

3. 以某型号专用扳手（见图 6-4-1）为例，用该专用扳手的一字侧拆卸机房盖板上的装饰螺钉，如图 6-4-2a 所示；再将专用扳手的螺纹侧拧入机房盖板螺孔，如图 6-4-2b 所示，将盖板提起后搬出。

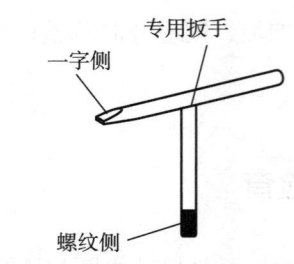

图6-4-1 某型号专用扳手

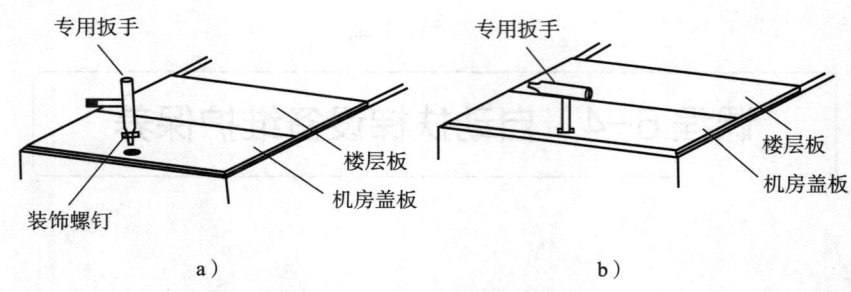

图6-4-2 自动扶梯上、下机房盖板的开启
a)拆卸装饰螺钉 b)将专用扳手的螺纹侧拧入机房盖板螺孔

二、自动扶梯驱动装置、转向站和电动机的防护罩的开启

1. 在开启上、下机房盖板前,在上、下两端的开口区域分别架设及固定安全防护围栏,并设置"例行保养,禁止通行"的警示牌。
2. 开启上、下机房盖板。
3. 切断自动扶梯主电源或按下机房内的急停开关。
4. 若机房不能保证 $0.3\ m^2$ 的站立面积,则将机房内的控制柜先移出桁架。
5. 放入面积为 $0.3\ m^2$ 的踏板。
6. 拆除自动扶梯驱动装置、转向站和电动机的防护罩的固定螺栓或固定件。
7. 将防护罩移出桁架。

 小贴士

开启防护罩后一般对自动扶梯驱动装置、转向站和电动机进行维护保养;当维护保养工作结束后,应安装防护罩,移去踏板,放回控制柜(若移出),恢复主电源或复位急停开关,盖上机房盖板。

学习单元 2　自动扶梯防护装置的维护保养

一、自动扶梯防夹装置的检查与调整

自动扶梯防夹装置有毛刷和橡胶型材两种，均固定在围裙板上。对防夹装置进行检查与调整时，应先使自动扶梯停止运行，然后维保人员沿自动扶梯梯级步行上下，检查毛刷或橡胶型材，确认其固定牢靠、外形完整，如有松动应加固，如有缺损应更换。

二、自动扶梯防攀爬装置的检查与调整

检查自动扶梯防攀爬装置，紧固沉头螺钉并确认其牢固、可靠。

学习单元 3　自动扶梯主驱动链的检查

一、自动扶梯主驱动链的维护保养要求

自动扶梯主驱动链的维护保养项目有每半月进行一次及每半年进行一次的，基本要求如下：半月的，运转正常，电气安全保护装置安全有效；半年的，表面无油污，足够润滑。

二、自动扶梯主驱动链的检查与调整

1. 清洁自动润滑装置的油嘴，清理主驱动链表面的油污。

2. 当自动润滑装置采用油嘴时，油嘴的滴油位置应位于链片上方 10 mm 左右，润滑油滴入驱动链的链片之间，渗入链节和链销中，油嘴若无法出油则应更换。当自动润滑装置采用油刷时，油刷应位于相邻链片之间，并与链片有一定重叠，油刷若有缺损应更换。自动润滑装置的油嘴、油刷位置如图 6-4-3 所示。

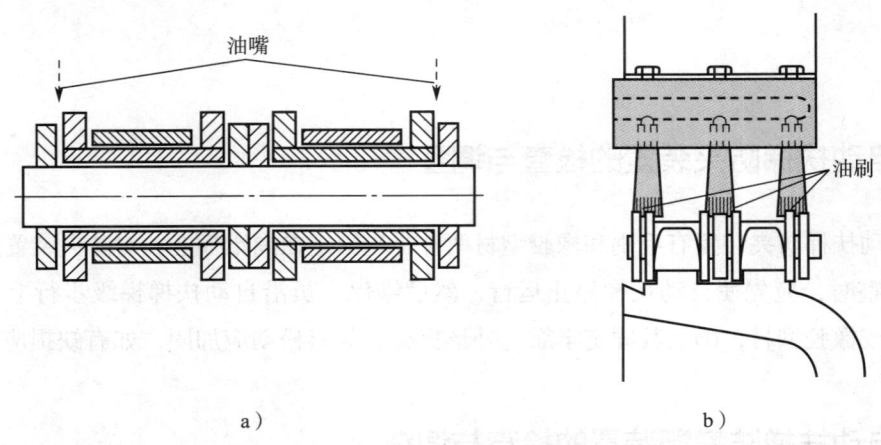

图 6-4-3　自动润滑装置的油嘴、油刷位置
a）油嘴的滴油位置　b）油刷位置

3. 检查主驱动链的状态，应无锈迹，润滑适度，松紧适度。

■ 学习单元 4　自动扶梯显示、操作装置的检查

一、自动扶梯运行方向、状态显示装置的检查与调整

1. 分别操作自动扶梯向上、向下运行，观察并确认显示装置的指示方向与运行方向一致。

2. 使自动扶梯处于停梯或检修状态，观察并确认显示装置的显示状态符合要求。

注意，不同型号产品的显示符号或颜色不尽相同，安装位置也不尽相同，应以随机资料为准。某型号自动扶梯显示装置的显示方向、状态见表 6-4-1。

表6-4-1　某型号自动扶梯显示装置的显示方向、状态

显示方向、状态		下部出入口处	上部出入口处
显示方向	上行	绿色 ⬆	红色 ▬
	下行	红色 ▬	绿色 ⬇
状态	停梯或检修	红色 ▬	红色 ▬

二、自动扶梯钥匙开关（见图6-4-4）的检查与调整

分别在自动扶梯上、下操纵箱处，用钥匙开关检查自动扶梯上、下行状态，钥匙开关功能应正常，不应有卡阻、短路、虚接现象。

三、自动扶梯紧急停止按钮（见图6-4-4）的检查与调整

当用钥匙开关检查上行、下行功能时，按下紧急停止按钮，自动扶梯应立即停止运行。

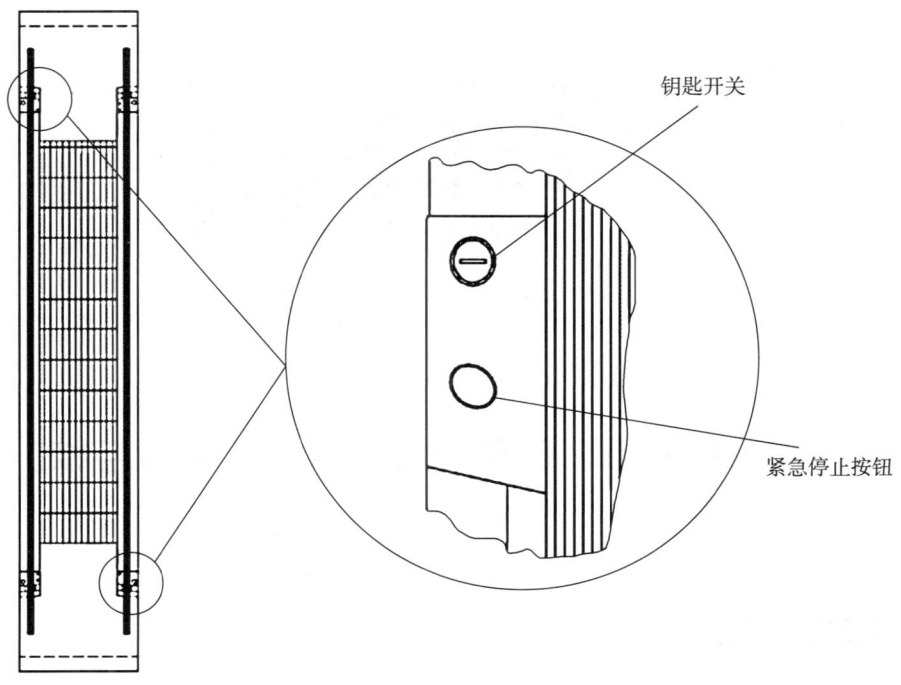

图6-4-4　自动扶梯钥匙开关、紧急停止按钮示意图

四、检修控制装置的功能检查

1. 在自动扶梯机房内，按下检修控制装置上的停止按钮，断开电源，将移动检修控制装置插在上部或下部接线盒的移动开关插座上。

2. 恢复电源，确认在按下停止按钮的情况下，再按下任意一个、两个或全部其他按钮，自动扶梯不会运行。

3. 将停止按钮复位，同时按下运行按钮和上行按钮，确认自动扶梯上行；同时按下运行按钮和下行按钮，确认自动扶梯下行；松开任意键，自动扶梯就停止运行，如图 6-4-5 所示。在使用检修控制装置时，钥匙开关功能应无效。

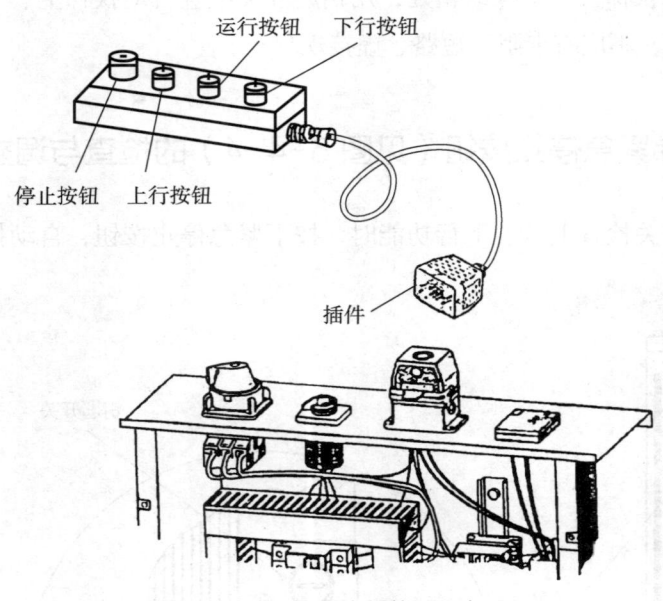

图 6-4-5 检修控制装置示意图

学习单元 5　自动润滑装置油位检查与维护

一、梯级链油品要求

梯级链油品牌号应根据各自动扶梯产品的随机资料确定，不同厂家的随机资料不同，此处不一一列出。

二、梯级链的自动润滑装置油位检查

一般通过检查油罐油位来确认梯级链的自动润滑装置油位是否正常。油罐的油位每半月检查一次，基本要求是保证润滑系统正常工作。

三、梯级链的自动润滑装置油位维护

如果油罐油位低于限定油位，则应按润滑表的规定向油罐加注牌号匹配的润滑油，直至油位正常。

学习单元 6 梯级与相关部件间隙的测量

一、梯级与相关部件的间隙要求

1. 在工作区段内的任何位置，两个相邻梯级之间的间隙应不大于 6 mm。
2. 梳齿槽根部与梯级踏板面的间隙应不大于 4 mm。
3. 梳齿侧面与相邻梯级踏板面齿槽的间隙应大于 0.5 mm。
4. 梯级与任何一侧围裙板的水平间隙应不大于 4 mm，并且两侧对称位置处的间隙总和应不大于 7 mm。
5. 梳齿与梯级踏板面齿槽的啮合深度应不小于 4 mm。

二、梯级间隙的测量

在自动扶梯倾斜段和水平段，用钢直尺测量相邻梯级间隙，若间隙超过规定要求（见图 6-4-6），则表示梯级链的伸长量已超过允许偏差，需要及时更换梯级链。

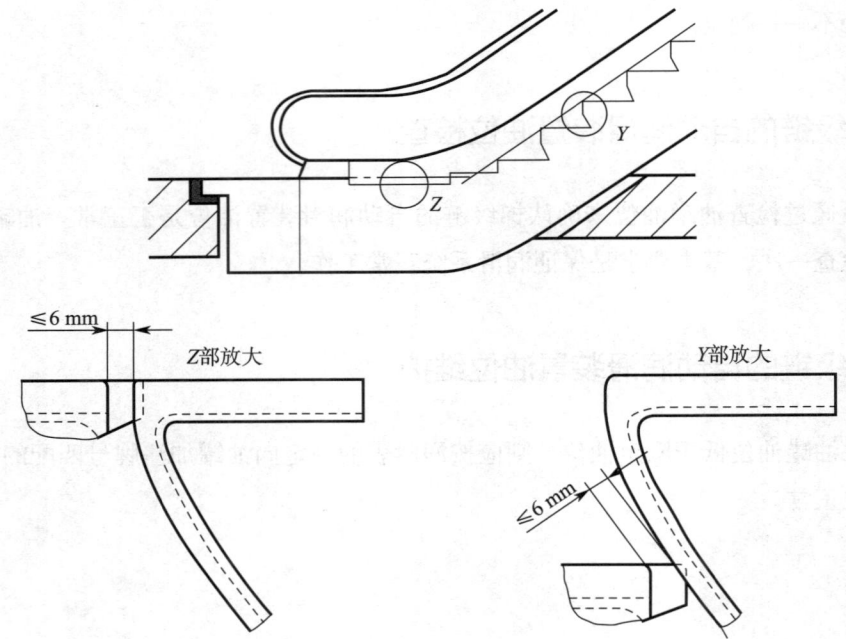

图 6-4-6 自动扶梯相邻梯级间隙的规定要求（供参考）

三、梯级与梳齿板间隙的测量

1. 自动扶梯检修运行，维保人员观察梯级与梳齿板、梳齿是否有碰擦情况，并根据梳齿与梯级之间所测得的间隙调整梳齿板。

2. 维保人员用间隙尺测量梳齿槽根部与梯级踏板面的间隙（见图 6-4-7），通过调整梳齿支撑板调节螺栓，使其符合随机资料要求。

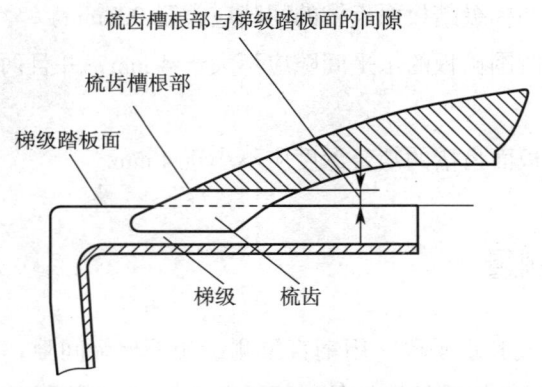

图 6-4-7 梳齿槽根部与梯级踏板面的间隙

3.用塞尺测量梳齿侧面与相邻梯级踏板面齿槽的间隙（见图6-4-8），通过调整梳齿板与梳齿支撑板的连接螺栓，使其符合随机资料要求。

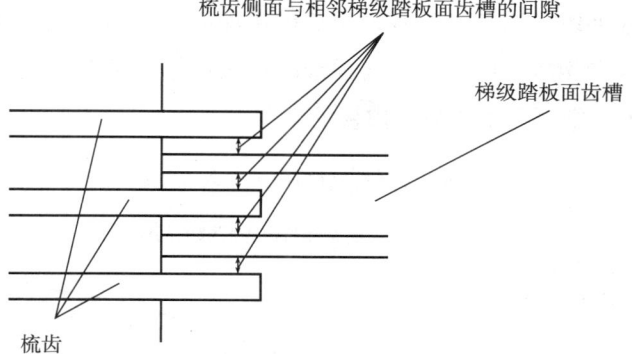

图6-4-8　梳齿侧面与相邻梯级踏板面齿槽的间隙

四、梯级与围裙板间隙（见图6-4-9）的测量

在自动扶梯倾斜段和水平段，用钢直尺或间隙尺测量梯级与围裙板的间隙，若间隙超过规定要求，则通过调整围裙板与围裙板支撑架的连接螺栓，使其符合随机资料要求。

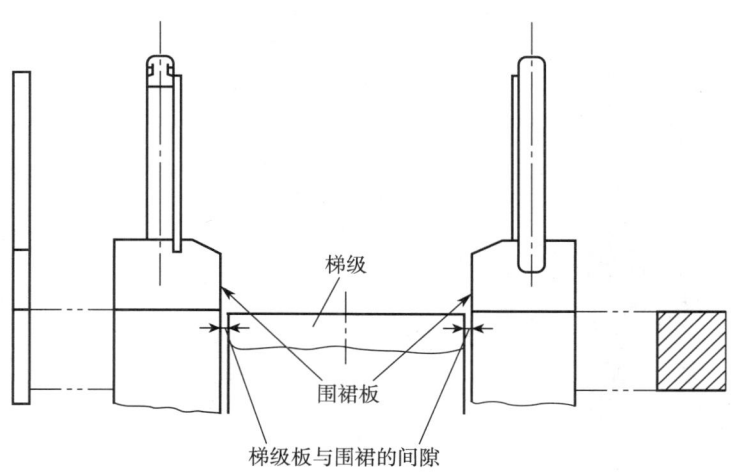

图6-4-9　梯级与围裙板的间隙

五、梳齿与梯级踏板面齿槽的啮合深度（见图6-4-10）测量

在自动扶梯水平段，用钢直尺测量梯级齿槽深度，用间隙尺测量梯级槽底部与梳齿底部的间隙，两者相减，即为梳齿与梯级踏板面齿槽的啮合深度。若该啮合深度不符合随机资料要求，则可调整梳齿支撑板的角度 β。

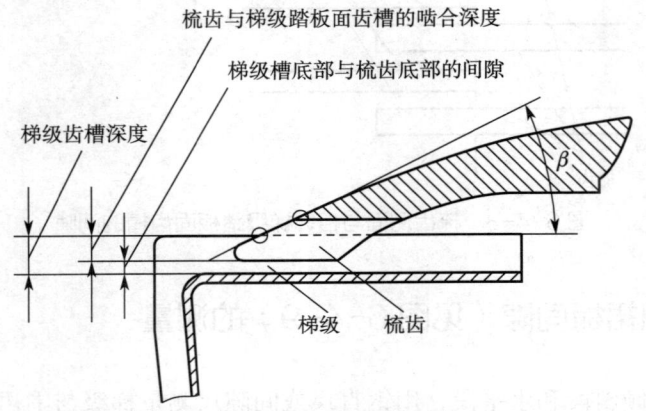

图6-4-10　梳齿与梯级踏板面齿槽的啮合深度